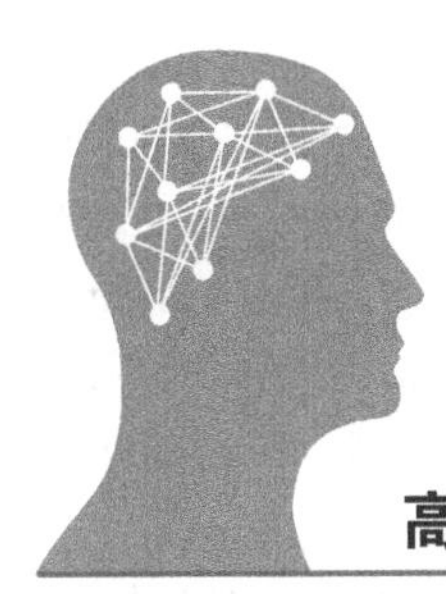

高等学校智能科学与技术/人工智能专业教材

深度学习与Python实现及应用

郭彤颖 薛亚栋 李 娜 刘冬莉 等 编著

清华大学出版社
北京

内 容 简 介

本书深入浅出地介绍深度学习的基础知识和相关技术，内容涉及近几年深度学习领域的研究热点问题，主要有深度学习、神经网络及其发展历史，机器学习的评价指标及算法的类型，前馈神经网络、反向传播算法和卷积神经网络及其相关技术，AlexNet、VGG、NiN、GoogLeNet、ResNet、DenseNet 等现代卷积神经网络模型和可以处理序列信息的循环神经网络模型及其实现。针对深度学习的实现问题，分析网络优化与正则化的相关方法，并列举 3 个基于 Python 的实战演练案例，包括 MNIST 手写数字分类的实现、车辆识别和人脸识别。

本书适合深度学习初学者阅读，可以作为从事深度学习研究和 Python 实现及应用的科学研究工作者和工程技术人员的参考书，也可以作为控制科学与工程、计算机科学与技术、机械电子工程等学科研究生或高年级本科生的教材。

图书在版编目（CIP）数据

深度学习与 Python 实现及应用/郭彤颖等编著. —北京：清华大学出版社，2022.2（2023.9重印）
高等学校智能科学与技术/人工智能专业教材
ISBN 978-7-302-59941-8

Ⅰ. ①深…　Ⅱ. ①郭…　Ⅲ. ①机器学习—高等学校—教材 ②软件工具—程序设计—高等学校—教材

Ⅳ. ①TP181 ②TP311.561

中国版本图书馆 CIP 数据核字(2022)第 019034 号

责任编辑：袁勤勇　杨　枫
封面设计：常雪影
责任校对：韩天竹
责任印制：杨　艳

出版发行：清华大学出版社
网　　址：http://www.tup.com.cn，http://www.wqbook.com
地　　址：北京清华大学学研大厦 A 座　　邮　　编：100084
社 总 机：010-83470000　　邮　　购：010-62786544
投稿与读者服务：010-62776969，c-service@tup.tsinghua.edu.cn
质 量 反 馈：010-62772015，zhiliang@tup.tsinghua.edu.cn
课 件 下 载：http://www.tup.com.cn，010-83470236
印　　装：三河市龙大印装有限公司
经　　销：全国新华书店
开　　本：185mm×260mm　　印　张：15.5　　字　　数：359 千字
版　　次：2022 年 4 月第 1 版　　印　　次：2023 年 9 月第 2 次印刷
定　　价：59.00 元

产品编号：092977-01

前言

本书在修订过程中结合党的二十大报告的内容和精神，自然而深刻地与课程思政融合，引导学生在学习深度学习与 Python 知识的同时接受思政教育。本书从学生道德、知识、能力培养三个维度，深入挖掘课程思政元素，让学生在潜移默化中受到教育，帮助学生建立正确的价值观和人生观。本书在系统讲解深度学习与 Python 实现及应用的同时，结合 Python 语言的程序特点，形成带有思政元素的独特知识点，并分布在各个章节中，使学生在学习专业知识的过程中，培养胸怀祖国、服务人民的爱国精神，勇攀高峰、敢为人先的创新精神，追求真理、严谨治学的求实精神，对加快建设世界科技强国具有十分重要的意义。

近年来，深度学习已成为人工智能领域的研究热点之一。从人脸识别系统到无人自动驾驶汽车，从医疗影像诊断到语音识别，从自动机器翻译到网页内容智能推荐，都离不开深度学习的贡献。随着深度学习技术的飞速发展及其应用领域的不断拓展，越来越多的专家、学者开始关注深度学习的未来发展方向，并且投入深度学习的发展研究中，逐渐形成了特有的理论研究和学术发展方向。

深度学习技术的研究与应用，是我国深入开展人工智能领域研究、发展智能产业和智慧经济、实现智能制造、建设智能化社会的重要保证。本书旨在为对深度学习感兴趣并从事相关研究的本科生、研究生、工程师和研究人员提供必备的基础知识和 Python 实现方法。在内容编排方面，注重理论和实践的结合、基础知识和前沿技术的结合，并附有相关的应用及实战案例。希望读者通过阅读和学习本书，感受到从事深度学习相关研究的乐趣。

本书共分为 8 章。第 1 章主要讲解深度学习、神经网络及其发展历史，以及常用的深度学习框架及其编程环境的安装方法。第 2 章主要介绍机器学习相关的基础知识，包括机器学习算法的类型以及评价指标等。第 3 章讲述前馈神经网络模型、反向传播算法，以及自动梯度计算。第 4 章讲述卷积神经网络及其相关基础概念，包括图像卷积、填充和步幅、池化层等。第 5 章介绍一些现代卷积神经网络模型，有 AlexNet、VGG、NiN、GoogLeNet、ResNet、DenseNet 等。第 6 章阐述可以处理序列信息的循环神经网络模型及其实现。第 7 章阐明神经网络优化和正则化的方法，包括数据预处理、超参数优化、网络正则化等。第 8 章列举 3 个基于 Python 的实战演练案例，包括 MNIST 手写数字分类的实现、车辆识别和人脸识别。

读者可以扫描插图右侧的二维码观看彩色插图。

本书第 1 章由郭彤颖、薛亚栋编写，第 2 章由薛亚栋、刘冬莉编写，第 3 章由薛亚栋、王海忱编写，第 4 章由薛亚栋、张辉编写，第 5~7 章由郭彤颖、薛亚栋编写，第 8 章由薛亚栋、李娜编写。

由于深度学习技术一直处于不断发展之中，再加上时间仓促、编者水平有限，难以全面、完整地对当前的研究前沿和热点问题一一进行探讨。书中难免存在不足和疏漏之处，敬请读者给予批评指正。

作　者

2023 年 8 月

目 录

CONTENTS

目录

目 录

CONTENTS

CONTENTS

目录

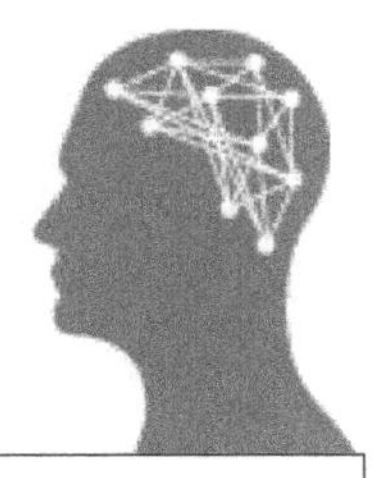

目　录

CONTENTS

目 录

目　录

第1章 绪 论

深度学习（Deep Learning，DL）是近年来发展十分迅速的研究领域，并且在人工智能的很多子领域都取得了巨大的成功。从根源来讲，深度学习是机器学习的一个分支。

深度学习问题是从有限样例中通过算法总结出的一般性的规律，并可以应用到新的未知数据上。例如，可以从一些历史病例的集合中总结出症状和疾病之间的规律，当有新的病人时，就可以利用总结出来的规律，来判断这个病人得了什么疾病。

深度学习采用的模型一般比较复杂，因为样本的原始输入到输出目标之间的数据流经过多个线性或非线性的组件，每个组件都会对信息进行加工，进而影响后续的组件，所以在最后得到输出结果时，并不清楚其中每个组件的贡献是多少。这个问题叫作贡献度分配问题（Credit Assignment Problem，CAP）。在深度学习中，贡献度分配问题是一个很关键的问题，这关系到如何学习每个组件中的参数。

目前，一种可以较好地解决贡献度分配问题的模型是人工神经网络。人工神经网络，简称为神经网络，是一种受人脑神经系统的工作方式启发而构造的数学模型。和目前计算机的结构不同，人脑神经系统是一个由生物神经元组成的高度复杂网络，是一个并行的非线性信息处理系统。人脑神经系统可以将声音、视觉等信号经过多层的编码，从最原始的底层特征不断加工、抽象，最终得到原始信号的语义表示。和人脑神经网络类似，人工神经网络是由人工神经元以及神经元之间的连接构成，其中有两类特殊的神经元：一类用来接收外部的信息，另一类用来输出信息。这样，神经网络可以被看作是信息从输入到输出的信息处理系统。如果把神经网络看作由一组参数控制的复杂函数，并用来处理一些模式识别任务（如语音识别、人脸识别等），那么神经网络的参数可以通过机器学习的方式从数据中学习。因为神经网络模型一般比较复杂，从输入到输出的信息传递路径一般比较长，所以复杂神经网络的学习可以看成是一种深度的机器学习，即深度学习。

但神经网络和深度学习并不等价。深度学习可以采用神经网络模型，也可以采用其他模型（如深度信念网络是一种概率图模型）。但是，由于神经网络模型可以比较容易地解决贡献度分配问题，因此，神经网络模型成为深度学习中主要采用的模型。虽然深度学习一开始用来解决机器学习中的表示学习问题，但是由于其强大的能力，深度学习越来越多地被用来解决一些通用人工智能问题，如推理、决策等。

思政案例

1.1 深度学习简介

为了学习一种好的表示，需要构建具有一定“深度”的模型，并通过学习算法让模型自动学习好的特征表示（从底层特征到中层特征，再到高层特征），从而最终提升预测模型的准确率。所谓“深度”是指原始数据进行非线性特征转换的次数。如果把一个学习系统看作一个有向图结构，深度也可以看作从输入节点到输出节点经过的最长路径的长度。

因此，需要一种可以从数据中学习的“深度模型”，这就是深度学习。其主要目的是从数据中自动学习到有效的特征表示。

图 1-1 给出了深度学习的数据处理流程。通过多层的特征转换，把原始数据变成更高层次、更抽象的表示。这些学习到的表示可以替代人工设计的特征，从而避免“特征工程”。

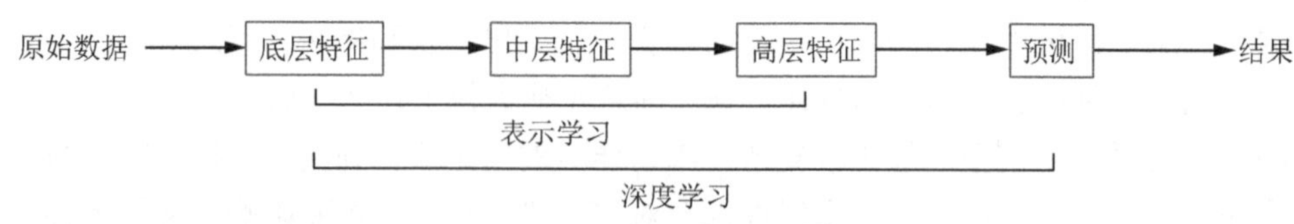

图 1-1　深度学习的数据处理流程

深度学习是指将原始的数据特征通过多步的特征转换得到一种特征表示，并进一步输入预测函数得到最终结果。和“浅层学习”不同，深度学习需要解决的关键问题是贡献度分配问题，即一个系统中不同的组件或其参数对最终系统输出结果的贡献或影响。以下围棋为例，每下完一盘棋，最后的结果要么赢要么输。棋手会思考哪几步棋导致了最后的胜利，或者又是哪几步棋导致了最后的败局。如何判断每一步棋的贡献就是贡献度分配问题，这是一个非常困难的问题。从某种意义上讲，深度学习可以看作一种强化学习（Reinforcement Learning，RL），每个内部组件并不能直接得到监督信息，需要通过整个模型的最终监督信息（奖励）得到，并且有一定的延时性。

目前，深度学习采用的模型主要是神经网络模型，其主要原因是神经网络模型可以使用误差反向传播算法，从而可以较好地解决贡献度分配问题。只要是超过一层的神经网络都会存在贡献度分配问题，因此可以将超过一层的神经网络都看作深度学习模型。随着深度学习的快速发展，模型深度也从早期的 5~10 层增加到目前的数百层。随着模型深度的不断增加，其特征表示的能力也越来越强，从而使后续的预测更加容易。

传统机器学习方法在进行一些复杂任务时需要将一个任务人为地分割成很多子模块（或多个阶段），每个子模块分开学习。如一个自然语言处理任务，一般需要分词、词性标注、句法分析、语义分析、语义推理等步骤。这种学习方式有两个问题：一是每个模块都需要单独优化，并且其优化目标和任务总体目标并不能保证一致；二是错误传播，即前一步的错误会对后续的模型造成很大的影响。这样就增加了机器学习方法在实际应用中的难度。这是非端到端的学习。

端到端学习（end-to-end learning），也称为端到端训练，是指在学习过程中不进行分模块或分阶段训练，直接优化任务的总体目标。在端到端学习中，一般不需要明确地给出不同模块或阶段的功能，中间过程不需要人为干预。端到端学习的训练数据为“输入—输出”对的形式，无须提供其他额外信息。因此，端到端学习和深度学习一样，都是要解决贡献度分配问题。目前，大部分采用神经网络模型的深度学习可以看作一种端到端的学习。

1.2 神经网络

随着神经科学、认知科学的发展，人们逐渐知道人类的智能行为都和大脑活动有关。人类大脑是一个可以产生意识、思想和情感的器官。受到人脑神经系统的启发，早期的神经科学家构造了一种模仿人脑神经系统的数学模型，称为人工神经网络，简称为神经网络。在机器学习领域，神经网络是指由很多人工神经元构成的网络结构模型，这些人工神经元之间的连接强度是可学习的参数。

1.2.1 人脑神经网络

人类大脑是人体最复杂的器官，由神经元、神经胶质细胞、神经干细胞和血管组成。其中，神经元（neuron），也叫神经细胞（nerve cell），是携带和传输信息的细胞，是人脑神经系统中最基本的单元。人脑神经系统是一个非常复杂的组织，包含近 860 亿个神经元，每个神经元有上千个突触和其他神经元相连接。这些神经元和它们之间的连接形成巨大的复杂网络，其中神经连接的总长度可达数千千米。人造的复杂网络，如全球的计算机网络，和大脑神经网络相比要“简单”得多。

早在 1904 年，生物学家就已经发现了神经元的结构。典型的神经元结构大致可以分为细胞体和细胞突起。

（1）细胞体（soma）中的神经细胞膜上有各种受体和离子通道，细胞膜的受体可与相应的化学物质神经递质结合，引起离子通透性及膜内外电位差发生改变，产生相应的生理活动：兴奋或抑制。

（2）细胞突起是由细胞体延伸出来的细长部分，又可分为树突和轴突。

① 树突（dendrite）可以接受刺激并将兴奋传入细胞体。每个神经元可以有一或多个树突。

② 轴突（axon）可以把自身的兴奋状态从胞体传送到另一个神经元或其他组织。每个神经元只有一个轴突。

神经元可以接收其他神经元的信息，也可以发送信息给其他神经元。神经元之间没有物理连接，两个“连接”的神经元之间留有 20 nm 左右的缝隙，并靠突触（synapse）进行互联来传递信息，形成一个神经网络，即神经系统。突触可以理解为神经元之间的连接“接口”，将一个神经元的兴奋状态传到另一个神经元。一个神经元可以被视为一种只有两种状态的细胞：兴奋和抑制。神经元的状态取决于从其他的神经细胞收到的输入信号量，以及突触的强度（抑制或加强）。当信号量总和超过了某个阈值时，细胞体就会兴奋，产生电脉冲。电脉冲沿着轴突并通过突触传递到其他神经元。图 1-2 给出了一种典型的神经元结构。

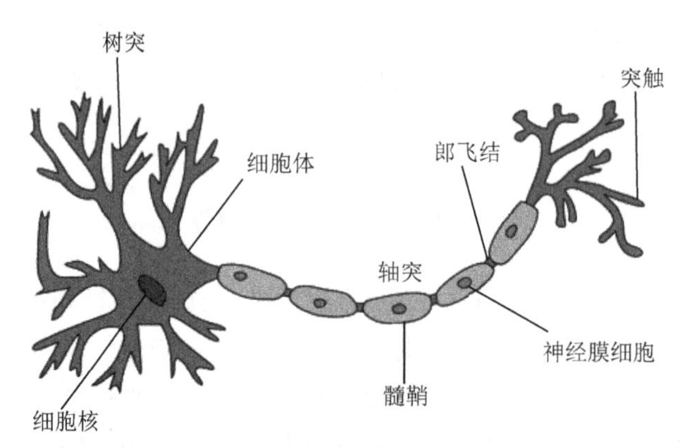

图 1-2　典型的神经元结构

一个人的智力不完全由遗传决定，大部分来自生活经验。也就是说人脑神经网络是一个具有学习能力的系统。那么人脑神经网络是如何学习的呢？在人脑神经网络中，每个神经元本身并不重要，重要的是神经元如何组成网络。不同神经元之间的突触有强有弱，其强度是可以通过学习（训练）来不断改变的，具有一定的可塑性。不同的连接形成了不同的记忆印痕。1949 年，加拿大心理学家 Donald Hebb 在《行为的组织》（*The Organization of Behavior*）一书中提出突触可塑性的基本原理，“当神经元 A 的一个轴突和神经元 B 很近，足以对它产生影响，并且持续地、重复地参与了对神经元 B 的兴奋，那么在这两个神经元或其中之一会发生某种生长过程或新陈代谢变化，以致神经元 A 成为能使神经元 B 兴奋的细胞之一，它的效能加强了。”这个机制称为赫布理论（Hebbian theory）或赫布规则（Hebbian rule 或 Hebb’s rule）。如果两个神经元总是相关联地受到刺激，它们之间的突触强度将增强。这样的学习方法被称为赫布型学习（Hebbian learning）。Hebb 认为人脑有两种记忆：长期记忆和短期记忆。短期记忆持续时间不超过一分钟。如果一个经验重复足够的次数，此经验就可以储存在长期记忆中。短期记忆转化为长期记忆的过程称为凝固作用。人脑中的海马区为大脑结构凝固作用的核心区域。

1.2.2　人工神经网络

人工神经网络是为模拟人脑神经网络而设计的一种计算模型，它从结构、实现机理和功能上模拟人脑神经网络。人工神经网络与生物神经元类似，由多个节点（人工神经元）互相连接而成，可以用来对数据之间的复杂关系进行建模。不同节点之间的连接被赋予了不同的权重，每个权重代表了一个节点对另一个节点的影响大小。每个节点代表一种特定函数，来自其他节点的信息经过其相应的权重综合计算，输入一个激活函数中并得到一个新的活性值（兴奋或抑制）。从系统观点看，人工神经元网络是由大量神经元通过极其丰富和完善的连接构成的自适应非线性动态系统。

虽然可以比较容易地构造一个人工神经网络，但是让人工神经网络具有学习能力并不是一件容易的事情。早期的神经网络模型并不具备学习能力。赫布网络是第一个具有学习能力的人工神经网络，它采用一种基于赫布规则的无监督学习方法。感知器是最早的具有机器学习思想的神经网络，但其学习方法无法扩展到多层的神经网络上。直到 1980 年左右，反向传播算法才有效地解决了多层神经网络的学习问题，并成为最为流行的神经网络学习算法。

人工神经网络诞生之初并不是用来解决机器学习问题的。由于人工神经网络可以用作一个通用的函数逼近器（一个两层的神经网络可以逼近任意的函数），因此可以将人工神经网络看作一个可学习的函数，并将其应用到机器学习中。理论上，只要有足够的训练数据和神经元数量，人工神经网络就可以学到很多复杂的函数。一个人工神经网络塑造复杂函数的能力被称为网络容量（network capacity），这与可以被储存在网络中的信息的复杂度以及数量相关。

1.3 神经网络的发展历史

神经网络的发展大致经过了如下 5 个阶段。

第一阶段：模型提出（1943—1969 年），这是神经网络发展的第一个高潮期。在此期间，科学家提出了许多神经元模型和学习规则。1943 年，心理学家 Warren McCulloch 和数学家 Walter Pitts 最早提出了一种基于简单逻辑运算的人工神经网络，这种神经网络模型称为 MP 模型，至此，开启了人工神经网络研究的序幕。1948 年，Alan Turing 提出了“B 型图灵机”。“B 型图灵机”可以基于 Hebbian 规则进行学习。1958 年，Rosenblatt 提出了一种可以模拟人类感知能力的神经网络模型，称为感知器，并提出了一种接近于人类学习过程（迭代、试错）的学习算法。在这一时期，神经网络以其独特的结构和处理信息的方法，在许多实际应用领域（自动控制、模式识别等）中取得了显著的成效。

第二阶段：冰河期（1969—1983 年），这是神经网络发展的第一个低谷期。在此期间，神经网络的研究处于长年停滞及低潮状态。1969 年，Marvin Minsky 出版《感知器》一书，指出了神经网络的两个关键缺陷：一是感知器无法处理“异或”回路问题；二是当时的计算机无法支持处理大型神经网络所需要的计算能力。这些论断使人们对以感知器为代表的神经网络质疑，并导致神经网络的研究进入了十多年的“冰河期”。

但在这一时期，依然有不少学者提出了很多有用的模型或算法。1974 年，哈佛大学的 Paul Werbos 发明了反向传播（Back Propagation，BP）算法，但当时未受到应有的重视。1980 年，福岛邦彦提出了一种带卷积和子采样操作的多层神经网络：新知机（neocognitron）。新知机的提出受到了动物初级视皮层简单细胞和复杂细胞的感受野的启发。但新知机并没有采用反向传播算法，而是采用了无监督学习的方式来训练，因此也没有引起足够的重视。

第三阶段：反向传播算法引起的复兴（1983—1995 年），这是神经网络发展的第二个高潮期。在这个时期，反向传播算法重新激发了人们对神经网络的兴趣。

1983 年，物理学家 John Hopfield 提出了一种用于联想记忆（associative memory）的神经网络，称为 Hopfield 网络。Hopfield 网络在旅行商问题上取得了当时的最好结果，并

引起了轰动。1984 年，Geoffrey Hinton 提出一种随机化版本的 Hopfield 网络，即玻尔兹曼机（Boltzmann machine）。

真正引起神经网络第二次研究高潮的是反向传播算法。20 世纪 80 年代中期，一种连接主义模型开始流行，即并行分布加工模型（PDP 模型）。反向传播算法也逐渐成为 PDP 模型的主要学习算法。这时，神经网络才又开始引起人们的注意，并重新成为新的研究热点。随后，1989 年，LeCun 将反向传播算法引入了卷积神经网络，并在手写体数字识别上取得了很大的成功。反向传播算法是迄今最为成功的神经网络学习算法，目前在深度学习中主要使用的自动微分可以看作反向传播算法的一种扩展。然而，梯度消失问题（vanishing gradient problem）阻碍了神经网络的进一步发展，特别是循环神经网络。为了解决这个问题，Schmidhuber 于 1992 年采用两步来训练一个多层的循环神经网络。

（1）通过无监督学习的方式来逐层训练每一层循环神经网络，即预测下一个输入。

（2）通过反向传播算法进行精调。

第四阶段：流行度降低（1995—2006 年）。在此期间，支持向量机和其他更简单的方法（如线性分类器）在机器学习领域的流行度逐渐超过了神经网络。

虽然神经网络可以很容易地增加层数、神经元数量，从而构建复杂的网络，但其计算复杂性也会随之增长。当时的计算机性能和数据规模不足以支持训练大规模神经网络。在 20 世纪 90 年代中期，统计学习理论和以支持向量机为代表的机器学习模型开始兴起。相比之下，神经网络的理论基础不清晰、优化困难、可解释性差等缺点更加凸显，因此神经网络的研究又一次陷入低潮。

第五阶段：深度学习的崛起（2006 年至今）。在这一时期，研究者逐渐掌握了训练深层神经网络的方法，使得神经网络重新崛起。Hinton 于 2006 年通过逐层预训练来学习深度信念网络，并将其权重作为多层前馈神经网络的初始化权重，再用反向传播算法进行精调。这种“预训练 + 精调”的方式可以有效地解决深度神经网络难以训练的问题。随着深度神经网络在语音识别和图像分类等任务上的巨大成功，以神经网络为基础的深度学习迅速崛起。近年来，随着大规模并行计算以及 GPU 设备的普及，计算机的计算能力得以大幅提高。此外，可供机器学习的数据规模也越来越大。在强大的计算能力和海量的数据规模支持下，计算机已经可以端到端地训练一个大规模神经网络，不再需要借助预训练的方式。各大科技公司都投入巨资研究深度学习，神经网络迎来第三次高潮。

1.4 常用的深度学习框架

在深度学习中，一般通过误差反向传播算法来进行参数学习。采用手工方式来计算梯度再写代码实现的方式非常低效，并且容易出错。此外，深度学习模型需要的计算机资源比较多，一般需要在 CPU 和 GPU 之间不断进行切换，开发难度较大。因此，一些支持自动梯度计算、无缝 CPU 和 GPU 切换等功能的深度学习框架就应运而生。比较有代表性的框架包括 Theano、Scikit-learn、Caffe、Torch、Pytorch、MXNet、TensorFlow、Keras 等。

（1）Theano 是最早的深度学习框架之一，由 Yoshua Bengio 和 Ian Goodfellow 等人

开发，是一个基于 Python 语言、定位底层运算的计算库，Theano 同时支持 GPU 和 CPU 运算。由于 Theano 开发效率较低，模型编译时间较长，开发人员又转投 TensorFlow 等原因，Theano 目前已经停止维护。

（2）Scikit-learn 是一个完整的面向机器学习算法的计算库，内建了常见的传统机器学习算法支持，文档和案例较丰富，但是 Scikit-learn 并不是专门面向神经网络而设计的，不支持 GPU 加速，对神经网络相关层的实现较欠缺。

（3）Caffe 由华人贾扬清在 2013 年开发，主要面向使用卷积神经网络的应用场合，并不适合其他类型的神经网络的应用。Caffe 的主要开发语言是 C++，也提供 Python 语言等接口，支持 GPU 和 CPU。由于开发时间较早，在业界的知名度较高，2017 年，Facebook 公司推出了 Caffe 的升级版本——Caffe2，Caffe2 目前已经融入 PyTorch 库中。

（4）Torch 是一个非常优秀的科学计算库，基于较冷门的编程语言 Lua 开发。Torch 灵活性较高，容易实现自定义网络层，这也是 PyTorch 继承 Torch 获得的优良基因。但是由于 Lua 语言使用人群较少，Torch 一直未能获得主流应用。

（5）PyTorch 是 Facebook 公司基于原 Torch 框架推出的采用 Python 作为主要开发语言的深度学习框架。PyTorch 借鉴了 Chainer 的设计风格，采用命令式编程，使得搭建网络和调试网络非常方便。尽管 PyTorch 在 2017 年才发布，但是由于精良紧凑的接口设计，PyTorch 在学术界获得了广泛好评。在 PyTorch 1.0 版本后，原来的 PyTorch 与 Caffe2 进行了合并，弥补了 PyTorch 在工业部署方面的不足。总体来说，PyTorch 是一个非常优秀的深度学习框架。

（6）MXNet 由华人陈天奇和李沐等人开发，是亚马逊公司的官方深度学习框架。采用了命令式编程和符号式编程混合的方式，灵活性高，运行速度快，文档和案例较为丰富。

（7）TensorFlow 是由 Google 公司开发的深度学习框架，可以在任意具备 CPU 或者 GPU 的设备上运行。TensorFlow 的计算过程使用数据流图来表示。TensorFlow 的名字来源于其计算过程中的操作对象为多维数组，即张量（tensor）。TensorFlow 1.0 版本采用静态计算图，2.0 版本之后也支持动态计算图。

（8）Keras 是一个基于 Theano 和 TensorFlow 等框架提供的底层运算而实现的高层框架，提供了大量快速训练、测试网络的高层接口。对于常见应用来说，使用 Keras 开发效率非常高。但是由于没有底层实现，需要对底层框架进行抽象，运行效率不高，灵活性一般。

目前来看，TensorFlow 和 PyTorch 框架是业界使用最为广泛的两个深度学习框架，TensorFlow 在工业界拥有完备的解决方案和用户基础，PyTorch 得益于其精简灵活的接口设计，可以快速搭建和调试网络模型，在学术界好评如潮。TensorFlow 2.0 发布后，弥补了 TensorFlow 在上手难度方面的不足，使得用户既能轻松上手 TensorFlow 框架，又能无缝部署网络模型至工业系统。本书以 TensorFlow 作为主要框架，实现深度学习算法。

1.5 编程环境的安装

1.5.1 安装 Anaconda

Python 解释器是让以 Python 语言编写的代码能够被 CPU 执行的桥梁，是 Python 语言的核心软件。用户可以从 https://www.python.org/网站下载最新版本的解释器，本书介绍的是 Python 3.7 版本。像普通的应用软件一样安装完成后，就可以调用 python.exe 程序执行 Python 语言编写的源代码文件（.py 格式）。

这里选择安装集成了 Python 解释器和虚拟环境等一系列辅助功能的 Anaconda 软件，通过安装 Anaconda 软件，可以同时获得 Python 解释器、包管理和虚拟环境等一系列便捷功能。从 https://www.anaconda.com/distribution/#download-section 网址进入 Anaconda 下载页面，选择 Python 最新版本的下载链接即可下载，下载完成后双击即可进入安装程序。如图 1-3 所示，勾选 Add Anaconda to my PATH environment variable 项目，这样可以通过命令行方式调用 Anaconda 程序。如图 1-4 所示，安装程序询问是否连带安装 VS Code 软件，选择 Skip 即可。整个安装过程约持续 5 min，具体时间需要依据计算机性能而定。

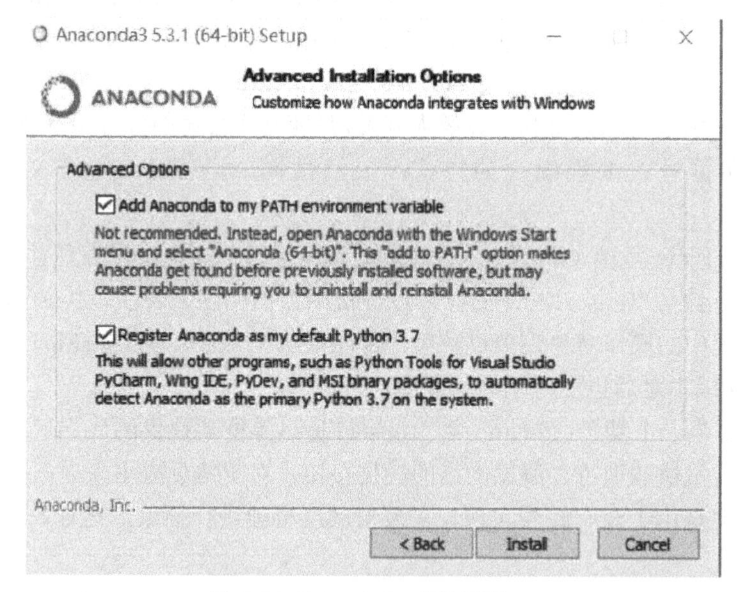

图 1-3　Anaconda 安装界面-1

安装完成后，怎么验证 Anaconda 是否安装成功呢？通过按下键盘上的 Windows+R 键，即可调出运行程序对话框，输入 cmd 并按下回车键即可打开 Windows 自带的命令行程序 cmd.exe。或者单击开始菜单，输入 cmd 也可以搜索到 cmd.exe 程序，打开即可。输入 conda list 命令即可查看 Python 环境已安装的库，如果是新安装的 Python 环境，则列出的库都是 Anaconda 自带的软件库，如图 1-5 所示。如果 conda list 能够正常弹出一系列的库列表信息，说明 Anaconda 软件安装成功；如果 conda 命名不能被识别，则说明安装失败，需要重新安装。

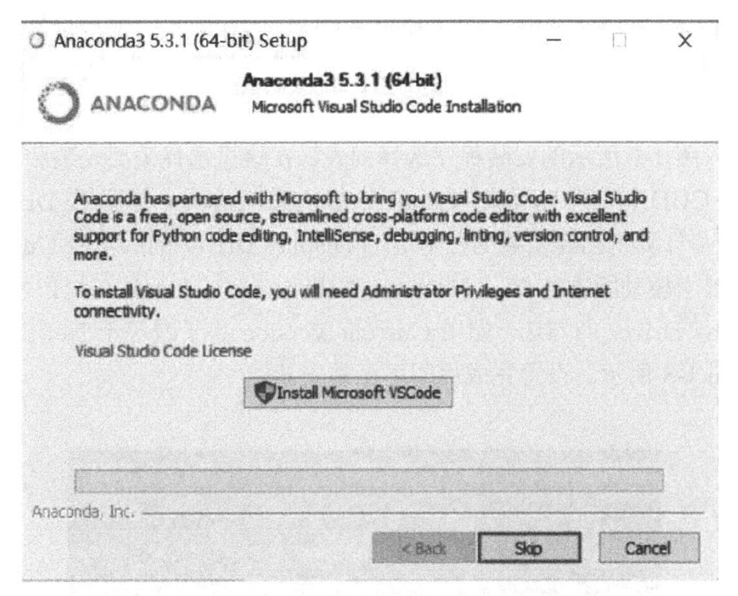

图 1-4　Anaconda 安装界面-2

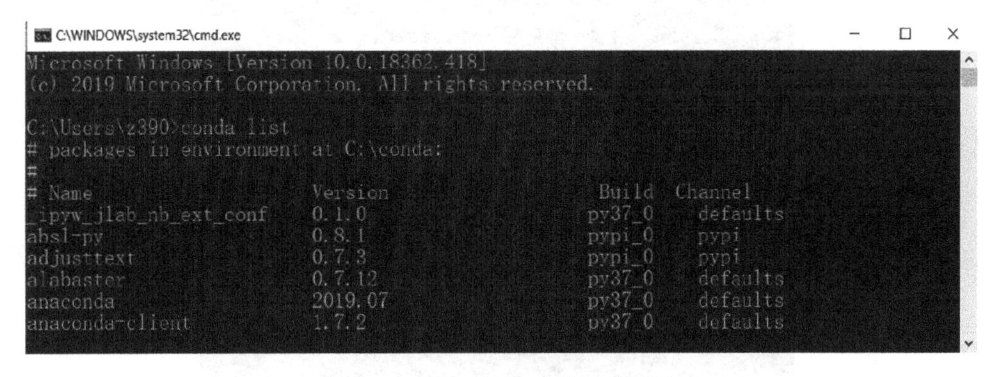

图 1-5　Anaconda 安装结果测试

1.5.2　安装 CUDA

目前深度学习的框架大都基于 NVIDIA 的 GPU 显卡进行加速运算，因此需要安装 NVIDIA 提供的 GPU 加速库 CUDA 程序。在安装 CUDA 之前，需确认计算机具有支持 CUDA 程序的 NVIDIA 显卡设备。如果计算机没有 NVIDIA 显卡，例如部分计算机显卡生产商为 AMD 或 Intel，则无法安装 CUDA 程序，因此可以跳过这一步，直接进入 TensorFlow CPU 版本的安装。

CUDA 的安装分为 CUDA 软件的安装、cuDNN 深度神经网络加速库的安装和环境变量配置 3 个步骤，安装过程稍显烦琐，读者在操作时应思考每个步骤的用途，避免死记硬背流程。

1. CUDA 软件的安装

安装 CUDA 软件首先需要打开 CUDA 程序的下载官网：https://developer.nvidia.com/cuda-10.0-download-archive，这里使用 CUDA 10.0 版本，依次选择 Windows 平台，x86_64 架构，Windows 2010 系统，exe（local）本地安装包，再单击 Download 按钮即可下载 CUDA 安装软件。下载完成后，打开安装软件。如图 1-6 所示，选择 Custom 选项，单击 NEXT 按钮进入图 1-7 所示的安装程序选择列表，在这里选择需要安装和取消不需要安装的程序组件。在 CUDA 节点下，取消 Visual Studio Integration 选项；在 Driver components 节点下，比对目前计算机已经安装的显卡驱动 Display Driver 的版本号 Current Version 和 CUDA 自带的显卡驱动版本号 New Version，如果 Current Version 大于 New Version，则需要取消 Display Driver 的勾选，如果 Current Version 小于或等于 New Version，则默认勾选即可，如图 1-8 所示。设置完成后即可正常安装。

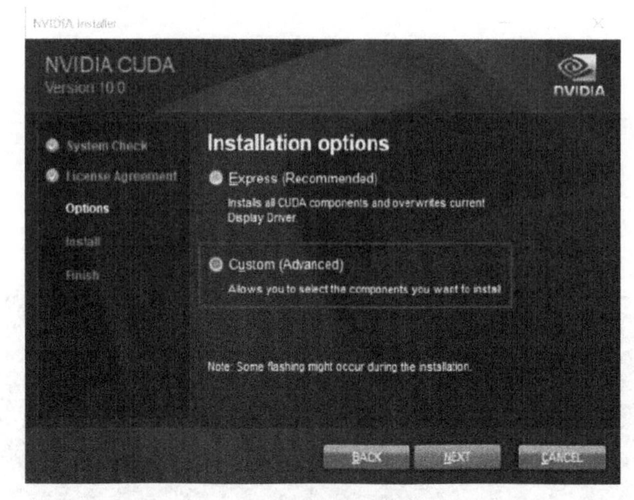

图 1-6　CUDA 安装界面-1

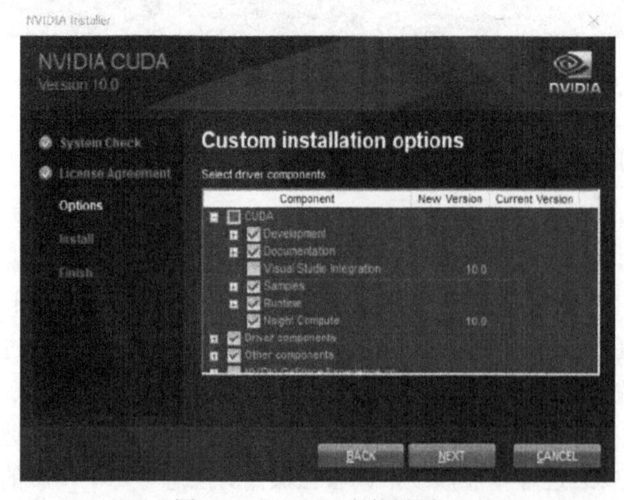

图 1-7　CUDA 安装界面-2

安装完成后，可以测试 CUDA 软件是否安装成功。打开 cmd 命令行，输入 nvcc -V，即可打印当前 CUDA 的版本信息，如图 1-9 所示，如果命令无法识别，则说明安装失败。同时可以从 CUDA 的安装路径 C:\Program Files\NVIDIA GPU Computing Toolkit\CUDA\v10.0\bin 下找到 nvcc.exe 程序，如图 1-10 所示。

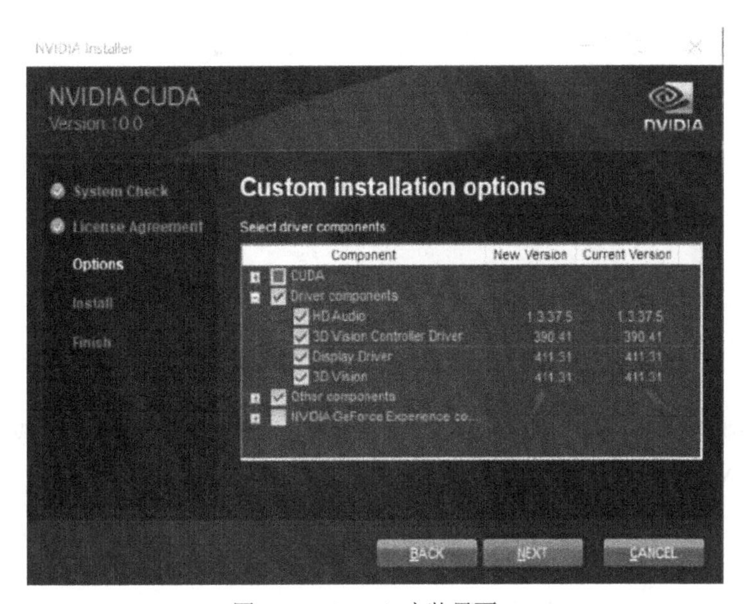

图 1-8　CUDA 安装界面-3

图 1-9　CUDA 安装结果测试-1

2. cuDNN 深度神经网络加速库的安装

CUDA 并不是针对神经网络专门的 GPU 加速库，它面向各种需要并行计算的应用设计。如果希望针对神经网络应用加速，需要额外安装 cuDNN 库。需要注意的是，cuDNN 库并不是运行程序，只需要下载解压 cuDNN 文件，并配置 Path 环境变量即可。

打开网址 https://developer.nvidia.com/cudnn，选择 Download cuDNN，由于 NVIDIA 公司的规定，下载 cuDNN 需要先登录，因此用户需要登录或创建新用户后才能继续下载。登录后，进入 cuDNN 下载界面，勾选 I Agree To the Terms of the cuDNN Software License Agreement，即可弹出 cuDNN 版本下载选项。选择 CUDA 10.0 匹配的 cuDNN 版本，并单击 cuDNN Library for Windows 10 链接即可下载 cuDNN 文件。需要注意的是，cuDNN

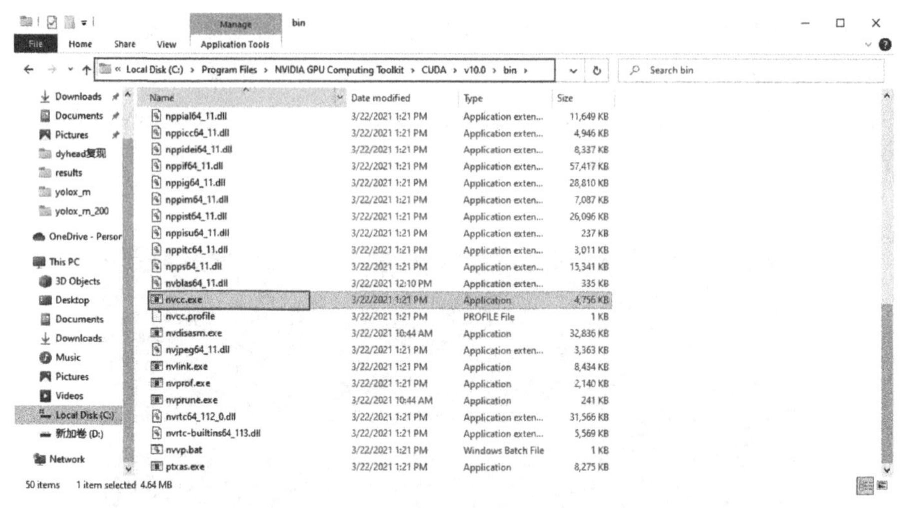

图 1-10 CUDA 安装结果测试-2

本身具有一个版本号，同时它还需要和 CUDA 的版本号相匹配，不可下载不匹配 CUDA 版本号的 cuDNN 文件，如图 1-11 所示。

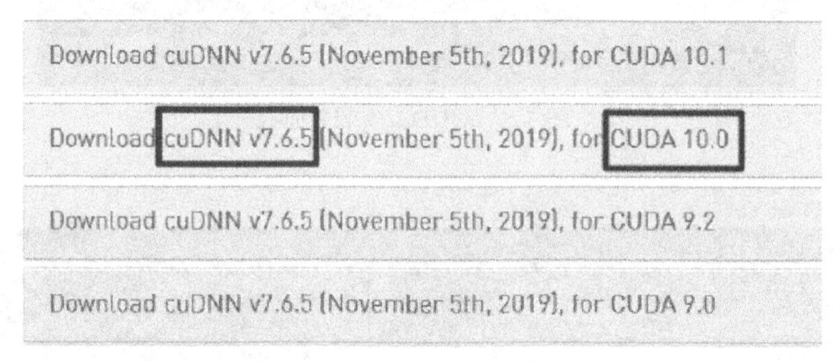

图 1-11 cuDNN 版本选择界面

下载完成 cuDNN 文件后，解压并进入文件夹，这里将名称为 cuda 的文件夹重命名为 cudnn765，复制并粘贴此文件夹到以下路径 C:\Program Files\NVIDIA GPU Computing Toolkit\CUDA\v10.0 即可，此处可能会弹出需要管理员权限的对话框，选择继续即可粘贴，如图 1-12 所示。

3. 配置环境变量

完成上述 cudnn765 文件夹的复制即已完成 cuDNN 的安装，但为了让系统能够感知到 cuDNN 文件的位置，需要额外配置 Path 环境变量。打开文件浏览器，在 This Pc 上右击，依次选择 Properties→Advanced system settings→Environment Variables，如图 1-13 所示。在 System Variables 一栏中选中 Path 环境变量，单击 Edit 按钮，选择 New，输入 cuDNN 的安装路径 C:\Program Files\NVIDIA GPU Computing Toolkit\CUDA\v10.0\cudnn765\bin，并通过 Move up 按钮将这一项上移置顶，如图 1-14 所示。

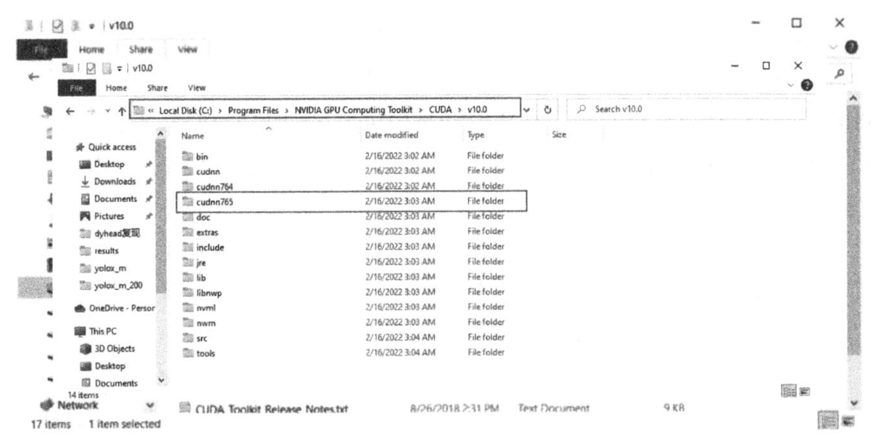

图 1-12　cuDNN 文件的安装

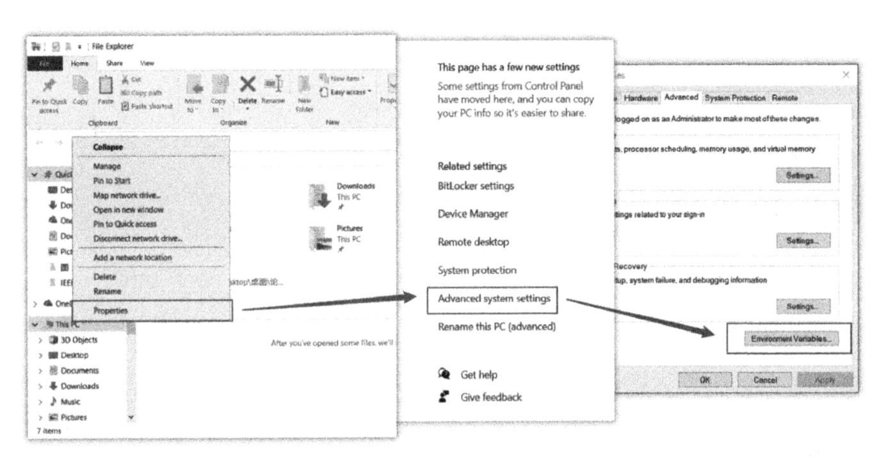

图 1-13　修改环境变量-1

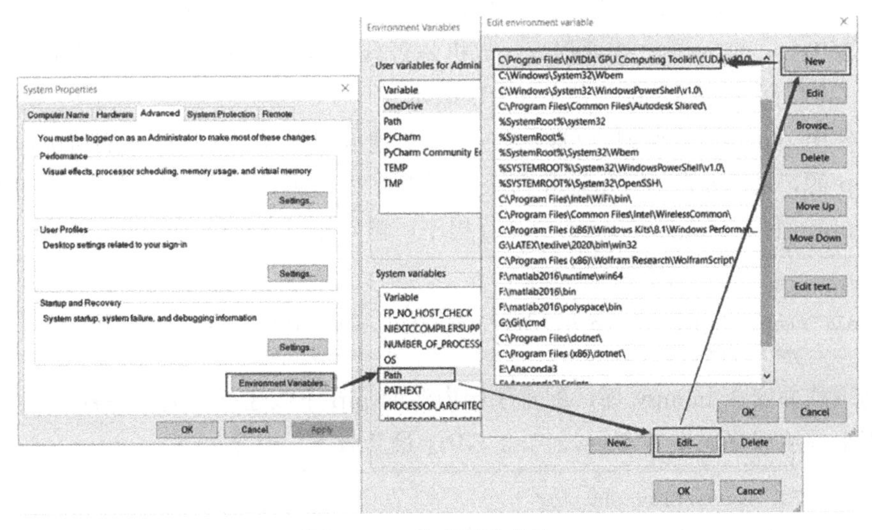

图 1-14　修改环境变量-2

CUDA 安装完成后，环境变量中应该包含 C:\Program Files\NVIDIA GPU Computing Toolkit\CUDA\v10.0\cudnn765\bin、C:\Program Files\NVIDIA GPU Computing Toolkit\CUDA\v10.0\bin 和 C:\Program Files\NVIDIA GPU Computing Toolkit\CUDA\v10.0\libnvvp 三项，具体的路径可能依据实际路径略有差别，如图 1-15 所示，确认无误后单击 ok 按钮，关闭所有对话框。

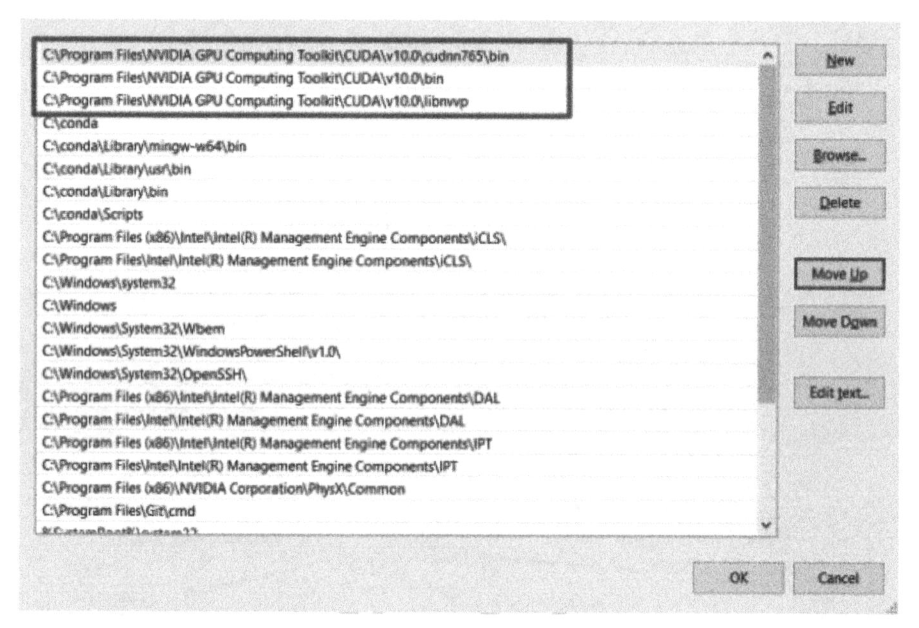

图 1-15　CUDA 相关的环境变量

1.5.3　安装 TensorFlow

TensorFlow 和其他的 Python 库一样，使用 Python 包管理工具 pip install 命令即可安装。安装 TensorFlow 时，需要根据计算机是否具有 NVIDIA GPU 显卡来确定是安装性能更强的 GPU 版本还是性能一般的 CPU 版本。

国内使用 pip 命令安装时，可能会出现下载速度缓慢甚至连接断开的情况，需要配置国内的 pip 源，只需要在 pip install 命令后面带上“-i+源地址”参数即可。例如使用清华源安装 numpy 包，首先打开 cmd 命令行程序，输入如下命令：

```
# 使用国内清华源安装 numpy
pip install numpy -i https://pypi.tuna.tsinghua.edu.cn/simple
```

即可自动下载并安装 numpy 库，配置了国内源的 pip 下载速度会提升显著。

接下来使用清华源安装 TensorFlow GPU 最新版本，命令如下：

```
# 使用清华源安装 TensorFlow GPU 版本
pip install -U tensorflow-gpu -i https://pypi.tuna.tsinghua.edu.cn/simple
```

上述命令自动下载 TensorFlow GPU 版本并安装，本书使用 TensorFlow 2.0.0 正式版，“-U”参数指定如果已安装此包，则执行升级命令。

接下来测试 GPU 版本的 TensorFlow 是否安装成功。在 cmd 命令行输入 ipython，进入 ipython 交互式终端，再输入 import tensorflow as tf 命令，如果没有错误产生，继续输入“tf.test.is_gpu_available()”测试 GPU 是否可用，此命令会打印出一系列以 I 开头的信息（Information），其中包含了可用的 GPU 显卡设备信息，最后返回 True 或者 False，代表 GPU 设备是否可用，如图 1-16 所示。如果为 True，则 TensorFlow GPU 版本安装成功；如果为 False，则安装失败，需要再次检查 CUDA、cuDNN、环境变量等步骤，或者复制错误提示信息，从搜索引擎中寻求帮助。

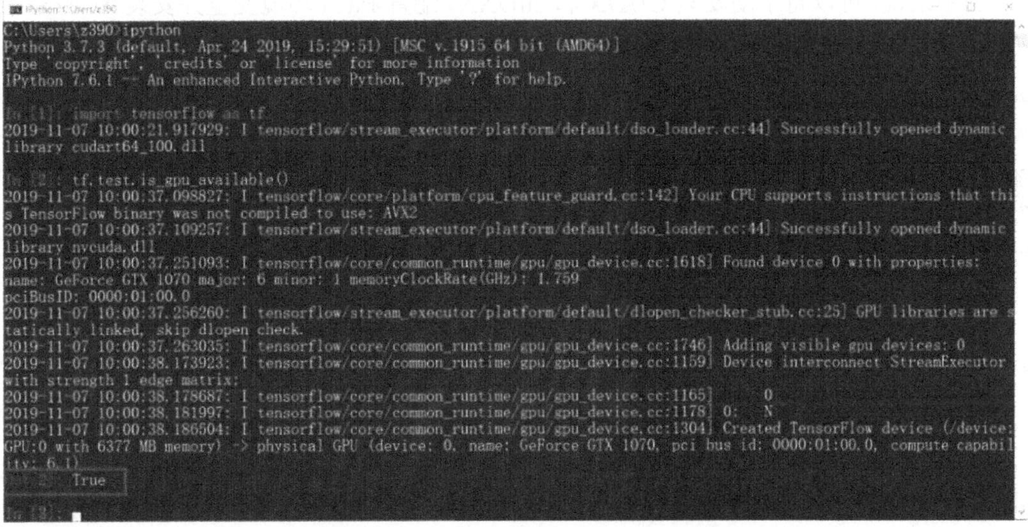

```
C:\Users\z390>ipython
Python 3.7.3 (default, Apr 24 2019, 15:29:51) [MSC v.1915 64 bit (AMD64)]
Type 'copyright', 'credits' or 'license' for more information
IPython 7.6.1 -- An enhanced Interactive Python. Type '?' for help.

In [1]: import tensorflow as tf
2019-11-07 10:00:21.917929: I tensorflow/stream_executor/platform/default/dso_loader.cc:44] Successfully opened dynamic library cudart64_100.dll

In [2]: tf.test.is_gpu_available()
2019-11-07 10:00:37.098827: I tensorflow/core/platform/cpu_feature_guard.cc:142] Your CPU supports instructions that this TensorFlow binary was not compiled to use: AVX2
2019-11-07 10:00:37.109257: I tensorflow/stream_executor/platform/default/dso_loader.cc:44] Successfully opened dynamic library nvcuda.dll
2019-11-07 10:00:37.251093: I tensorflow/core/common_runtime/gpu/gpu_device.cc:1618] Found device 0 with properties:
name: GeForce GTX 1070 major: 6 minor: 1 memoryClockRate(GHz): 1.759
pciBusID: 0000:01:00.0
2019-11-07 10:00:37.256260: I tensorflow/stream_executor/platform/default/dlopen_checker_stub.cc:25] GPU libraries are statically linked, skip dlopen check.
2019-11-07 10:00:37.263035: I tensorflow/core/common_runtime/gpu/gpu_device.cc:1746] Adding visible gpu devices: 0
2019-11-07 10:00:38.173923: I tensorflow/core/common_runtime/gpu/gpu_device.cc:1159] Device interconnect StreamExecutor with strength 1 edge matrix:
2019-11-07 10:00:38.178687: I tensorflow/core/common_runtime/gpu/gpu_device.cc:1165]      0
2019-11-07 10:00:38.181997: I tensorflow/core/common_runtime/gpu/gpu_device.cc:1178] 0:   N
2019-11-07 10:00:38.186504: I tensorflow/core/common_runtime/gpu/gpu_device.cc:1304] Created TensorFlow device (/device:GPU:0 with 6377 MB memory) -> physical GPU (device: 0, name: GeForce GTX 1070, pci bus id: 0000:01:00.0, compute capability: 6.1)
Out[2]: True

In [3]:
```

图 1-16　TensorFlow-GPU 安装结果测试

如果不能安装 TensorFlow GPU 版本，则可以安装 CPU 版本。CPU 版本无法利用 GPU 加速运算，计算速度相对缓慢，但是作为学习用途介绍的算法模型一般不大，使用 CPU 版本也能勉强应付，待日后对深度学习有了一定了解再升级 NVIDIA GPU 设备也未尝不可。

安装 CPU 版本的命令如下：

```
# 使用国内清华源安装 TensorFlow CPU 版本
pip install -U tensorflow -i https://pypi.tuna.tsinghua.edu.cn/simple
```

安装完成后，在 ipython 中输入 import tensorflow as tf 命令即可验证 CPU 版本是否安装成功。

TensorFlow GPU/CPU 版本安装完成后，可以通过“tf.__version__”查看本地安装的 TensorFlow 版本号，如图 1-17 所示。

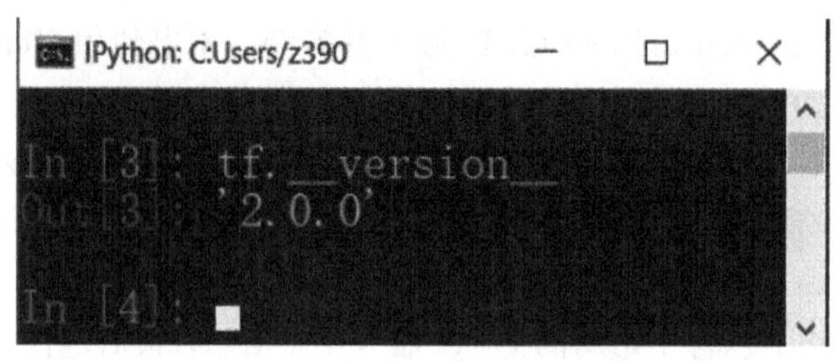

图 1-17　TensorFlow 版本测试

上述手动安装 CUDA 和 cuDNN，配置 Path 环境变量并安装 TensorFlow 的过程是标准的安装方法，虽然步骤烦琐，但是对于理解每个库的功能和角色有较大的帮助。实际上，对于新手来说，可以将手动安装 CUDA 和 cuDNN，配置 Path 环境变量并安装 TensorFlow 这四个步骤通过如下两条命令完成：

```
# 创建名为 tf2 的虚拟环境，并根据预设环境名 tensorflow-gpu
# 自动安装 CUDA,cuDNN,TensorFlow GPU 等
conda create -n tf2 tensorflow-gpu
# 激活 tf2 虚拟环境
conda activate tf2
```

这种快捷安装方式称为极简版安装方法。这也是使用 Anaconda 发行版带来的便捷之处。通过极简版安装的 TensorFlow，使用时需要先激活对应的虚拟环境，这一点需要与标准版区分。标准版安装在 Anaconda 的默认环境 base 中，一般不需要手动激活 base 环境。

常用的 Python 库也可以一起安装，命令如下：

```
# 使用清华源安装常用 python 库
pip install -U ipython numpy matplotlib pillow pandas -i
https://pypi.tuna.tsinghua.edu.cn/simple
```

TensorFlow 在运行时，默认会占用所有 GPU 显存资源，这是非常不友好的行为，尤其是当计算机同时有多个用户或者程序在使用 GPU 资源时，占用所有 GPU 显存资源会使其他程序无法运行。因此，一般推荐设置 TensorFlow 的显存占用方式为增长式占用模式，即根据实际模型大小申请显存资源，代码实现如下：

```
# 设置 GPU 显存使用方式
# 获取 GPU 设备列表
gpus = tf.config.experimental.list\_ physical\_ devices('GPU')
if gpus:
        try:
          # 设置 GPU 为增长式占用
          for gpu in gpus:
                tf.config.experimental.set\_ memory\_ growth(gpu, True)
        except RuntimeError as e:
```

```
    # 打印异常
    print(e)
```

1.5.4 安装常用编辑器

使用 Python 语言编写程序的方式非常多，可以使用 ipython 或者 ipython notebook 方式交互式编写代码，也可以利用 Sublime Text、PyCharm 和 VS Code 等综合 IDE 开发中、大型项目。本书推荐使用 PyCharm 编写和调试，使用 VS Code 交互式开发，这两者都可以免费使用，读者可自行下载安装，并配置 Python 解释器。限于篇幅，本书不再赘述。

第2章 机器学习基础

通俗地讲，机器学习（Machine Learning，ML）就是让计算机从数据中进行自动学习，得到某种知识（或规律）。作为一门学科，机器学习通常指一类问题以及解决这类问题的方法，即如何从观测数据（样本）中寻找规律，并利用学习到的规律（模型）对未知或无法观测的数据进行预测。

在早期的工程领域，机器学习也经常称为模式识别，但模式识别更偏向于具体的应用任务，如光学字符识别、语音识别、人脸识别等。这些任务的特点是，对于人类而言，这些任务很容易完成，但我们不知道自己是如何做到的，因此也很难人工设计一个计算机程序来完成这些任务。一个可行的方法是设计一个算法可以让计算机自己从有标注的样本上学习其中的规律，并用来完成各种识别任务。随着机器学习技术的应用越来越广，现在机器学习的概念逐渐替代模式识别，成为这一类问题及其解决方法的统称。

以手写体数字识别为例，人们需要让计算机能自动识别手写的数字。如图 2-1 所示，将第 6 行的数字识别为数字 5，将第 7 行的数字识别为数字 6。手写体数字识别是一个经典的机器学习任务，对于人来说很简单，但对计算机来说却十分困难。人们很难总结并准确描述每个数字的手写体特征，或者区分不同数字的规则，因此设计一套识别算法是一项几乎不可能的任务。在现实生活中，很多问题都类似于手写体数字识别这类问题，如物体识别、语音识别等。对于这类问题，人们不知道如何设计一个计算机程序来解决，即使可以通过一些启发式规则来实现，其过程也是极其复杂的。因此，人们开始尝试采用另一种思

图 2-1　手写体数字识别示例

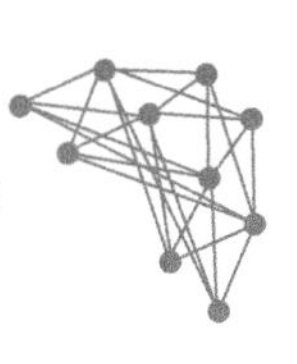

路，即让计算机“看”大量的样本，并从中学习到一些经验，然后用这些经验来识别新的样本。要识别手写体数字，首先通过人工标注大量的手写体数字图像（即每张图像都通过人工标记了它是什么数字），这些图像作为训练数据，然后通过学习算法自动生成一套模型，并依靠它来识别新的手写体数字。这个过程和人类学习过程比较类似，人类教小孩识别数字也是这样的过程。这种通过数据来学习的方法就称为机器学习的方法。

2.1 基本概念

首先以一个生活中的例子来介绍机器学习中的一些基本概念：样本、特征、标签、模型、学习算法等。假设要到市场上购买芒果，但是之前毫无挑选芒果的经验，那么应如何通过学习来获取这些知识？

首先，从市场上随机选取一些芒果，列出每个芒果的特征（feature），包括颜色、大小、形状、产地、品牌，以及需要预测的标签（label）。标签可以是连续值（如关于芒果的甜度、水分以及成熟度的综合打分），也可以是离散值（如“好”“坏”两类标签）。这里，每个芒果的标签可以通过直接品尝来获得，也可以通过请一些经验丰富的专家来进行标记。

将一个标记好特征以及标签的芒果看作一个样本（sample），也经常称为示例（instance）。

一组样本构成的集合称为数据集（data set）。一般将数据集分为两部分：训练集和测试集。训练集（training set）中的样本是用来训练模型的，也叫作训练样本（training sample），而测试集（test set）中的样本是用来检验模型好坏的，也叫作测试样本（test sample）。

通常用一个 D 维向量 $\boldsymbol{X}=[\boldsymbol{x}_1,\boldsymbol{x}_2,\cdots,\boldsymbol{x}_D]^{\mathrm{T}}$ 表示一个芒果的所有特征构成的向量，称为特征向量（feature vector），其中每一维表示一个特征。而芒果的标签通常用标量 y 来表示。

假设训练集 D 由 N 个样本组成，其中每个样本都是独立同分布的（Identically and Independently Distributed，IID），即独立地从相同的数据分布中抽取的，记为

$$D=\{(\boldsymbol{x}^{(1)},y^{(1)}),(\boldsymbol{x}^{(2)},y^{(2)}),\cdots,(\boldsymbol{x}^{(N)},y^{(N)})\} \tag{2-1}$$

给定训练集 D，希望让计算机从一个函数集合 $F=\{f_1(\boldsymbol{x}),f_2(\boldsymbol{x}),\cdots\}$ 中自动寻找一个“最优”的函数 $f*(\boldsymbol{x})$ 来近似每个样本的特征向量 $\boldsymbol{x}$ 和标签 y 之间的真实映射关系。对于一个样本 $\boldsymbol{x}$，可以通过函数 $f*(\boldsymbol{x})$ 来预测其标签的值

$$\hat{y}=f*(\boldsymbol{x}) \tag{2-2}$$

或标签的条件概率

$$\hat{p}(y|\boldsymbol{x})=f_y*(\boldsymbol{x}) \tag{2-3}$$

如何寻找这个“最优”的函数 $f*(\boldsymbol{x})$ 是机器学习的关键，一般需要通过学习算法（learning algorithm）A 来完成。这个寻找过程通常称为学习（learning）或训练（training）过程。

这样，下次从市场上买芒果（测试样本）时，可以根据芒果的特征，使用学习到的函数 $f*(\boldsymbol{x})$ 来预测芒果的好坏。为了评价的公正性，还是独立同分布地抽取一组芒果作为测试集 D'，并在测试集中所有芒果上进行测试，计算预测结果的准确率。

$$\mathrm{Acc}(f*(\boldsymbol{x}))=\frac{1}{|D'|}\sum_{(\boldsymbol{x},y)\in D'}I(f*(\boldsymbol{x})=y) \tag{2-4}$$

其中，$I(\cdot)$ 为指示函数，$|D'|$ 为测试集大小。

图 2-2 给出了机器学习的基本流程。对于一个预测任务，输入特征向量为 $\boldsymbol{X}$，输出标签为 y，选择一个函数集合 f，通过学习算法 A 和一组训练样本 D，从 f 中学习到函数 $f*(\boldsymbol{x})$。这样对新的输入 $\boldsymbol{x}$，就可以用函数 $f*(\boldsymbol{x})$ 进行预测。

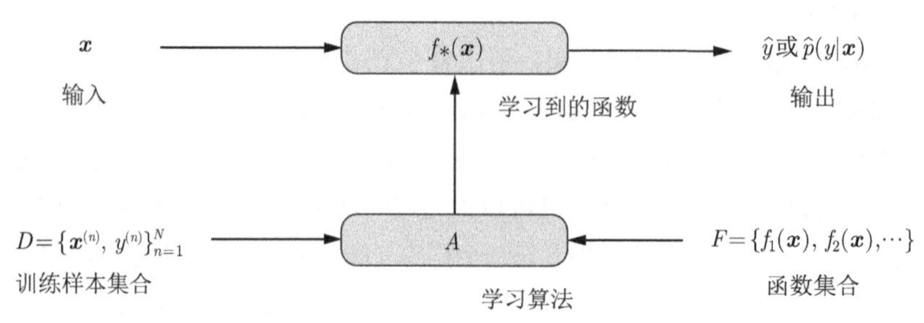

图 2-2 机器学习的基本流程

思政案例

2.2 机器学习的三个基本要素

机器学习是从有限的观测数据中学习（或“猜测”）具有一般性的规律，并可以将总结出来的规律推广应用到未观测样本上。机器学习方法可以粗略地分为 3 个基本要素：模型、学习准则和优化算法。

2.2.1 模型

对于一个机器学习任务，首先要确定其输入空间 $\boldsymbol{x}$ 和输出空间 y。不同机器学习任务的主要区别在于输出空间不同。在二分类问题中 $y=\{+1,-1\}$，在 C 分类问题中 $y=\{1,2,\cdots\}$，而在回归问题中 $y=\mathbb{R}$。

输入空间 $\boldsymbol{x}$ 和输出空间 y 构成了一个样本空间。对于样本空间中的样本 $(\boldsymbol{x},y)\in\boldsymbol{x}\times y$。假定 $\boldsymbol{x}$ 和 y 之间的关系可以通过一个未知的真实映射函数 $y=g(\boldsymbol{x})$ 或真实条件概率分布 $p_r(y|\boldsymbol{x})$ 来描述。机器学习的目标是找到一个模型来近似真实映射函数 $g(\boldsymbol{x})$ 或真实条件概率分布 $p_r(y|\boldsymbol{x})$。由于不知道真实的映射函数 $g(\boldsymbol{x})$ 或条件概率分布 $p_r(y|\boldsymbol{x})$ 的具体形式，因而只能根据经验来假设一个函数集合 f，称为假设空间（hypothesis space），然后通过观测其在训练集 D 上的特性，从中选择一个理想的假设（hypothesis）：$f*\in f$。假设空间 f 通常为一个参数化的函数族

$$f=\{f(\boldsymbol{x};\theta)|\theta\in\mathbb{R}^D\} \tag{2-5}$$

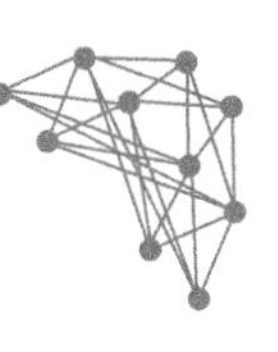

其中，$f(\boldsymbol{x};\theta)$ 是参数为 θ 的函数，也称为模型（model），D 为参数的数量。常见的假设空间可以分为线性和非线性两种，对应的模型 f 也分别称为线性模型和非线性模型。

1. 线性模型

线性模型的假设空间为一个参数化的线性函数族，即

$$f(\boldsymbol{x};\theta)=\boldsymbol{w}^{\mathrm{T}}\boldsymbol{x}+b \tag{2-6}$$

其中，参数 θ 包含了权重向量 $\boldsymbol{w}$ 和偏置 b。

2. 非线性模型

广义的非线性模型可以写为多个非线性基函数 $\Phi(\boldsymbol{x})$ 的线性组合

$$f(\boldsymbol{x};\theta)=\boldsymbol{w}^{\mathrm{T}}\Phi(\boldsymbol{x})+b \tag{2-7}$$

其中，$\Phi(\boldsymbol{x})=[\Phi_1(\boldsymbol{x}),\Phi_2(\boldsymbol{x}),\cdots,\Phi_k(\boldsymbol{x})]^{\mathrm{T}}$ 为 k 个非线性基函数组成的向量，参数 θ 包含了权重向量 $\boldsymbol{w}$ 和偏置 b。

如果 $\Phi(\boldsymbol{x})$ 本身为可学习的基函数，如

$$\phi_k(\boldsymbol{x})=h\left(\boldsymbol{w}_k^{\mathrm{T}}\phi'(\boldsymbol{x})+b_k\right),\forall 1\leqslant k\leqslant K \tag{2-8}$$

其中，$h(\cdot)$ 为非线性函数，$\phi'(\boldsymbol{x})$ 为另一组基函数，$\boldsymbol{w}_k$ 和 b_k 为可学习的参数，则 $f(\boldsymbol{x};\theta)$ 就等价于神经网络模型。

2.2.2　学习准则

令训练集 $D=\left\{\left(\boldsymbol{x}^{(n)},y^{(n)}\right)\right\}_{n=1}^{N}$ 由 N 个独立同分布的（Identically and Independently Distributed，IID）样本组成，即每个样本 $(\boldsymbol{x},y)\in\boldsymbol{x}\times y$ 是从 $\boldsymbol{x}$ 和 y 的联合空间中按照某个未知分布 $p_r(\boldsymbol{x},y)$ 独立地随机产生的。这里要求样本分布 $p_r(\boldsymbol{x},y)$ 必须是固定的（虽然可以是未知的），不会随时间而变化。如果 $p_r(\boldsymbol{x},y)$ 本身可变的话，就无法通过这些数据进行学习。一个好的模型 $f\left(\boldsymbol{x},\theta^*\right)$ 应该在所有 $(\boldsymbol{x},y)$ 的可能取值上都与真实映射函数 $y=g(\boldsymbol{x})$ 一致，即

$$\left|f\left(\boldsymbol{x},\theta^*\right)-y\right|<\epsilon,\quad\forall(\boldsymbol{x},y)\in\boldsymbol{x}\times y \tag{2-9}$$

或与真实条件概率分布 $p_r(y|\boldsymbol{x})$ 一致，即

$$\left|f_y\left(\boldsymbol{x},\theta^*\right)-p_r(y\mid\boldsymbol{x})\right|<\epsilon,\quad\forall(\boldsymbol{x},y)\in\boldsymbol{x}\times y \tag{2-10}$$

其中，ϵ 是一个很小的正数，$f_y\left(\boldsymbol{x},\theta^*\right)$ 为模型预测的条件概率分布中 y 对应的概率。

模型 $f(\boldsymbol{x},\theta)$ 的好坏可以通过期望风险（expected risk）$R(\theta)$ 来衡量，其定义为

$$R(\theta)=\mathbb{E}_{(\boldsymbol{x},y)\sim p_r(\boldsymbol{x},y)}[\mathcal{L}(y,f(\boldsymbol{x};\theta))] \tag{2-11}$$

其中，$p_r(\boldsymbol{x},y)$ 为真实的数据分布，$\mathcal{L}(y,f(\boldsymbol{x};\theta))$ 为损失函数，用来量化两个变量之间的差异。

1. 损失函数

损失函数是一个非负实数函数，用来量化模型预测和真实标签之间的差异。下面介绍几种常用的损失函数。

（1）**0-1 损失函数。**

最直观的损失函数是模型在训练集上的错误率，即 0-1 损失函数（0-1 loss function）：

$$\begin{aligned}\mathcal{L}(y, f(\boldsymbol{x};\theta)) &= \begin{cases} 0 & y = f(\boldsymbol{x};\theta) \\ 1 & y \neq f(\boldsymbol{x};\theta) \end{cases} \\ &= I(y \neq f(\boldsymbol{x};\theta))\end{aligned} \tag{2-12}$$

其中，$I(\cdot)$ 是指示函数。

虽然 0-1 损失函数能够客观地评价模型的好坏，但其缺点是数学性质不是很好：不连续且导数为 0，难以优化。因此，经常用连续可微的损失函数替代。

（2）**平方损失函数。**

平方损失函数（quadratic loss function）经常用在预测标签 y 为实数值的任务中，定义为

$$\mathcal{L}(y, f(\boldsymbol{x};\theta)) = \frac{1}{2}(y - f(\boldsymbol{x};\theta))^2 \tag{2-13}$$

平方损失函数一般不适用于分类问题。

（3）**交叉熵损失函数。**

交叉熵损失函数（cross-entropy loss function）一般用于分类问题。假设样本的标签 $y \in \{1, 2, \cdots, C\}$ 为离散的类别，模型 $f(\boldsymbol{x};\theta) \in [0,1]^C$ 的输出为类别标签的条件概率分布，即

$$p(y = c \mid \boldsymbol{x};\theta) = f_c(\boldsymbol{x};\theta) \tag{2-14}$$

并满足

$$f_c(\boldsymbol{x};\theta) \in [0,1], \quad \sum_{c=1}^{C} f_c(\boldsymbol{x};\theta) = 1 \tag{2-15}$$

可以用一个 C 维的 one-hot 向量 $\boldsymbol{y}$ 来表示样本标签。假设样本的标签为 k，那么标签向量 $\boldsymbol{y}$ 只有第 k 维的值为 1，其余元素的值都为 0。标签向量 $\boldsymbol{y}$ 可以看作样本标签的真实条件概率分布 $p_r(\boldsymbol{y}|\boldsymbol{x})$，即第 c 维（记为 y_c，$1 \leqslant c \leqslant C$）是类别为 c 的真实条件概率。假设样本的类别为 k，那么它属于第 k 类的概率为 1，属于其他类的概率为 0。

对于两个概率分布，一般可以用交叉熵来衡量它们的差异。标签的真实分布 $\boldsymbol{y}$ 和模型预测分布 $f(\boldsymbol{x};\theta)$ 之间的交叉熵为

$$\begin{aligned}\mathcal{L}(\boldsymbol{y}, f(\boldsymbol{x};\theta)) &= -\boldsymbol{y}^{\mathrm{T}} \log f(\boldsymbol{x};\theta) \\ &= -\sum_{c=1}^{C} \boldsymbol{y}_c \log f_c(\boldsymbol{x};\theta)\end{aligned} \tag{2-16}$$

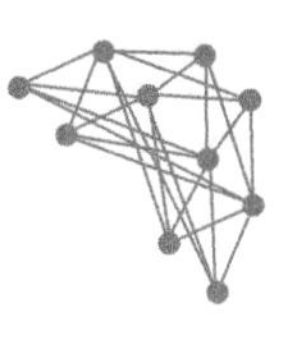

对于三分类问题，一个样本的标签向量为 $\boldsymbol{y}=[0,0,1]^{\mathrm{T}}$，模型预测的标签分布为 $f(\boldsymbol{x};\theta)=[0.3,0.3,0.4]^{\mathrm{T}}$，则它们的交叉熵为 $-[0\times\log(0.3)+0\times\log(0.3)+1\times\log(0.4)]=-\log(0.4)$。

（4）**Hinge 损失函数。**

对于二分类问题，假设 y 的取值为 $-1,+1$，$f(\boldsymbol{x};\theta)\in\mathbb{R}$。Hinge 损失函数（Hinge loss function）为

$$\begin{aligned}\mathcal{L}(y,f(\boldsymbol{x};\theta))&=\max(0,1-yf(\boldsymbol{x};\theta))\\&\triangleq[1-yf(\boldsymbol{x};\theta)]_+\end{aligned}\tag{2-17}$$

其中 $[\boldsymbol{x}]_+=\max(0,\boldsymbol{x})$。

2. 风险最小化准则

一个好的模型 $(\boldsymbol{x};\theta)$ 应当有一个比较小的期望错误，但由于不知道真实的数据分布和映射函数，实际上无法计算其期望风险 $R(\theta)$。

给定一个训练集 $D=\left\{\left(\boldsymbol{x}^{(n)},y^{(n)}\right)\right\}_{n=1}^{N}$，可以计算的是经验风险（empirical risk），即在训练集上的平均损失：

$$R_D^{\mathrm{emp}}(\theta)=\frac{1}{N}\sum_{n=1}^{N}\mathcal{L}\left(y^{(n)},f\left(\boldsymbol{x}^{(n)};\theta\right)\right)\tag{2-18}$$

因此，一个切实可行的学习准则是找到一组参数 θ^* 使得经验风险最小，即

$$\theta^*=\arg\min_{\theta}R_D^{\mathrm{emp}}(\theta)\tag{2-19}$$

这就是经验风险最小化（Empirical Risk Minimization，ERM）准则。

过拟合根据大数定理可知，当训练集大小趋向于无穷大时，经验风险就趋向于期望风险。然而通常情况下，我们无法获取无限的训练样本，并且训练样本往往是真实数据的一个很小的子集或者包含一定的噪声数据，不能很好地反映全部数据的真实分布。经验风险最小化准则很容易导致模型在训练集上错误率很低，但是在未知数据上错误率很高。这就是所谓的过拟合（overfitting）。

定理 2.1　过拟合：给定一个假设空间 F，一个假设 f 属于 F，如果存在其他的假设 f' 也属于 F，使得在训练集上 f 的损失比 f' 的损失小，但在整个样本空间上 f' 的损失比 f 的损失小，那么就说假设 f 过拟合训练数据。

过拟合问题往往是由于训练数据少和噪声以及模型能力强等原因造成的。为了解决过拟合问题，一般在经验风险最小化的基础上再引入参数的正则化（regularization）来限制模型能力，使其不要过度地最小化经验风险。这种准则就是结构风险最小化（Structure Risk Minimization，SRM）准则：

$$\begin{aligned}\theta^*&=\arg\min_{\theta}R_D^{\mathrm{struct}}(\theta)\\&=\arg\min_{\theta}R_D^{\mathrm{emp}}(\theta)+\frac{1}{2}\lambda\|\theta\|^2\end{aligned}\tag{2-20}$$

$$= \arg\min_{\theta} \frac{1}{N} \sum_{n=1}^{N} \mathcal{L}\left(y^{(n)}, f\left(\boldsymbol{x}^{(n)}; \theta\right)\right) + \frac{1}{2}\lambda\|\theta\|^2$$

其中，$\|\theta\|$ 是 $\mathcal{L}_2$ 范数的正则化项，用来减少参数空间，避免过拟合；λ 用来控制正则化的强度。

正则化项也可以使用其他函数，如 $\mathcal{L}_1$ 范数。$\mathcal{L}_1$ 范数的引入通常会使得参数有一定的稀疏性，因此在很多算法中也经常使用。从贝叶斯学习的角度来讲，正则化是引入了参数的先验分布，使其不完全依赖训练数据。和过拟合相反的概念是欠拟合（underfitting），即模型不能很好地拟合训练数据，在训练集上的错误率比较高。欠拟合一般是由于模型能力不足造成的。图 2-3 给出了欠拟合和过拟合的示例。

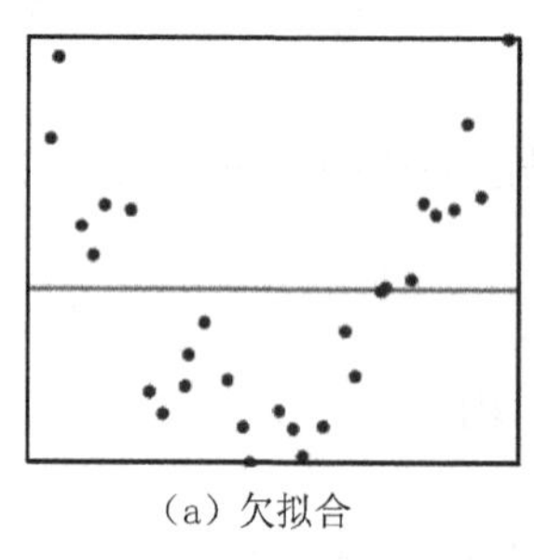
（a）欠拟合

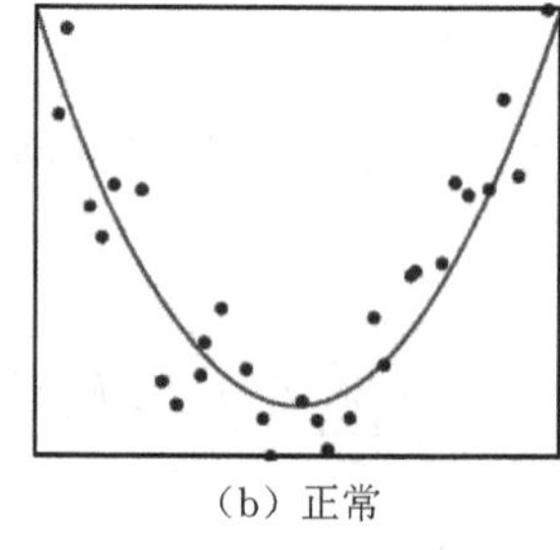
（b）正常

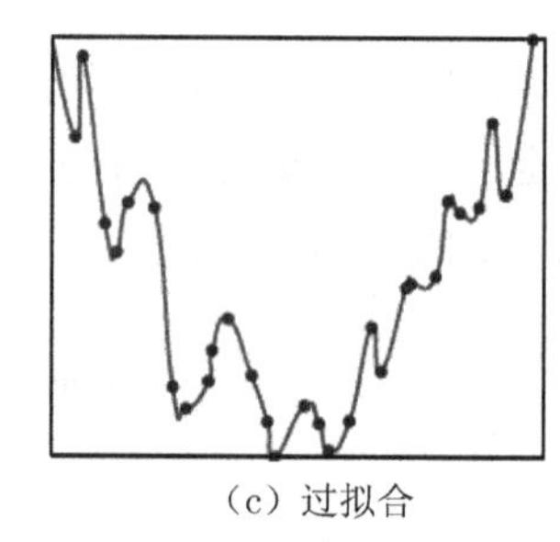
（c）过拟合

图 2-3　欠拟合和过拟合的示例

总之，机器学习中的学习准则并不仅是拟合训练集上的数据，同时也要使得泛化错误最低。给定一个训练集，机器学习的目标是从假设空间中找到一个泛化错误较低的“理想”模型，以便更好地对未知的样本进行预测，特别是不在训练集中出现的样本。因此，可以将机器学习看作一个从有限、高维、有噪声的数据上得到更一般性规律的泛化问题。

2.2.3　优化算法

在确定了训练集 D、假设空间 F 以及学习准则后，如何找到最优的模型 $f(\boldsymbol{x}, \theta^*)$ 就成了最优化（optimization）问题。机器学习的训练过程其实就是最优化问题的求解过程。

在机器学习中，优化又可以分为参数优化和超参数优化。模型 $f(\boldsymbol{x}, \theta^*)$ 中的 θ 称为模型的参数，可以通过优化算法进行学习。除了可学习的参数 θ 之外，还有一类参数是用来定义模型结构或优化策略的，这类参数叫作超参数（hyper-parameter）。常见的超参数包括：聚类算法中的类别个数、梯度下降法中的步长、正则化项的系数、神经网络的层数、支持向量机中的核函数等。超参数的选取一般都是组合优化问题，很难通过优化算法来自动学习。因此，超参数优化是机器学习的经验性很强的技术之一，通常是按照人的经验设定，或者通过搜索的方法对一组超参数组合进行不断试错调整。

1. 梯度下降法

为了充分利用凸优化中一些高效、成熟的优化方法，如共轭梯度、拟牛顿法等，很多机器学习方法都倾向于选择合适的模型和损失函数，以构造一个凸函数作为优化目标。但

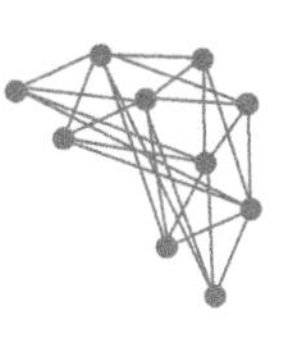

也有很多模型（如神经网络）的优化目标是非凸的，只能退而求其次找到局部最优解。

在机器学习中，最简单、常用的优化算法就是梯度下降法，即首先初始化参数 θ_0，然后按下面的迭代公式来计算训练集 D 上风险函数的最小值：

$$\begin{aligned}\theta_{t+1} &= \theta_t - \alpha\frac{\partial R_D(\theta)}{\partial\theta} \\ &= \theta_t - \alpha\frac{1}{N}\sum_{n=1}^{N}\frac{\partial\mathcal{L}\left(y^{(n)}, f\left(\boldsymbol{x}^{(n)};\theta\right)\right)}{\partial\theta}\end{aligned} \tag{2-21}$$

其中，θ_t 为第 t 次迭代时的参数值，α 为搜索步长。在机器学习中，α 一般称为学习率（learning rate）。

2. 提前停止

针对梯度下降的优化算法，除了加正则化项之外，还可以通过提前停止来防止过拟合。在梯度下降训练的过程中，由于过拟合的原因，在训练样本上收敛的参数，并不一定在测试集上最优。因此，除了训练集（development set）和测试集之外，有时也会使用一个验证集（validation set）来进行模型选择，测试模型在验证集上是否最优。在每次迭代时，把新得到的模型 $f(\boldsymbol{x};\theta)$ 在验证集上进行测试，并计算错误率。如果在验证集上的错误率不再下降，就停止迭代。这种策略叫作提前停止（early stop）。如果没有验证集，可以在训练集上划分出一个小比例的子集作为验证集。图 2-4 给出了提前停止的示例。

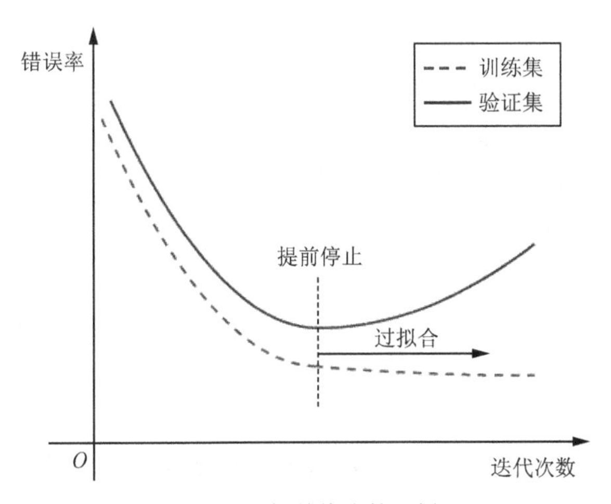

图 2-4　提前停止的示例

3. 随机梯度下降法

在式 (2-21) 的梯度下降法中，目标函数是整个训练集上的风险函数，这种方式称为批量梯度下降法（Batch Gradient Descent，BGD）。批量梯度下降法在每次迭代时需要计算每个样本上损失函数的梯度并求和。当训练集中的样本数量 N 很大时，空间复杂度比较高，每次迭代的计算开销也很大。

在机器学习中，假设每个样本都是独立同分布地从真实数据分布中随机抽取出来的，真正的优化目标是期望风险最小。批量梯度下降法相当于从真实数据分布中采集 N 个样本，并由它们计算出来的经验风险的梯度来近似期望风险的梯度。为了减少每次迭代的计算复杂度，可以在每次迭代时只采集一个样本，计算这个样本损失函数的梯度并更新参数，即随机梯度下降法（Stochastic Gradient Descent，SGD）。当经过足够次数的迭代时，随机梯度下降也可以收敛到局部最优解。

随机梯度下降法的训练过程如图 2-5 所示。

输入： 训练 $D=\{(\boldsymbol{x}^{(n)}, y^{(n)})\}_{n=1}^{N}$, 验证集 $\mathcal{V}$, 学习率 α

1 随机初始化 θ;

2 repeat

3 　对训练集 D 中的样本随机排序;

4 　for $n=1,2,\cdots,N$ do

5 　　从训练集 D 中选取样本 $(\boldsymbol{x}^{(n)}, y^{(n)})$;

6 　　$\theta \leftarrow \theta-\alpha \dfrac{\partial \mathcal{L}(\theta; \boldsymbol{x}^{(n)}, y^{(n)})}{\partial \theta}$;　　// 更新参数

7 　end

8 until 模型 $f(\boldsymbol{x};\theta)$ 在验证集 $\mathcal{V}$ 上的错误率不再下降;

输出： θ

图 2-5　随机梯度下降法

批量梯度下降和随机梯度下降之间的区别在于，每次迭代的优化目标是对所有样本的平均损失函数还是对单个样本的损失函数。由于随机梯度下降实现简单，收敛速度也非常快，因此使用非常广泛。随机梯度下降相当于在批量梯度下降的梯度上引入了随机噪声。在非凸优化问题中，随机梯度下降更容易逃离局部最优点。

4. 小批量梯度下降法

随机梯度下降法的一个缺点是无法充分利用计算机的并行计算能力。小批量梯度下降法（mini-batch gradient descent）是批量梯度下降和随机梯度下降的折中。每次迭代时，随机选取一小部分训练样本来计算梯度并更新参数，这样既可以兼顾随机梯度下降法的优点，也可以提高训练效率。

第 t 次迭代时，随机选取一个包含 K 个样本的子集 S_t，计算这个子集上每个样本损失函数的梯度并进行平均，然后再进行参数更新：

$$\theta_{t+1} \leftarrow \theta_t - \alpha \frac{1}{K} \sum_{(\boldsymbol{x},y)\in S_t} \frac{\partial \mathcal{L}(y, f(\boldsymbol{x};\theta))}{\partial \theta} \tag{2-22}$$

在实际应用中，小批量随机梯度下降法有收敛快、计算开销小的优点，因此逐渐成为大规模机器学习中的主要优化算法。

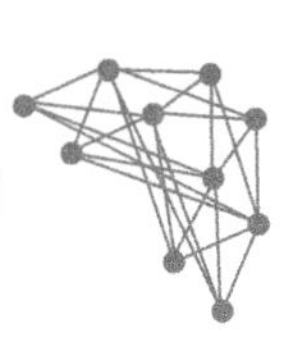

2.3　机器学习的简单示例——线性回归

在本节中，通过一个简单的模型（线性回归）来具体了解机器学习的一般过程，以及不同学习准则（经验风险最小化、结构风险最小化、最大似然估计、最大后验估计）之间的关系。

线性回归（linear regression）是机器学习和统计学中最基础和最广泛应用的模型，是一种对自变量和因变量之间关系进行建模的回归分析。自变量数量为 1 时称为简单回归，自变量数量大于 1 时称为多元回归。

从机器学习的角度来看，自变量就是样本的特征向量 $\boldsymbol{x} \in \mathbb{R}^D$（每一维对应一个自变量），因变量是标签 y，这里 $y \in \mathbb{R}$ 是连续值（实数或连续整数）。假设空间是一组参数化的线性函数

$$f(\boldsymbol{x};\boldsymbol{w},b) = \boldsymbol{w}^{\mathrm{T}}\boldsymbol{x} + b \tag{2-23}$$

其中，权重向量 $\boldsymbol{w} \in \mathbb{R}^D$ 和偏置 $b \in \mathbb{R}$ 都是可学习的参数，函数 $f(\boldsymbol{x};\boldsymbol{w};b) \in b$ 也称为线性模型。

为简单起见，式 (2-23) 可以写为

$$f(\boldsymbol{x};\hat{\boldsymbol{w}}) = \hat{\boldsymbol{w}}^{\mathrm{T}}\hat{\boldsymbol{x}} \tag{2-24}$$

其中，$\hat{\boldsymbol{w}}$ 和 $\hat{\boldsymbol{x}}$ 分别称为增广权重向量和增广特征向量。

$$\hat{\boldsymbol{x}} = \boldsymbol{x} \oplus 1 \triangleq \begin{bmatrix} \boldsymbol{x} \\ \\ 1 \end{bmatrix} = \begin{bmatrix} x_1 \\ \vdots \\ x_D \\ 1 \end{bmatrix} \tag{2-25}$$

$$\hat{\boldsymbol{w}} = \boldsymbol{w} \oplus b \triangleq \begin{bmatrix} \boldsymbol{w} \\ \\ b \end{bmatrix} = \begin{bmatrix} w_1 \\ \vdots \\ w_D \\ b \end{bmatrix} \tag{2-26}$$

其中，$\oplus$ 定义为两个向量的拼接操作。

在本章后面的描述中，采用简化的表示方法，直接用 $\boldsymbol{w}$ 和 $\boldsymbol{x}$ 分别表示增广权重向量和增广特征向量。这样，线性回归的模型简写为 $f(\boldsymbol{x};\boldsymbol{w}) = \boldsymbol{w}^{\mathrm{T}}\boldsymbol{x}$。

给定一组包含 N 个训练样本的训练集 $D = \left\{\left(\boldsymbol{x}^{(n)}, y^{(n)}\right)\right\}_{n=1}^{N}$，希望能够学习一个最优的线性回归的模型参数 W。接下来，介绍 4 种不同的参数估计方法：经验风险最小化、结构风险最小化、最大似然估计、最大后验估计。

1. 经验风险最小化

由于线性回归的标签 y 和模型输出都为连续的实数值，因此，平方损失函数非常适合衡量真实标签和预测标签之间的差异。根据经验风险最小化准则，训练集 D 上的经验风险定义为

$$\begin{aligned} R(\boldsymbol{w}) &= \sum_{n=1}^{N} \mathcal{L}\left(y^{(n)}, f\left(\boldsymbol{x}^{(n)}; \boldsymbol{w}\right)\right) \\ &= \frac{1}{2} \sum_{n=1}^{N} \left(y^{(n)} - \boldsymbol{w}^{\mathrm{T}} \boldsymbol{x}^{(n)}\right)^2 \\ &= \frac{1}{2} \left\| \boldsymbol{y} - \boldsymbol{X}^{\mathrm{T}} \boldsymbol{w} \right\|^2 \end{aligned} \tag{2-27}$$

其中，$\boldsymbol{y} = \left[y^{(1)}, y^{(2)}, \cdots, y^{(N)}\right]^{\mathrm{T}} \in \mathbb{R}^{N}$ 是由所有样本的真实标签组成的列向量，而 $\boldsymbol{X} \in \mathbb{R}^{(D+1)\times N}$ 是由所有样本的输入特征 $x^{(1)}, x^{(2)}, \cdots, x^{(N)}$ 组成的矩阵。

$$\boldsymbol{X} = \begin{bmatrix} x_1^{(1)} & x_1^{(2)} & \cdots & x_1^{(N)} \\ \vdots & \vdots & \ddots & \vdots \\ x_D^{(1)} & x_D^{(2)} & \cdots & x_D^{(N)} \\ 1 & 1 & \cdots & 1 \end{bmatrix} \tag{2-28}$$

风险函数 $R(\boldsymbol{w})$ 是关于 $\boldsymbol{w}$ 的凸函数，其对 $\boldsymbol{w}$ 的偏导数为

$$\begin{aligned} \frac{\partial R(\boldsymbol{w})}{\partial \boldsymbol{w}} &= \frac{1}{2} \frac{\partial \left\| \boldsymbol{y} - \boldsymbol{X}^{\mathrm{T}} \boldsymbol{w} \right\|^2}{\partial \boldsymbol{w}} \\ &= -\boldsymbol{X}\left(\boldsymbol{y} - \boldsymbol{X}^{\mathrm{T}} \boldsymbol{w}\right) \end{aligned} \tag{2-29}$$

令 $\partial R(\boldsymbol{w}) = 0$, 得到最优的参数 $\boldsymbol{w}^*$ 为

$$\begin{aligned} \boldsymbol{w}^* &= \left(\boldsymbol{X}\boldsymbol{X}^{\mathrm{T}}\right)^{-1} \boldsymbol{X}\boldsymbol{y} \\ &= \left(\sum_{n=1}^{N} \boldsymbol{x}^{(n)} \left(\boldsymbol{x}^{(n)}\right)^{\mathrm{T}}\right)^{-1} \left(\sum_{n=1}^{N} \boldsymbol{x}^{(n)} y^{(n)}\right) \end{aligned} \tag{2-30}$$

这种求解线性回归参数的方法叫作最小二乘法（Least Square Method，LSM）。图 2-6 给出了用最小二乘法来进行线性回归参数学习的示例。

在最小二乘法中，$\boldsymbol{X}\boldsymbol{X}^{\mathrm{T}} \in \mathbb{R}^{(D+1)\times(D+1)}$ 必须存在逆矩阵，即 $\boldsymbol{X}\boldsymbol{X}^{\mathrm{T}}$ 是满秩的（rank $\left(\boldsymbol{X}\boldsymbol{X}^{\mathrm{T}}\right) = D+1$）。也就是说，$\boldsymbol{X}$ 中的行向量之间是线性不相关的，即每一个特征都和其他特征不相关。一种常见的 $\boldsymbol{X}\boldsymbol{X}^{\mathrm{T}}$ 不可逆情况是样本数量 N 小于特征数量 $(D+1)$，$\boldsymbol{X}\boldsymbol{X}^{\mathrm{T}}$ 的秩为 N。这时会存在很多解 $\boldsymbol{w}^*$，可以使得 $R(\boldsymbol{w}^*) = 0$。当 $\boldsymbol{X}\boldsymbol{X}^{\mathrm{T}}$ 不可逆时，可以通过下面两种方法来估计参数：

（1）先使用主成分分析等方法来预处理数据，消除不同特征之间的相关性，然后再使用最小二乘法来估计参数。

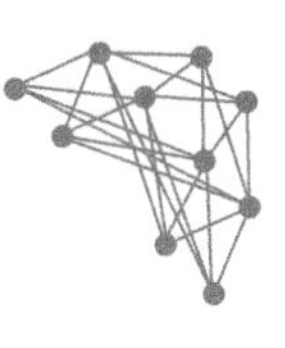

（2）使用梯度下降法来估计参数，先初始化 $\boldsymbol{w}=0$，然后通过下面的公式进行迭代：

$$\boldsymbol{w} \leftarrow \boldsymbol{w}+\alpha \boldsymbol{X}\left(\boldsymbol{y}-\boldsymbol{X}^{\mathrm{T}} \boldsymbol{w}\right) \tag{2-31}$$

其中，α 是学习率。这种利用梯度下降法来求解的方法称为最小均方（Least Mean Squares，LMS）算法。

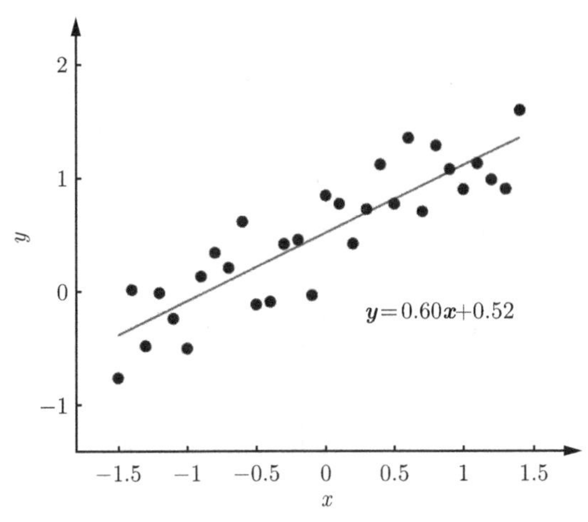

图 2-6 用最小二乘法来进行线性回归参数学习的示例

2. 结构风险最小化

最小二乘法的基本要求是各个特征之间要相互独立，保证 $\boldsymbol{X}\boldsymbol{X}^{\mathrm{T}}$ 可逆。但即使 $\boldsymbol{X}\boldsymbol{X}^{\mathrm{T}}$ 可逆，如果特征之间有较大的多重共线性（multicollinearity），也会使得 $\boldsymbol{X}\boldsymbol{X}^{\mathrm{T}}$ 的逆在数值上无法准确计算。数据集 $\boldsymbol{X}$ 上一些小的扰动就会导致 $\left(\boldsymbol{X}\boldsymbol{X}^{\mathrm{T}}\right)^{-1}$ 发生大的改变，进而使得最小二乘法的计算变得很不稳定。为了解决这个问题，Hoerl 等人提出了岭回归（ridge regression），给 $\boldsymbol{X}\boldsymbol{X}^{\mathrm{T}}$ 的对角线元素都加上一个常数 λ，使得 $\left(\boldsymbol{X}\boldsymbol{X}^{\mathrm{T}}+\lambda \boldsymbol{I}\right)$ 满秩，即其行列式不为 0。最优的参数 $\boldsymbol{w}^{*}$ 为

$$\boldsymbol{w}^{*}=\left(\boldsymbol{X}\boldsymbol{X}^{\mathrm{T}}+\lambda \boldsymbol{I}\right)^{-1} \boldsymbol{X}\boldsymbol{y} \tag{2-32}$$

其中，$\lambda>0$ 为预先设置的超参数，$\boldsymbol{I}$ 为单位矩阵。

岭回归的解 $\boldsymbol{w}^{*}$ 可以看作结构风险最小化准则下的最小二乘法估计，其目标函数可以写为

$$R(\boldsymbol{w})=\frac{1}{2}\left\|\boldsymbol{y}-\boldsymbol{X}^{\mathrm{T}} \boldsymbol{w}\right\|^{2}+\frac{1}{2} \lambda\|\boldsymbol{w}\|^{2} \tag{2-33}$$

其中，$\lambda>0$ 为正则化系数。

3. 最大似然估计

机器学习任务可以分为两类：一类是样本的特征向量 $\boldsymbol{x}$ 和标签 y 之间存在未知的函数关系 $y=h(\boldsymbol{x})$，另一类是条件概率 $(y|\boldsymbol{x})$ 服从某个未知分布。之前介绍的最小二乘法属于第一类，直接建模 $\boldsymbol{x}$ 和标签 y 之间的函数关系。此外，线性回归还可以从建模条件概率

$(y|\boldsymbol{x})$ 的角度进行参数估计。假设标签 y 为一个随机变量，并由函数 $f(\boldsymbol{x};\boldsymbol{w})=\boldsymbol{w}^{\mathrm{T}}\boldsymbol{x}$ 加上一个随机噪声 ϵ 决定，即

$$\begin{aligned} y &= f(\boldsymbol{x};\boldsymbol{w})+\epsilon \\ &= \boldsymbol{w}^{\mathrm{T}}\boldsymbol{x}+\epsilon \end{aligned} \tag{2-34}$$

其中，ϵ 服从均值为 0、方差为 σ^2 的高斯分布。这样，y 服从均值为 $\boldsymbol{w}^{\mathrm{T}}\boldsymbol{x}$、方差为 σ^2 的高斯分布：

$$\begin{aligned} p(y \mid \boldsymbol{x};\boldsymbol{w},\sigma) &= N\left(y;\boldsymbol{w}^{\mathrm{T}}\boldsymbol{x},\sigma^2\right) \\ &= \frac{1}{\sqrt{2\pi}\sigma}\exp\left(-\frac{\left(y-\boldsymbol{w}^{\mathrm{T}}\boldsymbol{x}\right)^2}{2\sigma^2}\right) \end{aligned} \tag{2-35}$$

参数 $\boldsymbol{w}$ 在训练集 D 上的似然函数（likelihood）为

$$\begin{aligned} p(\boldsymbol{y} \mid \boldsymbol{X};\boldsymbol{w},\sigma) &= \prod_{n=1}^{N} p\left(y^{(n)} \mid \boldsymbol{x}^{(n)};\boldsymbol{w},\sigma\right) \\ &= \prod_{n=1}^{N} N\left(y^{(n)};\boldsymbol{w}^{\mathrm{T}}\boldsymbol{x}^{(n)},\sigma^2\right) \end{aligned} \tag{2-36}$$

其中，$\boldsymbol{y}=\left[y^{(1)},y^{(2)},\cdots,y^{(N)}\right]^{\mathrm{T}}$ 为所有样本标签组成的向量，$\boldsymbol{X}=\left[\boldsymbol{x}^{(1)},\boldsymbol{x}^{(2)},\cdots,\boldsymbol{x}^{(N)}\right]$ 为所有样本特征向量组成的矩阵。

为了方便计算，对似然函数取对数得到对数似然函数（log likelihood）：

$$\log p(\boldsymbol{y} \mid \boldsymbol{X};\boldsymbol{w},\sigma) = \sum_{n=1}^{N} \log N\left(y^{(n)};\boldsymbol{w}^{\mathrm{T}}\boldsymbol{x}^{(n)},\sigma^2\right) \tag{2-37}$$

最大似然估计（Maximum Likelihood Estimation，MLE）是指找到一组参数 $\boldsymbol{w}$，使得似然函数 $p(\boldsymbol{y} \mid \boldsymbol{X};\boldsymbol{w},\sigma)$ 最大，等价于对数似然函数 $\log p(\boldsymbol{y} \mid \boldsymbol{X};\boldsymbol{w},\sigma)$ 最大。

令 $\dfrac{\partial \log p(\boldsymbol{y} \mid \boldsymbol{X};\boldsymbol{w},\sigma)}{\partial \boldsymbol{w}}=0$，则

$$\boldsymbol{w}^{\mathrm{ML}} = \left(\boldsymbol{X}\boldsymbol{X}^{\mathrm{T}}\right)^{-1}\boldsymbol{X}\boldsymbol{y} \tag{2-38}$$

可以看出，最大似然估计的解和最小二乘法的解相同。

4. 最大后验估计

最大似然估计的缺点之一是当训练数据比较少时会发生过拟合，估计的参数可能不准确。为了避免过拟合，可以给参数加上一些先验知识。假设参数 $\boldsymbol{w}$ 为一个随机向量，并服从一个先验分布 $p(\boldsymbol{w};\nu)$。为简单起见，一般令 $p(\boldsymbol{w};\nu)$ 为各向同性的高斯分布：

$$p(\boldsymbol{w};\nu) = N\left(\boldsymbol{w};0,\nu^2\boldsymbol{I}\right) \tag{2-39}$$

其中，ν^2 为每一维上的方差。

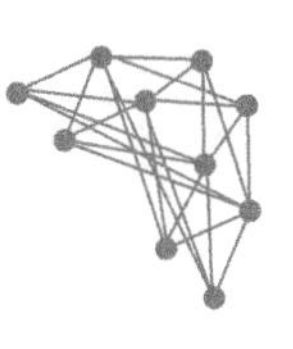

根据贝叶斯公式，参数 $\boldsymbol{w}$ 的后验分布（posterior distribution）为

$$\begin{aligned} p(\boldsymbol{w}|\boldsymbol{X},\boldsymbol{y};\nu,\sigma) &= \frac{p(\boldsymbol{w},\boldsymbol{y} \mid \boldsymbol{X};\nu,\sigma)}{\sum_{\boldsymbol{w}} p(\boldsymbol{w},\boldsymbol{y} \mid \boldsymbol{X};\nu,\sigma)} \\ &\propto p(\boldsymbol{y}|\boldsymbol{X},\boldsymbol{w};\sigma)p(\boldsymbol{w};\nu) \end{aligned} \tag{2-40}$$

其中，$p(\boldsymbol{y} \mid \boldsymbol{X},\boldsymbol{w};\sigma)$ 为 $\boldsymbol{w}$ 的似然函数，$p(\boldsymbol{w};\nu)$ 为 $\boldsymbol{w}$ 的先验。

这种估计参数 $\boldsymbol{w}$ 的后验概率分布的方法称为贝叶斯估计（Bayesian estimation），是统计推断问题。采用贝叶斯估计的线性回归也称为贝叶斯线性回归（Bayesian linear regression）。

贝叶斯估计是一种参数的区间估计，即参数在一个区间上的分布。如果希望得到一个最优的参数值（即点估计），可以使用最大后验估计。最大后验估计（Maximum A Posteriori Estimation，MAP）是指最优参数为后验分布 $p(\boldsymbol{w} \mid \boldsymbol{X},\boldsymbol{y};\nu,\sigma)$ 中概率密度最高的参数。

$$\boldsymbol{w}^{\mathrm{MAP}} = \arg\max_{\boldsymbol{w}} p(\boldsymbol{y}|\boldsymbol{X},\boldsymbol{w};\sigma)p(\boldsymbol{w};\nu) \tag{2-41}$$

令似然函数 $p(\boldsymbol{y}|\boldsymbol{X},\boldsymbol{w};\sigma)$ 为式 (2-36) 中定义的高斯密度函数，则后验分布 $p(\boldsymbol{w}|\boldsymbol{X},\boldsymbol{y};\nu,\sigma)$ 的对数为

$$\begin{aligned} \log p(\boldsymbol{w}|\boldsymbol{X},\boldsymbol{y};\nu,\sigma) &\propto \log p(\boldsymbol{y}|\boldsymbol{X},\boldsymbol{w};\sigma) + \log p(\boldsymbol{w};\nu) \\ &\propto -\frac{1}{2\sigma^2}\sum_{n=1}^{N}\left(y^{(n)} - \boldsymbol{w}^{\mathrm{T}}\boldsymbol{x}^{(n)}\right)^2 - \frac{1}{2\nu^2}\boldsymbol{w}^{\mathrm{T}}\boldsymbol{w} \\ &= -\frac{1}{2\sigma^2}\left\|\boldsymbol{y} - \boldsymbol{X}^{\mathrm{T}}\boldsymbol{w}\right\|^2 - \frac{1}{2\nu^2}\boldsymbol{w}^{\mathrm{T}}\boldsymbol{w} \end{aligned} \tag{2-42}$$

可以看出，最大后验概率等价于平方损失的结构风险最小化，其中正则化系数 $\lambda = \sigma^2/\nu^2$。

最大似然估计和贝叶斯估计可以分别看作频率学派和贝叶斯学派对需要估计的参数 $\boldsymbol{w}$ 的不同解释。当 $\nu \to \infty$，先验分布 $p(\boldsymbol{w};\nu)$ 退化为均匀分布，称为无信息先验（non-informative prior），最大后验估计退化为最大似然估计。

2.4　偏差-方差分解

为了避免过拟合，人们经常会在模型的拟合能力和复杂度之间进行权衡。拟合能力强的模型一般复杂度比较高，容易导致过拟合。相反，如果限制模型的复杂度，降低其拟合能力，又可能导致欠拟合。因此，如何在模型的拟合能力和复杂度之间取得较好的平衡，对机器学习算法来讲十分重要。偏差-方差分解（bias-variance decomposition）提供了很好的分析和指导工具。

以回归问题为例，假设样本的真实分布为 $p_r(\boldsymbol{x},y)$，并采用平方损失函数，模型 $f(\boldsymbol{x})$ 的期望错误为

$$R(f) = \mathbb{E}_{(\boldsymbol{x},y)\sim p_r(\boldsymbol{x},y)}\left[(y - f(\boldsymbol{x}))^2\right] \tag{2-43}$$

那么最优的模型为

$$f^*(\boldsymbol{x})=\mathbb{E}_{y\sim p_r(y|\boldsymbol{x})}[y] \tag{2-44}$$

其中，$p_r(\boldsymbol{x},y)$ 为样本的真实条件分布，$f^*(\boldsymbol{x})$ 为使用平方损失作为优化目标的最优模型，其损失为

$$\epsilon=\mathbb{E}_{(\boldsymbol{x},y)\sim p_r(\boldsymbol{x},y)}\left[(y-f^*(\boldsymbol{x}))^2\right] \tag{2-45}$$

损失 ϵ 通常是由于样本分布以及噪声引起的，无法通过优化模型来减少。

期望错误可以分解为

$$\begin{aligned}R(f)&=\mathbb{E}_{(\boldsymbol{x},y)\sim p_r(\boldsymbol{x},y)}\left[(y-f^*(\boldsymbol{x})+f^*(\boldsymbol{x})-f(\boldsymbol{x}))^2\right]\\&=\mathbb{E}_{\boldsymbol{x}\sim p_r(\boldsymbol{x})}\left[(f(\boldsymbol{x})-f^*(\boldsymbol{x}))^2\right]+\epsilon\end{aligned} \tag{2-46}$$

其中，第一项是当前模型和最优模型之间的差距，是机器学习算法可以优化的真实目标。

在实际训练一个模型 $f(\boldsymbol{x})$ 时，训练集 D 是从真实分布 $p_r(\boldsymbol{x},y)$ 上独立同分布地采样出来的有限样本集合。不同的训练集会得到不同的模型。令 $f_D(\boldsymbol{x})$ 表示在训练集 D 上学习到的模型，一个机器学习算法（包括模型以及优化算法）的能力可以用不同训练集上的模型的平均性能来评价。

对于单个样本 $\boldsymbol{x}$，不同训练集 D 得到模型，令 $f_D(\boldsymbol{x})$ 和最优模型 $f^*(\boldsymbol{x})$ 的期望差距为

$$\begin{aligned}&\mathbb{E}_D\left[(f_D(\boldsymbol{x})-f^*(\boldsymbol{x}))^2\right]\\=&\mathbb{E}_D\left[(f_D(\boldsymbol{x})-\mathbb{E}_D\left[f_D(\boldsymbol{x})\right]+\mathbb{E}_D\left[f_D(\boldsymbol{x})\right]-f^*(\boldsymbol{x}))^2\right]\\=&(\mathbb{E}_D\left[f_D(\boldsymbol{x})\right]-f^*(\boldsymbol{x}))^2+\mathbb{E}_D\left[(f_D(\boldsymbol{x})-\mathbb{E}_D\left[f_D(\boldsymbol{x})\right])^2\right]\end{aligned} \tag{2-47}$$

其中，第一项为偏差（bias），是指一个模型在不同训练集上的平均性能和最优模型的差异，可以用来衡量一个模型的拟合能力。第二项是方差（variance），是指一个模型在不同训练集上的差异，可以用来衡量一个模型是否容易过拟合。

用 $\mathbb{E}_D\left[(f_D(\boldsymbol{x})-f^*(\boldsymbol{x}))^2\right]$ 来代替式 (2-46) 中的 $(f(\boldsymbol{x})-f^*(\boldsymbol{x}))^2$，期望错误可以进一步写为

$$\begin{aligned}R(f)&=\mathbb{E}_{\boldsymbol{x}\sim p_r(\boldsymbol{x})}\left[\mathbb{E}_D\left[(f_D(\boldsymbol{x})-f^*(\boldsymbol{x}))^2\right]\right]+\epsilon\\&=(\text{ bias })^2+\text{ variance }+\epsilon\end{aligned} \tag{2-48}$$

其中：

$$\begin{aligned}(\text{ bias })^2&=\mathbb{E}_{\boldsymbol{x}}\left[(\mathbb{E}_D\left[f_D(\boldsymbol{x})\right]-f^*(\boldsymbol{x}))^2\right]\\ \text{variance }&=\mathbb{E}_{\boldsymbol{x}}\left[\mathbb{E}_D\left[(f_D(\boldsymbol{x})-\mathbb{E}_D\left[f_D(\boldsymbol{x})\right])^2\right]\right]\end{aligned} \tag{2-49}$$

最小化期望错误等价于最小化偏差和方差之和。

图 2-7 给出了机器学习模型的 4 种偏差和方差组合情况。每个图的中心点为最优模型 $f^*(\boldsymbol{x})$，黑点为不同训练集 D 上得到的模型 $f_D(\boldsymbol{x})$。图 2-7（a）给出了一种理想情况，方差

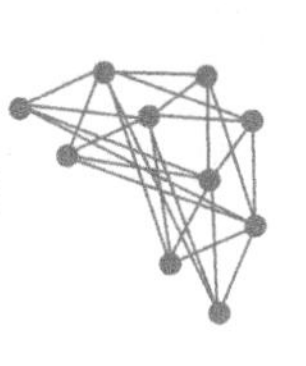

和偏差都比较低。图 2-7（b）为高偏差低方差的情况，表示模型的泛化能力很好，但拟合能力不足。图 2-7（c）为低偏差高方差的情况，表示模型的拟合能力很好，但泛化能力比较差，当训练数据比较少时会导致过拟合。图 2-7（d）为高偏差高方差的情况，是一种最差的情况。

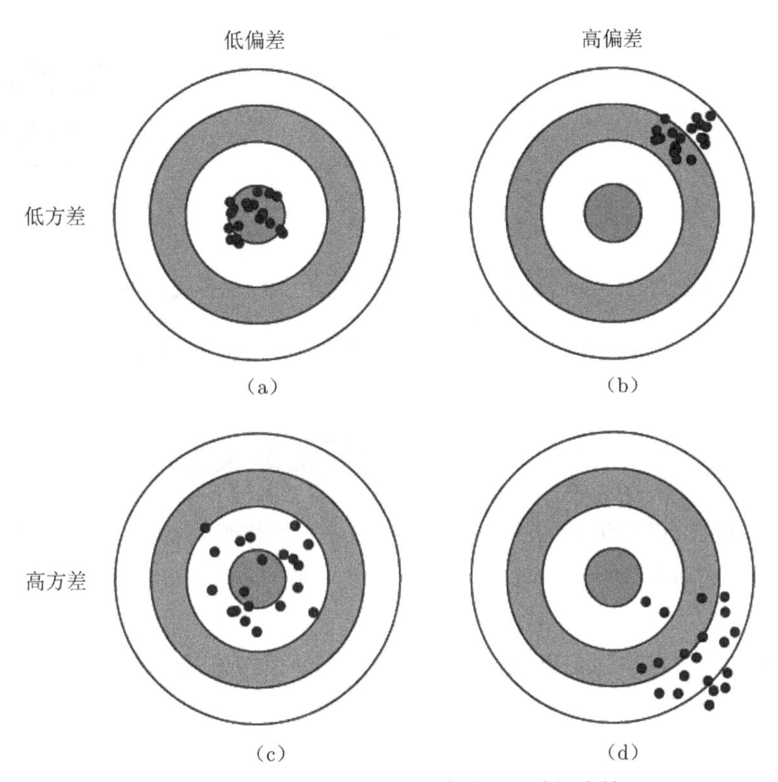

图 2-7　机器学习模型的 4 种偏差和方差组合情况

方差一般会随着训练样本的增加而减少，当样本比较多时，方差比较少，这时可以选择能力强的模型来减少偏差。然而在很多机器学习任务上，训练集往往都比较有限，最优的偏差和最优的方差就无法兼顾。

随着模型复杂度的增加，模型的拟合能力变强，偏差减少而方差增大，从而导致过拟合。以结构风险最小化为例，可以调整正则化系数 λ 来控制模型的复杂度。当 λ 变大时，模型复杂度降低，可以有效地减少方差，避免过拟合，但偏差会上升。当 λ 过大时，总的期望错误反而会上升。因此，一个好的正则化系数 λ 需要在偏差和方差之间取得比较好的平衡。图 2-8 给出了机器学习模型的期望错误、偏差和方差随复杂度的变化情况，其中红色虚线表示最优模型，最优模型并不一定是偏差曲线和方差曲线的交点。

偏差和方差分解给机器学习模型提供了一种分析途径，但在实际操作中难以直接衡量。一般来说，当一个模型在训练集上的错误率比较高时，说明模型的拟合能力不够，偏差比较高。这种情况可以通过增加数据特征、提高模型复杂度、减小正则化系数等操作来改进。当模型在训练集上的错误率比较低，但验证集上的错误率比较高时，说明模型过拟合，方差比较高。这种情况可以通过降低模型复杂度、加大正则化系数、引入先验等方法来缓解。此外，还有一种有效降低方差的方法为集成模型，即通过多个高方差模型的平均来降低方差。

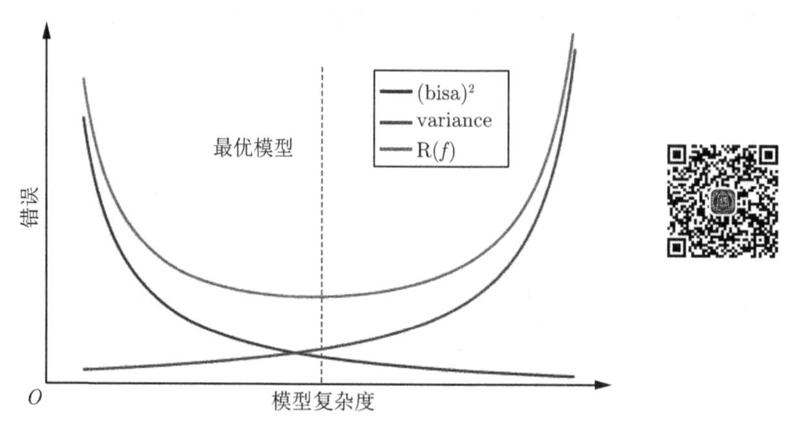

图 2-8　机器学习模型的期望错误、偏差和方差随复杂度的变化情况

2.5　机器学习算法的类型

机器学习算法可以按照不同的标准来进行分类。如按照函数 $f(\boldsymbol{x};\theta)$ 的不同，机器学习算法可以分为线性模型和非线性模型；按照学习准则的不同，机器学习算法可以分为统计方法和非统计方法。

但一般来说，可以按照训练样本提供的信息以及反馈方式的不同，将机器学习算法分为以下几类。

1. 监督学习

如果机器学习的目标是建模样本的特征 $\boldsymbol{x}$ 和标签 y 之间的关系：$y=f(\boldsymbol{x};\theta)$ 或 $y=f(y|\boldsymbol{x};\theta)$，并且训练集中每个样本都有标签，那么这类机器学习称为监督学习（supervised learning）。根据标签类型的不同，监督学习又可以分为回归问题、分类问题和结构化学习问题。

（1）回归（regression）问题中的标签 y 是连续值（实数或连续整数），$f(\boldsymbol{x};\theta)$ 的输出也是连续值。

（2）分类（classification）问题中的标签 y 是离散的类别（符号）。在分类问题中，学习到的模型称为分类器（classifier）。分类问题根据其类别数量又可以分为二分类（binary classification）和多分类（multi-class classification）问题。

（3）结构化学习（structured learning）问题是一种特殊的分类问题。在结构化学习中，标签 $\boldsymbol{y}$ 通常是结构化的对象，如序列、树或图等。由于结构化学习的输出空间比较大，因此一般定义一个联合特征空间，将 $\boldsymbol{x},\boldsymbol{y}$ 映射为该空间中的联合特征向量 $\phi(\boldsymbol{x},\boldsymbol{y})$，预测模型可以写为

$$\hat{\boldsymbol{y}}=\underset{\boldsymbol{y}\in\text{Gen}(\boldsymbol{x})}{\arg\max}\, f(\phi(\boldsymbol{x},\boldsymbol{y});\theta) \tag{2-50}$$

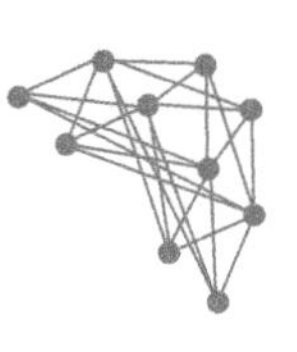

其中，Gen($\boldsymbol{x}$) 表示输入 $\boldsymbol{x}$ 的所有可能的输出目标集合。计算 arg max 的过程称为解码（decoding）过程，一般通过动态规划的方法来计算。

2. 无监督学习

无监督学习（Unsupervised Learning，UL）是指从不包含目标标签的训练样本中自动学习到一些有价值的信息。典型的无监督学习问题有聚类、密度估计、特征学习、降维等。

3. 强化学习

强化学习（Reinforcement Learning，RL）是一类通过交互来学习的机器学习算法。在强化学习中，智能体根据环境的状态做出一个动作，并得到即时或延时的奖励。智能体在和环境的交互中不断学习并调整策略，以取得最大化的期望总回报。

监督学习需要每个样本都有标签，而无监督学习则不需要标签。一般而言，监督学习通常需要大量的有标签数据集，这些数据集一般都需要由人工进行标注，成本很高。因此，也出现了很多弱监督学习（weakly supervised learning）和半监督学习（Semi-Supervised Learning，SSL）的方法，希望从大规模的无标注数据中充分挖掘有用的信息，降低对标注样本数量的要求。强化学习和监督学习的不同之处在于，强化学习不需要显式地以“输入/输出对”的方式给出训练样本，是一种在线的学习机制。

2.6 评价指标

为了衡量机器学习模型的好坏，需要给定一个测试集，用模型对测试集中的每个样本进行预测，并根据预测结果计算评价分数。

对于分类问题，常见的评价标准有准确率、错误率、精确率、召回率和 F 值等。给定测试集 $T=\left\{\left(\boldsymbol{x}^{(1)},y^{(1)}\right),\left(\boldsymbol{x}^{(2)},y^{(2)}\right),\cdots,\left(\boldsymbol{x}^{(N)},y^{(N)}\right)\right\}$，假设标签 $y^{(n)}\in\{1,2,\cdots,C\}$，用学习好的模型 $f\left(\boldsymbol{x};\theta^{*}\right)$ 对测试集中的每个样本进行预测，结果为 $\left\{\hat{y}^{(1)},\hat{y}^{(2)},\cdots,\hat{y}^{(N)}\right\}$。

1. 准确率

最常用的评价指标为准确率（accuracy）：

$$A=\frac{1}{N}\sum_{n=1}^{N}I\left(y^{(n)}=\hat{y}^{(n)}\right) \tag{2-51}$$

其中，$I(\cdot)$ 为指示函数。

2. 错误率

和准确率相对应的就是错误率（error rate）：

$$\begin{aligned}\mathcal{E}&=1-A\\&=\frac{1}{N}\sum_{n=1}^{N}I\left(y^{(n)}\neq\hat{y}^{(n)}\right)\end{aligned} \tag{2-52}$$

3. 精确率和召回率

准确率是所有类别整体性能的平均，如果希望对每个类都进行性能估计，就需要计算精确率（precision）和召回率（recall）。精确率和召回率是广泛用于信息检索和统计学分类领域的两个度量值，在机器学习的评价中被大量使用。

对于类别 c 来说，模型在测试集上的结果可以分为以下 4 种情况。

（1）真正例（True Positive，TP）：一个样本的真实类别为 c 并且模型正确地预测为类别 c。这类样本数量记为

$$\mathrm{TP}_c=\sum_{n=1}^{N} I\left(y^{(n)}=\hat{y}^{(n)}=c\right) \tag{2-53}$$

（2）假负例（False Negative，FN）：一个样本的真实类别为 c，模型错误地预测为其他类。这类样本数量记为

$$\mathrm{FN}_c=\sum_{n=1}^{N} I\left(y^{(n)}=c \wedge \hat{y}^{(n)} \neq c\right) \tag{2-54}$$

（3）假正例（False Positive，FP）：一个样本的真实类别为其他类，模型错误地预测为类别 c。这类样本数量记为

$$\mathrm{FP}_c=\sum_{n=1}^{N} I\left(y^{(n)} \neq c \wedge \hat{y}^{(n)}=c\right) \tag{2-55}$$

（4）真负例（True Negative，TN）：一个样本的真实类别为其他类，模型也预测为其他类。这类样本数量记为 TN_c。对于类别 c 来说，这种情况一般不需要关注。

根据上面的定义，可以进一步定义精确率、召回率和 F 值。

精确率（precision），也叫作精度或查准率，类别 c 的查准率是所有预测为类别 c 的样本中预测正确的比例。

$$P_c=\frac{\mathrm{TP}_c}{\mathrm{TP}_c+\mathrm{FP}_c} \tag{2-56}$$

召回率（recall），也叫作查全率，类别 c 的召回率是所有真实标签为类别 c 的样本中预测正确的比例。

$$R_c=\frac{\mathrm{TP}_c}{\mathrm{TP}_c+\mathrm{FN}_c} \tag{2-57}$$

F 值（F measure）是一个综合指标，为精确率和召回率的调和平均。

$$F_{\mathcal{C}}=\frac{\left(1+\beta^2\right) \times P_c \times R_c}{\beta^2 \times P_c+R_c} \tag{2-58}$$

其中，β 用于平衡精确率和召回率的重要性，一般取值为 1。$\beta=1$ 时的 F 值称为 F1 值，是精确率和召回率的调和平均。

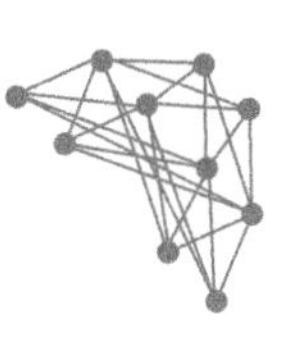

4. 宏平均和微平均

为了计算分类算法在所有类别上的总体精确率、召回率和 F1 值，经常使用两种平均方法，分别称为宏平均（macro average）和微平均。

宏平均是每一类的性能指标的算术平均值：

$$
\begin{aligned}
P_{\text{macro}} &= \frac{1}{C}\sum_{c=1}^{C} P_{\rfloor} \\
R_{\text{macro}} &= \frac{1}{C}\sum_{c=1}^{C} R_c \\
F1_{\text{macro}} &= \frac{2 \times P_{\text{macro}} \times R_{\text{macro}}}{P_{\text{macro}} + R_{\text{macro}}}
\end{aligned}
\tag{2-59}
$$

需要注意的是，在有些文献上，F1 值的宏平均为 $F1_{\text{macro}} = \frac{1}{C}\sum_{c=1}^{C} F1_c$。

微平均是每个样本的性能指标的算术平均值。对于单个样本而言，它的精确率和召回率是相同的（要么都是 1，要么都是 0）。因此精确率的微平均和召回率的微平均是相同的。同理，F1 值的微平均指标是相同的。当不同类别的样本数量不均衡时，使用宏平均会比微平均更合理。宏平均会更关注小类别上的评价指标。

在实际应用中，可以通过调整分类模型的阈值来进行更全面的评价，如 AUC（Area Under Curve）、ROC（Receiver Operating Characteristic）曲线、PR（Precision-Recall）曲线等。此外，很多任务还有自己专门的评价方式，如 TopN 准确率。

5. 交叉验证

交叉验证（cross-validation）是一种较好的衡量机器学习模型的统计分析方法，可以有效避免划分训练集和测试集时的随机性对评价结果造成的影响。可以把原始数据集平均分为 K 组不重复的子集，每次选 $K-1$ 组子集作为训练集，剩下的一组子集作为验证集。这样可以进行 K 次试验并得到 K 个模型，将这 K 个模型在各自验证集上的错误率的平均作为分类器的评价。

2.7　线性模型

线性模型（linear model）是机器学习中应用最广泛的模型，指通过样本特征的线性组合来进行预测的模型。给定一个 D 维样本 $\boldsymbol{x} = [x_1, x_2, \cdots, x_D]^{\mathrm{T}}$，其线性组合函数为

$$
\begin{aligned}
f(\boldsymbol{x}; \boldsymbol{w}) &= w_1 x_1 + w_2 x_2 + \cdots + w_D x_D + b \\
&= \boldsymbol{w}^{\mathrm{T}} \boldsymbol{x} + b
\end{aligned}
\tag{2-60}
$$

其中，$\boldsymbol{w} = [w_1, w_2, \cdots, w_D]^{\mathrm{T}}$ 为 D 维的权重向量，b 为偏置。第 1 章中介绍的线性回归就是典型的线性模型，直接用 $f(\boldsymbol{x}; \boldsymbol{w})$ 来预测输出目标 $y = f(\boldsymbol{x}; \boldsymbol{w})$。在分类问题中，由于输

出目标 y 是一些离散的标签，而 $f(\boldsymbol{x};\boldsymbol{w})$ 的值域为实数，因此无法直接用 $f(\boldsymbol{x};\boldsymbol{w})$ 来进行预测，需要引入一个非线性的决策函数（decision function）$g(\cdot)$ 来预测输出目标。

$$y = g(f(\boldsymbol{x};\boldsymbol{w})) \tag{2-61}$$

其中，$f(\boldsymbol{x};\boldsymbol{w})$ 也称为判别函数（discriminant function）。

对于二分类问题，$g(\cdot)$ 可以是符号函数（sign function），定义为

$$\begin{aligned} g(f(\boldsymbol{x};\boldsymbol{w})) &= \operatorname{sgn}(f(\boldsymbol{x};\boldsymbol{w})) \\ &\triangleq \begin{cases} +1 & f(\boldsymbol{x};\boldsymbol{w}) > 0 \\ -1 & f(\boldsymbol{x};\boldsymbol{w}) < 0 \end{cases} \end{aligned} \tag{2-62}$$

当 $f(\boldsymbol{x};\boldsymbol{w}) = 0$ 时不进行预测。式 (2-62) 定义了一个典型的二分类问题的决策函数，其线性模型的结构如图 2-9 所示。

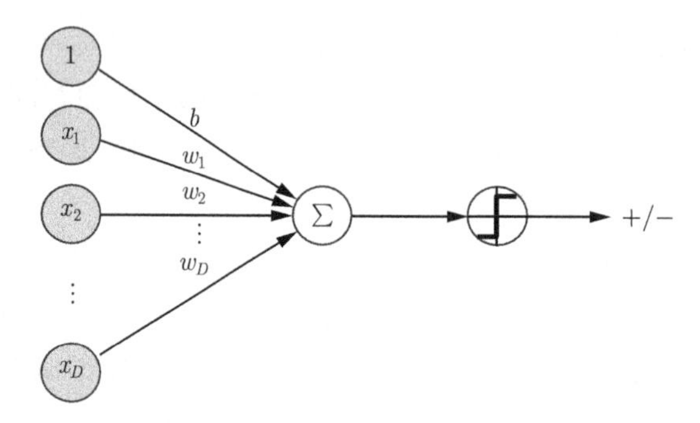

图 2-9　二分类问题的线性模型结构

在本节，主要介绍 3 种不同线性分类模型：Logistic 回归、Softmax 回归、感知器，这些模型的区别主要在于使用了不同的损失函数。

2.7.1　线性判别函数和决策边界

从式 (2-61) 可知，一个线性分类模型（linear classification model）或线性分类器（linear classifier），是由一个（或多个）线性的判别函数 $f(\boldsymbol{x};\boldsymbol{w}) = \boldsymbol{w}^{\mathrm{T}}\boldsymbol{x} + b$ 和非线性的决策函数 $g(\cdot)$ 组成。首先考虑二分类的情况，然后再扩展到多分类的情况。

1. 二分类

二分类（binary classification）问题的类别标签 y 只有两种取值，通常可以设为 $+1, -1$ 或 $0, 1$。在二分类问题中，常用正例（positive sample）和负例（negative sample）来分别表示属于类别 $+1$ 和 -1 的样本。在二分类问题中，只需要一个线性判别函数 $f(\boldsymbol{x};\boldsymbol{w}) = \boldsymbol{w}^{\mathrm{T}}\boldsymbol{x}+b$。特征空间 $\mathbb{R}^D$ 中所有满足 $f(\boldsymbol{x};\boldsymbol{w}) = 0$ 的点组成一个分割超平面（hyperplane），称为决策边界（decision boundary）或决策平面（decision surface）。决策边界将特征空间一分为二，划分成两个区域，每个区域对应一个类别。所谓“线性分类模型”就是指其决策边界是线

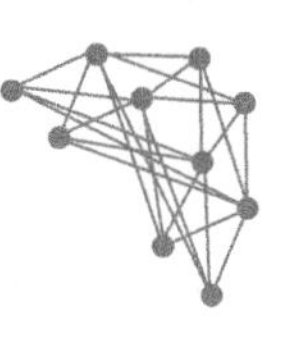

性超平面。在特征空间中，决策平面与权重向量 $\boldsymbol{w}$ 正交。特征空间中每个样本点到决策平面的有向距离（signed distance）为

$$\gamma = \frac{f(\boldsymbol{x};\boldsymbol{w})}{\|\boldsymbol{w}\|} \tag{2-63}$$

γ 可以看作点 $\boldsymbol{x}$ 在 $\boldsymbol{w}$ 方向上的投影。

图 2-10 给出了一个二分类问题的线性决策边界示例，其中样本特征向量 $\boldsymbol{x} = [x_1, x_2]$，权重向量 $\boldsymbol{w} = [w_1, w_2]$。

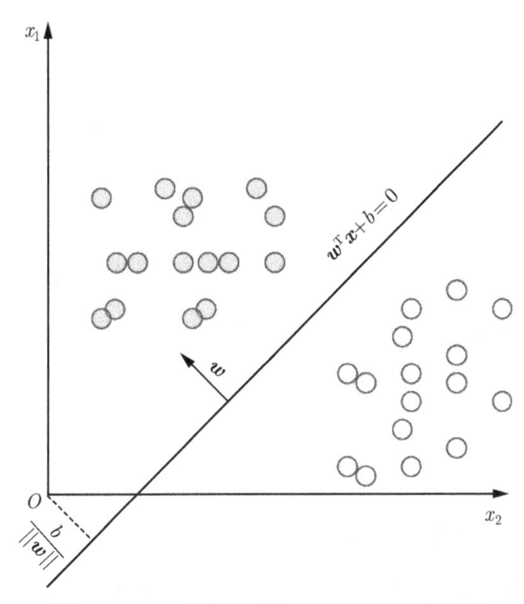

图 2-10　二分类问题的线性决策边界示例

给定 N 个样本的训练集 $D = \left\{\left(\boldsymbol{x}^{(n)}, y^{(n)}\right)\right\}_{n=1}^{N}$，其中 $y^{(n)} \in \{+1, -1\}$，线性模型试图学习到参数 $\boldsymbol{w}^*$，使得对于每个样本 $\left(\boldsymbol{x}^{(n)}, y^{(n)}\right)$ 尽量满足

$$\begin{cases} f\left(\boldsymbol{x}^{(n)};\boldsymbol{w}^*\right) > 0 & y^{(n)} = 1 \\ f\left(\boldsymbol{x}^{(n)};\boldsymbol{w}^*\right) < 0 & y^{(n)} = -1 \end{cases} \tag{2-64}$$

式 (2-64) 可以合并，即参数 $\boldsymbol{w}^*$ 尽量满足

$$y^{(n)} f\left(\boldsymbol{x}^{(n)};\boldsymbol{w}^*\right) > 0, \quad \forall n \in [1, N] \tag{2-65}$$

定理 2.2　两类线性可分：对于训练集 $D = \left\{\left(\boldsymbol{x}^{(n)}, y^{(n)}\right)\right\}_{n=1}^{N}$，如果存在权重向量 $\boldsymbol{w}^*$，对所有样本都满足 $yf\left(\boldsymbol{x};\boldsymbol{w}^*\right) > 0$，那么训练集 D 是线性可分的。

为了学习参数 $\boldsymbol{w}$，需要定义合适的损失函数以及优化方法。对于二分类问题，最直接的损失函数为 0-1 损失函数，即

$$\mathcal{L}_{01}(y, f(\boldsymbol{x};\boldsymbol{w})) = I(yf(\boldsymbol{x};\boldsymbol{w}) > 0) \tag{2-66}$$

其中，$I(\cdot)$ 为指示函数。但 0-1 损失函数的数学性质不好，其关于 $\boldsymbol{w}$ 的导数为 0，从而导致无法优化 $\boldsymbol{w}$。

2. 多分类

多分类（multi-class classification）问题是指分类的类别数 C 大于 2。多分类问题一般需要多个线性判别函数，但设计这些判别函数有很多种方式。

假设一个多分类问题的类别为 $1,2,\cdots,C$，常用的方式有以下 3 种。

（1）“一对其余”方式：把多分类问题转换为 C 个“一对其余”的二分类问题。这种方式共需要 C 个判别函数，其中第 c 个判别函数 f_c 是将类别 c 的样本和不属于类别 c 的样本分开。

（2）“一对一”方式：把多分类问题转换为 $C(C-1)/2$ 个“一对一”的二分类问题。这种方式共需要 $C(C-1)/2$ 个判别函数，其中第 (i,j) 个判别函数是把类别 i 和类别 j 的样本分开 $(1 \leqslant i < j \leqslant C)$。

（3）argmax 方式：这是一种改进的“一对其余”方式，共需要 C 个判别函数

$$f_c(\boldsymbol{x};\boldsymbol{w}_c)=\boldsymbol{w}_c^{\mathrm{T}}\boldsymbol{x}+b_c, \quad c\in\{1,2,\cdots,C\} \tag{2-67}$$

对于样本 $\boldsymbol{x}$，如果存在一个类别 c，相对于所有的其他类别 $\tilde{c}(\tilde{c}\neq c)$ 有 $f_c(\boldsymbol{x};\boldsymbol{w}_c) > f_{\tilde{c}}(\boldsymbol{x},\boldsymbol{w}_{\tilde{c}})$，那么 $\boldsymbol{x}$ 属于类别 c。argmax 方式的预测函数定义为

$$y=\underset{c=1}{\arg\max} f_c(\boldsymbol{x};\boldsymbol{w}_c) \tag{2-68}$$

“一对其余”方式和“一对一”方式都存在一个缺陷：特征空间中会存在一些难以确定类别的区域，而 argmax 方式很好地解决了这个问题。图 2-11 给出了用这 3 种方式进行多分类的示例，其中红色直线表示判别函数 $f(\cdot)=0$ 的直线，不同颜色的区域表示预测的 3 个类别的区域 (w_1, w_2 和 w_3) 和难以确定类别的区域（? 区域）。在 argmax 方式中，相邻两类 i 和 j 的决策边界实际上是由 $f_i(\boldsymbol{x};\boldsymbol{w}_i)-f_j(\boldsymbol{x};\boldsymbol{w}_j)=0$ 决定，其法向量为 $\boldsymbol{w}_i-\boldsymbol{w}_j$。

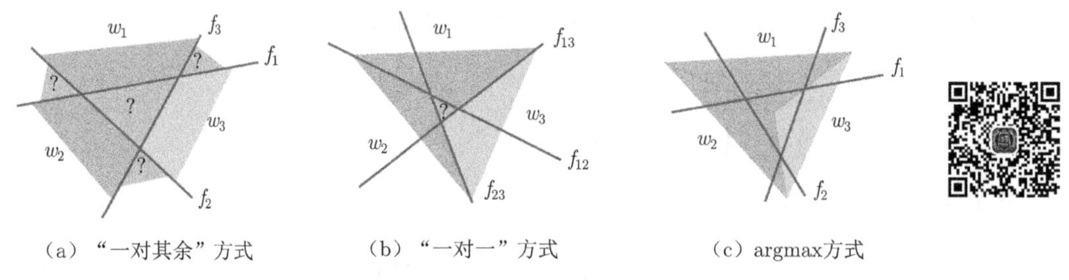

图 2-11 多分类问题的 3 种方式

定理 2.3 多类线性可分：对于训练集 $D=\left\{\left(\boldsymbol{x}^{(n)},y^{(n)}\right)\right\}_{n=1}^{N}$，如果存在 C 个权重向量 $\boldsymbol{w}_1^*,\boldsymbol{w}_2^*,\cdots,\boldsymbol{w}_C^*$，使得第 $c(1\leqslant c\leqslant C)$ 类的所有样本都满足 $f_c(\boldsymbol{x};\boldsymbol{w}_c^*) > f_{\tilde{c}}(\boldsymbol{x},\boldsymbol{w}_{\tilde{c}}^*), \forall\tilde{c}\neq c$，那么训练集 D 是线性可分的。

从定理 2.3 可知，如果数据集是多类线性可分的，那么一定存在一个 argmax 方式的线性分类器可以将它们正确分开。

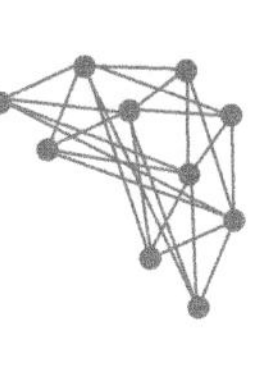

2.7.2 Logistic 回归

Logistic 回归（Logistic Regression，LR）是一种常用的处理二分类问题的线性模型。在本节中，采用 $y \in \{0,1\}$ 以符合 Logistic 回归的描述习惯。为了解决连续的线性函数不适合进行分类的问题，可以引入非线性函数 $g : \mathbb{R}^D \to (0,1)$ 来预测类别标签的后验概率 $p(y=1|\boldsymbol{x})$。

$$p(y=1|\boldsymbol{x}) = g(f(\boldsymbol{x};\boldsymbol{w})) \tag{2-69}$$

其中，$g(\cdot)$ 通常称为激活函数（activation function），其作用是把线性函数的值域从实数区间“挤压”到 (0, 1)，可以用来表示概率。在统计文献中，$g(\cdot)$ 的逆函数 $g^{-1}(\cdot)$ 也称为联系函数（link function）。

在 Logistic 回归中，使用 Logistic 函数来作为激活函数，标签 $y=1$ 的后验概率为

$$\begin{aligned} p(y=1|\boldsymbol{x}) &= \sigma\left(\boldsymbol{w}^{\mathrm{T}}\boldsymbol{x}\right) \\ &\triangleq \frac{1}{1+\exp\left(-\boldsymbol{w}^{\mathrm{T}}\boldsymbol{x}\right)} \end{aligned} \tag{2-70}$$

为了让公式简单，这里 $\boldsymbol{x} = [x_1, x_2, \cdots, x_D, 1]^{\mathrm{T}}$ 和 $\boldsymbol{w} = [w_1, w_2, \cdots, w_D, b]^{\mathrm{T}}$ 分别为 $D+1$ 维的增广特征向量和增广权重向量。

标签 $y=0$ 的后验概率为

$$\begin{aligned} p(y=0|\boldsymbol{x}) &= 1 - p(y=1|\boldsymbol{x}) \\ &= \frac{\exp\left(-\boldsymbol{w}^{\mathrm{T}}\boldsymbol{x}\right)}{1+\exp\left(-\boldsymbol{w}^{\mathrm{T}}\boldsymbol{x}\right)} \end{aligned} \tag{2-71}$$

将式 (2-70) 进行变换后得到

$$\begin{aligned} \boldsymbol{w}^{\mathrm{T}}\boldsymbol{x} &= \log \frac{p(y=1|\boldsymbol{x})}{1-p(y=1|\boldsymbol{x})} \\ &= \log \frac{p(y=1|\boldsymbol{x})}{p(y=0|\boldsymbol{x})} \end{aligned} \tag{2-72}$$

其中，$\dfrac{p(y=1|\boldsymbol{x})}{p(y=0|\boldsymbol{x})}$ 为样本 $\boldsymbol{x}$ 为正反例后验概率的比值，称为几率（odds），几率的对数称为对数几率（log odds 或 logit）。式 (2-72) 中等号的左边是线性函数，这样 Logistic 回归可以看作预测值为“标签的对数几率”的线性回归模型。因此，Logistic 回归也称为对数几率回归（logit regression）。图 2-12 给出了使用线性回归和 Logistic 回归来解决一维数据的二分类问题的示例。

Logistic 回归采用交叉熵作为损失函数，并使用梯度下降法对参数进行优化。给定 N 个训练样本 $\left\{\left(\boldsymbol{x}^{(n)}, y^{(n)}\right)\right\}_{n=1}^{N}$，用 Logistic 回归模型对每个样本 $\boldsymbol{x}^{(n)}$ 进行预测，输出其标签为 1 的后验概率，记为 $\hat{y}^{(n)}$：

$$\hat{y}^{(n)} = \sigma\left(\boldsymbol{w}^{\mathrm{T}}\boldsymbol{x}^{(n)}\right), \quad 1 \leqslant n \leqslant N \tag{2-73}$$

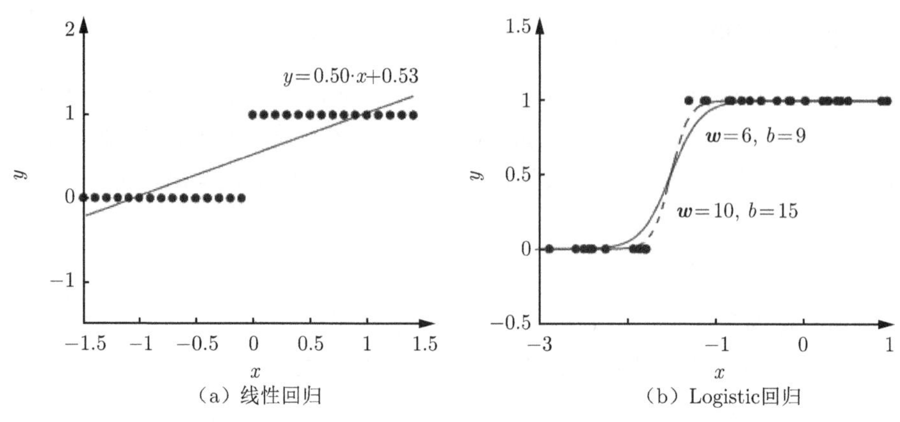

图 2-12　一维数据的二分类问题示例

由于 $y^{(n)} \in \{0,1\}$，样本 $\left(\boldsymbol{x}^{(n)}, y^{(n)}\right)$ 的真实条件概率可以表示为

$$\begin{cases} p_r(y^{(n)} = 1|\boldsymbol{x}^{(n)}) = y^{(n)} \\ p_r(y^{(n)} = 0|\boldsymbol{x}^{(n)}) = 1 - y^{(n)} \end{cases} \tag{2-74}$$

使用交叉熵损失函数，其风险函数为

$$\begin{aligned} R(\boldsymbol{w}) &= -\frac{1}{N}\sum_{n=1}^{N}\left(p_r\left(y^{(n)} = 1|\boldsymbol{x}^{(n)}\right)\log\hat{y}^{(n)} + p_r\left(y^{(n)} = 0|\boldsymbol{x}^{(n)}\right)\log\left(1-\hat{y}^{(n)}\right)\right) \\ &= -\frac{1}{N}\sum_{n=1}^{N}\left(y^{(n)}\log\hat{y}^{(n)} + \left(1-y^{(n)}\right)\log\left(1-\hat{y}^{(n)}\right)\right) \end{aligned} \tag{2-75}$$

风险函数 $R(\boldsymbol{w})$ 关于参数 $\boldsymbol{w}$ 的偏导数为

$$\begin{aligned} \frac{\partial R(\boldsymbol{w})}{\partial \boldsymbol{w}} &= -\frac{1}{N}\sum_{n=1}^{N}\left(y^{(n)}\frac{\hat{y}^{(n)}\left(1-\hat{y}^{(n)}\right)}{\hat{y}^{(n)}}\boldsymbol{x}^{(n)} - \left(1-y^{(n)}\right)\frac{\hat{y}^{(n)}\left(1-\hat{y}^{(n)}\right)}{1-\hat{y}^{(n)}}\boldsymbol{x}^{(n)}\right) \\ &= -\frac{1}{N}\sum_{n=1}^{N}\left(y^{(n)}\left(1-\hat{y}^{(n)}\right)\boldsymbol{x}^{(n)} - \left(1-y^{(n)}\right)\hat{y}^{(n)}\boldsymbol{x}^{(n)}\right) \\ &= -\frac{1}{N}\sum_{n=1}^{N}\boldsymbol{x}^{(n)}\left(y^{(n)} - \hat{y}^{(n)}\right) \end{aligned} \tag{2-76}$$

采用梯度下降法，Logistic 回归的训练过程为：初始化 $w_0 \longleftarrow 0$，然后通过式 (2-77) 来迭代更新参数：

$$\boldsymbol{w}_{t+1} \longleftarrow \boldsymbol{w}_t + \alpha\frac{1}{N}\sum_{n=1}^{N}\boldsymbol{x}^{(n)}\left(y^{(n)} - \hat{y}_{\boldsymbol{w}_t}^{(n)}\right) \tag{2-77}$$

其中，α 是学习率，$\hat{y}_w^{(n)}$ 是当参数为 $\boldsymbol{w}_t$ 时，Logistic 回归模型的输出。从式 (2-75) 可知，风险函数 $R(\boldsymbol{w})$ 是关于参数 $\boldsymbol{w}$ 的连续可导的凸函数。因此除了梯度下降法之外，Logistic 回归还可以用高阶的优化方法（如牛顿法）来进行优化。

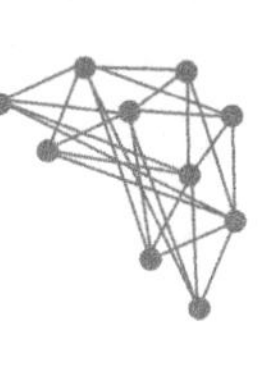

2.7.3 Softmax 回归

Softmax 回归（Softmax regression）也称为多项（multinomial）或多类（multi-class）的 Logistic 回归，是 Logistic 回归在多分类问题上的推广。对于多类问题，类别标签 $y \in \{1, 2, \cdots, C\}$ 可以有 C 个取值。给定一个样本 $\boldsymbol{x}$，Softmax 回归预测的属于类别 c 的条件概率为

$$\begin{aligned} p(y=c|\boldsymbol{x}) &= \operatorname{softmax}\left(\boldsymbol{w}_c^{\mathrm{T}}\boldsymbol{x}\right) \\ &= \frac{\exp\left(\boldsymbol{w}_c^{\mathrm{T}}\boldsymbol{x}\right)}{\sum\limits_{c'=1}^{C}\exp\left(\boldsymbol{w}_{c'}^{\mathrm{T}}\boldsymbol{x}\right)} \end{aligned} \tag{2-78}$$

其中，$\boldsymbol{w}_c$ 是第 c 类的权重向量。

Softmax 回归的决策函数可以表示为

$$\begin{aligned} \hat{y} &= \underset{c=1}{\arg\max}\, p(y=c|\boldsymbol{x}) \\ &= \underset{c=1}{\arg\max}\, \boldsymbol{w}_c^{\mathrm{T}}\boldsymbol{x} \end{aligned} \tag{2-79}$$

当类别数 $C=2$ 时，Softmax 回归的决策函数为

$$\begin{aligned} \hat{y} &= \underset{y\in\{0,1\}}{\arg\max}\, \boldsymbol{w}_y^{\mathrm{T}}\boldsymbol{x} \\ &= I\left(\boldsymbol{w}_1^{\mathrm{T}}\boldsymbol{x} - \boldsymbol{w}_0^{\mathrm{T}}\boldsymbol{x} > 0\right) \\ &= I\left(\left(\boldsymbol{w}_1 - \boldsymbol{w}_0\right)^{\mathrm{T}}\boldsymbol{x} > 0\right) \end{aligned} \tag{2-80}$$

其中，$I(\cdot)$ 是指示函数。对比式 (2-62) 中的二分类决策函数，可以发现二分类中的权重向量 $\boldsymbol{w} = \boldsymbol{w}_1 - \boldsymbol{w}_0$。

向量表示　式 (2-78) 用向量形式可以写为

$$\begin{aligned} \hat{\boldsymbol{y}} &= \operatorname{softmax}\left(\boldsymbol{W}^{\mathrm{T}}\boldsymbol{x}\right) \\ &= \frac{\exp\left(\boldsymbol{W}^{\mathrm{T}}\boldsymbol{x}\right)}{\boldsymbol{1}_C^{\mathrm{T}}\exp\left(\boldsymbol{W}^{\mathrm{T}}\boldsymbol{x}\right)} \end{aligned} \tag{2-81}$$

其中，$\boldsymbol{W} = [\boldsymbol{w}_1, \boldsymbol{w}_2, \cdots, \boldsymbol{w}_C]$ 是由 C 个类的权重向量组成的矩阵，$\boldsymbol{1}_C$ 为 C 维的全 $\boldsymbol{1}$ 向量，$\hat{\boldsymbol{y}} \in \mathbb{R}^C$ 为所有类别的预测条件概率组成的向量，第 c 维的值是第 c 类的预测条件概率。

给定 N 个训练样本 $\left\{\left(\boldsymbol{x}^{(n)}, y^{(n)}\right)\right\}_{n=1}^{N}$，Softmax 回归使用交叉熵损失函数来学习最优的参数矩阵 $\boldsymbol{W}$。为了让公式更简单，用 C 维的 one-hot 向量 $\boldsymbol{y} \in \{0,1\}^C$ 来表示类别标签。对于类别 c，其向量表示为

$$\boldsymbol{y} = [I(1=c), I(2=c), \cdots, I(C=c)]^{\mathrm{T}} \tag{2-82}$$

其中，$I(\cdot)$ 是指示函数采用交叉熵损失函数，Softmax 回归模型的风险函数为

$$
\begin{aligned}
R(\boldsymbol{W}) &= -\frac{1}{N}\sum_{n=1}^{N}\sum_{c=1}^{C}\boldsymbol{y}_c^{(n)}\log\hat{\boldsymbol{y}}_c^{(n)} \\
&= -\frac{1}{N}\sum_{n=1}^{N}\left(\boldsymbol{y}^{(n)}\right)^{\mathrm{T}}\log\hat{\boldsymbol{y}}^{(n)}
\end{aligned}
\tag{2-83}
$$

其中，$\hat{\boldsymbol{y}}^{(n)} = \mathrm{softmax}\left(\boldsymbol{W}^{\mathrm{T}}\boldsymbol{x}^{(n)}\right)$ 为样本 $\boldsymbol{x}^{(n)}$ 在每个类别的后验概率。

风险函数 $R(\boldsymbol{W})$ 关于 $\boldsymbol{W}$ 的梯度为

$$
\frac{\partial R(\boldsymbol{W})}{\partial \boldsymbol{W}} = -\frac{1}{N}\sum_{n=1}^{N}\boldsymbol{x}^{(n)}\left(\boldsymbol{y}^{(n)}-\hat{\boldsymbol{y}}^{(n)}\right)^{\mathrm{T}} \tag{2-84}
$$

证明 计算式 (2-84) 中的梯度,关键在于计算每个样本的损失函数 $\mathcal{L}^{(n)}(\boldsymbol{W}) = -\left(\boldsymbol{y}^{(n)}\right)^{\mathrm{T}}\log\hat{\boldsymbol{y}}^{(n)}$ 关于参数 $\boldsymbol{W}$ 的梯度，其中需要用到的两个导数公式如下：

（1）若 $y = \mathrm{softmax}(\boldsymbol{z})$，则 $\dfrac{\partial y}{\partial \boldsymbol{z}} = \mathrm{diag}(\boldsymbol{y}) - \boldsymbol{y}\boldsymbol{y}^{\mathrm{T}}$。

（2）若 $\boldsymbol{z} = \boldsymbol{W}^{\mathrm{T}}\boldsymbol{x} = \left[\boldsymbol{w}_1^{\mathrm{T}}\boldsymbol{x}, \boldsymbol{w}_2^{\mathrm{T}}\boldsymbol{x}, \cdots, \boldsymbol{w}_C^{\mathrm{T}}\boldsymbol{x}\right]^{\mathrm{T}}$，则 $\dfrac{\partial \boldsymbol{z}}{\partial \boldsymbol{w}_c}$ 为第 c 列为 $\boldsymbol{x}$，其余为 0 的矩阵。

$$
\begin{aligned}
\frac{\partial \boldsymbol{z}}{\partial \boldsymbol{w}_c} &= \left[\frac{\partial \boldsymbol{w}_1^{\mathrm{T}}\boldsymbol{x}}{\partial \boldsymbol{w}_c}, \frac{\partial \boldsymbol{w}_2^{\mathrm{T}}\boldsymbol{x}}{\partial \boldsymbol{w}_c}, \cdots, \frac{\partial \boldsymbol{w}_C^{\mathrm{T}}\boldsymbol{x}}{\partial \boldsymbol{w}_c}\right] \\
&= [0, 0, \cdots, \boldsymbol{x}, \cdots, 0] \\
&\triangleq \mathbb{M}_c(\boldsymbol{x})
\end{aligned}
\tag{2-85}
$$

根据链式法则，$\mathcal{L}^{(n)}(\boldsymbol{W}) = -\left(\boldsymbol{y}^{(n)}\right)^{\mathrm{T}}\log\hat{\boldsymbol{y}}^{(n)}$ 关于 $\boldsymbol{w}_c$ 的偏导数为

$$
\begin{aligned}
\frac{\partial \mathcal{L}^{(n)}(\boldsymbol{W})}{\partial \boldsymbol{w}_c} &= -\frac{\partial\left(\left(\boldsymbol{y}^{(n)}\right)^{\mathrm{T}}\log\hat{\boldsymbol{y}}^{(n)}\right)}{\partial \boldsymbol{w}_c} \\
&= -\frac{\partial \boldsymbol{z}^{(n)}}{\partial \boldsymbol{w}_c}\frac{\partial \hat{\boldsymbol{y}}^{(n)}}{\partial \boldsymbol{z}^{(n)}}\frac{\partial \log\hat{\boldsymbol{y}}^{(n)}}{\partial \hat{\boldsymbol{y}}^{(n)}}\boldsymbol{y}^{(n)} \\
&= -\mathbb{M}_c\left(\boldsymbol{x}^{(n)}\right)\left(\mathrm{diag}\left(\hat{\boldsymbol{y}}^{(n)}\right) - \hat{\boldsymbol{y}}^{(n)}\left(\hat{\boldsymbol{y}}^{(n)}\right)^{\mathrm{T}}\right)\left(\mathrm{diag}\left(\hat{\boldsymbol{y}}^{(n)}\right)\right)^{-1}\boldsymbol{y}^{(n)} \qquad (2\text{-}86) \\
&= -\mathbb{M}_c\left(\boldsymbol{x}^{(n)}\right)\left(\boldsymbol{I} - \hat{\boldsymbol{y}}^{(n)}\boldsymbol{1}_C^{\mathrm{T}}\right)\boldsymbol{y}^{(n)} \\
&= -\mathbb{M}_c\left(\boldsymbol{x}^{(n)}\right)\left(\boldsymbol{y}^{(n)} - \hat{\boldsymbol{y}}^{(n)}\boldsymbol{1}_C^{\mathrm{T}}\boldsymbol{y}^{(n)}\right) \\
&= -\mathbb{M}_c\left(\boldsymbol{x}^{(n)}\right)\left(\boldsymbol{y}^{(n)} - \hat{\boldsymbol{y}}^{(n)}\right) \\
&= -\boldsymbol{x}^{(n)}\left[\boldsymbol{y}^{(n)} - \hat{\boldsymbol{y}}^{(n)}\right]_c \qquad (2\text{-}87)
\end{aligned}
$$

式 (2-87) 也可以表示为非向量形式，即

$$
\frac{\partial \mathcal{L}^{(n)}(\boldsymbol{W})}{\partial \boldsymbol{w}_c} = -\boldsymbol{x}^{(n)}\left(I\left(y^{(n)} = c\right) - \hat{\boldsymbol{y}}_c^{(n)}\right) \tag{2-88}
$$

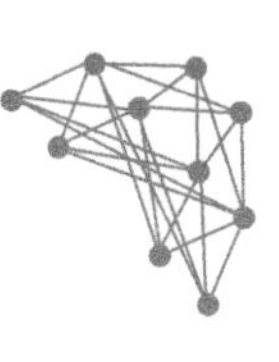

其中，$I(\cdot)$ 是指示函数。

根据式 (2-87) 可以得到

$$\frac{\partial \mathcal{L}^{(n)}(\boldsymbol{W})}{\partial \boldsymbol{W}} = -\boldsymbol{x}^{(n)}\left(\boldsymbol{y}^{(n)} - \hat{\boldsymbol{y}}^{(n)}\right)^{\mathrm{T}} \tag{2-89}$$

采用梯度下降法，Softmax 回归的训练过程为：初始化 $\boldsymbol{W}_0 \leftarrow 0$，然后通过式 (2-90) 进行迭代更新。

$$\boldsymbol{W}_{t+1} \leftarrow \boldsymbol{W}_t + \alpha\left(\frac{1}{N}\sum_{n=1}^{N}\boldsymbol{x}^{(n)}\left(\boldsymbol{y}^{(n)} - \hat{\boldsymbol{y}}_{\boldsymbol{W}_t}^{(n)}\right)^{\mathrm{T}}\right) \tag{2-90}$$

其中，α 是学习率，$\hat{\boldsymbol{y}}_{\boldsymbol{W}_t}^{(n)}$ 是当参数为 $\boldsymbol{W}_t$ 时，Softmax 回归模型的输出。

2.7.4 感知器

感知器（perceptron）由 Frank Rosenblatt 于 1958 年提出，是一种广泛使用的线性分类器。感知器可以说是最简单的人工神经网络，只有一个神经元。感知器是对生物神经元的简单数学模拟，有与生物神经元相对应的部件，如权重（突触）、偏置（阈值）及激活函数（细胞体），输出为 +1 或 −1。感知器是一种简单的两类线性分类模型，其分类准则与式 (2-62) 相同，即

$$\hat{y} = \operatorname{sgn}\left(\boldsymbol{w}^{\mathrm{T}}\boldsymbol{x}\right) \tag{2-91}$$

1. 参数学习

感知器学习算法是一个经典的线性分类器的参数学习算法。给定 N 个样本的训练集：$\left\{\left(\boldsymbol{x}^{(n)}, y^{(n)}\right)\right\}_{n=1}^{N}$，其中，$y^{(n)} \in \{+1, -1\}$，感知器学习算法试图找到一组参数 $\boldsymbol{w}^*$，使得对于每个样本 $\left(\boldsymbol{x}^{(n)}, y^{(n)}\right)$ 有

$$y^{(n)}\boldsymbol{w}^{*\mathrm{T}}\boldsymbol{x}^{(n)} > 0, \quad \forall n \in \{1, 2, \cdots, N\} \tag{2-92}$$

感知器的学习算法是一种错误驱动的在线学习算法。先初始化一个权重向量 $\boldsymbol{w} \leftarrow 0$（通常是全零向量），然后每次分错一个样本 $(\boldsymbol{x}, y)$ 时，即 $y\boldsymbol{w}^{\mathrm{T}}\boldsymbol{x} < 0$，就用这个样本来更新权重。

$$\boldsymbol{w} \leftarrow \boldsymbol{w} + y\boldsymbol{x} \tag{2-93}$$

具体的感知器参数学习策略如图 2-13 所示。

根据感知器的学习策略，可以反推出感知器的损失函数为

$$\mathcal{L}(\boldsymbol{w}; \boldsymbol{x}, y) = \max\left(0, -y\boldsymbol{w}^{\mathrm{T}}\boldsymbol{x}\right) \tag{2-94}$$

采用随机梯度下降，其每次更新的梯度为

$$\frac{\partial \mathcal{L}(\boldsymbol{w}; \boldsymbol{x}, y)}{\partial \boldsymbol{w}} = \begin{cases} 0 & y\boldsymbol{w}^{\mathrm{T}}\boldsymbol{x} > 0 \\ -y\boldsymbol{x} & y\boldsymbol{w}^{\mathrm{T}}\boldsymbol{x} < 0 \end{cases} \tag{2-95}$$

图 2-14 给出了感知器参数学习的更新过程，其中实心点为正例，空心点为负例。实线箭头表示当前的权重向量，虚线箭头表示权重的更新方向。

输入：训练集 $D=\{(\boldsymbol{x}^{(n)}, y^{(n)})\}_{n=1}^{N}$，最大迭代次数 T

1 初始化：$\boldsymbol{w}_0 \leftarrow 0$，$k \leftarrow 0$，$t \leftarrow 0$；

2 **repeat**

3 　对训练集 D 中的样本随机排序；

4 　for $n=1,2,\cdots,N$ **do**

5 　　选取一个样本 $(\boldsymbol{x}^{(n)}, y^{(n)})$；

6 　　**if** $\boldsymbol{w}_k^{\mathrm{T}}(y^{(n)}\boldsymbol{x}^{(n)}) \leqslant 0$ **then**

7 　　　$\boldsymbol{w}_{k+1} \leftarrow \boldsymbol{w}_k + y^{(n)}\boldsymbol{x}^{(n)}$；

8 　　　$k \leftarrow k+1$；

9 　　**end**

10 　　$t \leftarrow t+1$；

11 　　**if** $t=T$ **then** break；　　　　// 达到最大迭代次数

12 　**end**

13 **until** $t=T$；

输出：$\boldsymbol{w}_k$

图 2-13　具体的感知器参数学习策略

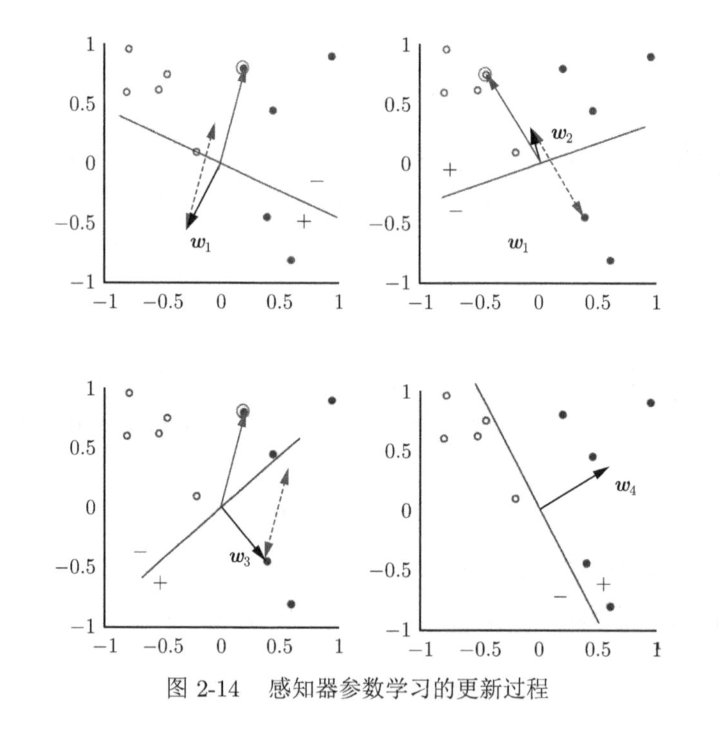

图 2-14　感知器参数学习的更新过程

2. 感知器的收敛性

对于两类问题，如果训练集是线性可分的，那么感知器算法可以在有限次迭代后收敛。然而，如果训练集不是线性可分的，那么这个算法则不能确保会收敛。当数据集是两类线

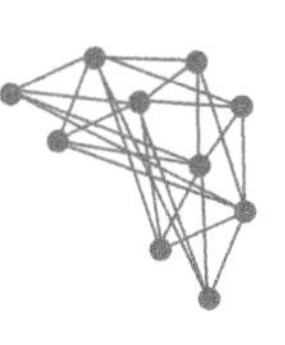

性可分时，对于训练集 $D=\left\{\left(\boldsymbol{x}^{(n)},y^{(n)}\right)\right\}_{n=1}^{N}$，其中 $\boldsymbol{x}^{(n)}$ 为样本的增广特征向量，$y^{(n)}\in\{-1,1\}$，那么存在一个正的常数 $\gamma(\gamma>0)$ 和权重向量 $\boldsymbol{w}^{*}$，并且 $\|\boldsymbol{w}^{*}\|=1$，对所有 n 都满足 $(\boldsymbol{w}^{*})^{\mathrm{T}}\left(y^{(n)}\boldsymbol{x}^{(n)}\right)\geqslant\gamma$。可以证明如下定理。

定理 2.4 感知器收敛性：给定训练集 $D=\left\{\left(\boldsymbol{x}^{(n)},y^{(n)}\right)\right\}_{n=1}^{N}$，令 R 是训练集中最大的特征向量的模，即

$$R=\max\left\|x^{(n)}\right\|$$

如果训练集 D 线性可分，图 2-13的两类感知器的参数学习算法的权重更新次数不超过 $\dfrac{R^2}{\gamma^2}$。

证明 感知器的权重向量的更新方式为

$$\boldsymbol{w}_k=\boldsymbol{w}_{k-1}+y^{(k)}\boldsymbol{x}^{(k)} \tag{2-96}$$

其中，$\boldsymbol{x}^{(k)},y^{(k)}$ 表示第 k 个错误分类的样本。

因为初始权重向量为 0，在第 K 次更新时感知器的权重向量为

$$\boldsymbol{w}_K=\sum_{k=1}^{K}y^{(k)}\boldsymbol{x}^{(k)} \tag{2-97}$$

分别计算 $\|\boldsymbol{w}_K\|^2$ 的上下界的过程如下。

（1）$\|\boldsymbol{w}_K\|^2$ 的上界为

$$\begin{aligned}\|\boldsymbol{w}_K\|^2&=\left\|\boldsymbol{w}_{K-1}+y^{(K)}\boldsymbol{x}^{(K)}\right\|^2\\&=\|\boldsymbol{w}_{K-1}\|^2+\left\|y^{(K)}\boldsymbol{x}^{(K)}\right\|^2+2y^{(K)}\boldsymbol{w}_{K-1}^{\mathrm{T}}\boldsymbol{x}^{(K)}\\&\leqslant\|\boldsymbol{w}_{K-1}\|^2+R^2\\&\leqslant\|\boldsymbol{w}_{K-2}\|^2+2R^2\\&\leqslant KR^2\end{aligned} \tag{2-98}$$

（2）$\|\boldsymbol{w}_K\|^2$ 的下界为

$$\begin{aligned}\|\boldsymbol{w}_K\|^2&=\|\boldsymbol{w}^{*}\|^2\cdot\|\boldsymbol{w}_K\|^2\\&\geqslant\left\|\boldsymbol{w}^{*\mathrm{T}}\boldsymbol{w}_K\right\|^2\\&=\left\|\boldsymbol{w}^{*^{\mathrm{T}}}\sum_{k=1}^{K}\left(y^{(k)}\boldsymbol{x}^{(k)}\right)\right\|^2\\&=\left\|\sum_{k=1}^{K}\boldsymbol{w}^{*^{\mathrm{T}}}\left(y^{(k)}\boldsymbol{x}^{(k)}\right)\right\|^2\\&\geqslant K^2\gamma^2\end{aligned} \tag{2-99}$$

由式 (2-98) 和式 (2-99)，得到

$$K^2\gamma^2\leqslant\|\boldsymbol{w}_K\|^2\leqslant KR^2 \tag{2-100}$$

取最左和最右的两项，进一步得到，$K^2\gamma^2 \leqslant KR^2$。然后两边都除 K，最终得到 $K \leqslant \dfrac{R^2}{\gamma^2}$。因此，在线性可分的条件下，图 2-13的算法会在 $\dfrac{R^2}{\gamma^2}$ 步内收敛。虽然感知器在线性可分的数据上可以保证收敛，但其存在以下不足。

（1）在数据集线性可分时，感知器虽然可以找到一个超平面把两类数据分开，但并不能保证其泛化能力。

（2）感知器对样本顺序比较敏感，每次迭代的顺序不一致时，找到的分割超平面也往往不一致。

（3）如果训练集不是线性可分的，就永远不会收敛。

3. 参数平均感知器

根据定理 2.3，如果训练数据是线性可分的，那么感知器可以找到一个判别函数来分割不同类的数据。间隔 γ 越大，收敛越快。但是感知器并不能保证找到的判别函数是最优的（如泛化能力高），这样可能导致过拟合。

感知器学习到的权重向量和训练样本的顺序相关。在迭代次序上排在后面的错误样本比前面的错误样本对最终的权重向量影响更大。如有 1 000 个训练样本，在迭代 100 个样本后，感知器已经学习到一个很好的权重向量。在接下来的 899 个样本上都预测正确，也没有更新权重向量。但是，在最后第 1 000 个样本时预测错误，并更新了权重。这次更新可能反而使得权重向量变差。

为了提高感知器的鲁棒性和泛化能力，可以将在感知器学习过程中的所有 K 个权重向量保存起来，并赋予每个权重向量 $\boldsymbol{w}_k$ 一个置信系数 $(c_k \leqslant k \leqslant K)$。最终的分类结果通过这 K 个不同权重的感知器投票决定，这个模型称为投票感知器（voted perceptron）。

令 T_k 为第 k 次更新权重 $\boldsymbol{w}_k$ 时的迭代次数（即训练过的样本数量），T_{k+1} 为下次权重更新时的迭代次数，则权重 $\boldsymbol{w}_k$ 的置信系数 $\boldsymbol{c}_k$ 设置为从 T_k 到 T_{k+1} 之间间隔的迭代次数，即 $c_k = T_{k+1} - T_k$。置信系数越大，说明权重 $\boldsymbol{w}_k$ 在之后的训练过程中正确分类样本的数量越多，越值得信赖。

这样，投票感知器的形式为

$$\hat{y} = \operatorname{sgn}\left(\sum_{k=1}^{K} c_k \operatorname{sgn}\left(\boldsymbol{w}_k^{\mathrm{T}} \boldsymbol{x}\right)\right) \tag{2-101}$$

其中，$\operatorname{sgn}(\cdot)$ 为符号函数。

投票感知器虽然提高了感知器的泛化能力，但是需要保存 K 个权重向量。在实际操作中会带来额外的开销。因此，人们经常会使用简化的版本，通过使用“参数平均”的策略来减少投票感知器的参数数量，也叫作平均感知器（averaged perceptron）。平均感知器的形式为

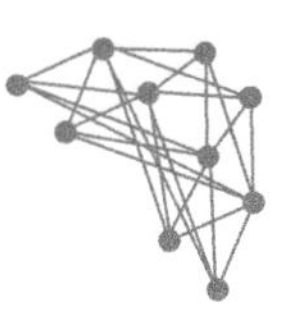

$$
\begin{aligned}
\hat{y} &= \operatorname{sgn}\left(\frac{1}{T}\sum_{k=1}^{K} c_k\left(\boldsymbol{w}_k^{\mathrm{T}}\boldsymbol{x}\right)\right)\\
&= \operatorname{sgn}\left(\frac{1}{T}\left(\sum_{k=1}^{K} c_k\boldsymbol{w}_k\right)^{\mathrm{T}}\boldsymbol{x}\right)\\
&= \operatorname{sgn}\left(\left(\frac{1}{T}\sum_{t=1}^{T}\boldsymbol{w}_t\right)^{\mathrm{T}}\boldsymbol{x}\right)\\
&= \operatorname{sgn}\left(\overline{\boldsymbol{w}}^{\mathrm{T}}\boldsymbol{x}\right)
\end{aligned}
\tag{2-102}
$$

其中，T 为迭代总回合数，$\overline{\boldsymbol{w}}$ 为 T 次迭代的平均权重向量。这个方法非常简单，只需要在图 2-13算法中增加一个 $\overline{\boldsymbol{w}}$, 并且在每次迭代时都更新 $\overline{\boldsymbol{w}}$。

$$
\overline{\boldsymbol{w}} \longleftarrow \overline{\boldsymbol{w}} + \boldsymbol{w}_t \tag{2-103}
$$

但这个方法需要在处理每一个样本时都要更新 $\overline{\boldsymbol{w}}$。因为 $\overline{\boldsymbol{w}}$ 和 $\boldsymbol{w}_t$ 都是稠密向量，所以更新操作比较费时。为了提高迭代速度，有很多改进的方法，让这个更新只需要在错误预测发生时才进行更新。

图 2-15 算法给出了一种改进的平均感知器参数学习算法的训练过程。

输入：训练集 $\{(\boldsymbol{x}^{(n)}, y^{(n)})\}_{n=1}^{N}$，最大迭代次数 T

1 初始化：$\boldsymbol{w}\leftarrow 0$, $\boldsymbol{u}\leftarrow 0$, $t\leftarrow 0$;
2 **repeat**
3 　对训练集 D 中的样本随机排序;
4 　**for** $n=1,2,\cdots,N$ **do**
5 　　选取一个样本 $(\boldsymbol{x}^{(n)}, y^{(n)})$;
6 　　计算预测类别 $\hat{y}_t$;
7 　　**if** $\hat{y}_t \neq y_t$ **then**
8 　　　$\boldsymbol{w}\leftarrow \boldsymbol{w}+y^{(n)}\boldsymbol{x}^{(n)}$;
9 　　　$\boldsymbol{u}\leftarrow \boldsymbol{u}+ty^{(x)}\boldsymbol{x}^{(n)}$;
10 　　**end**
11 　　$t\leftarrow t+1$;
12 　　**if** $t=T$ **then** break;　　// 达到最大迭代次数
13 　**end**
14 **until** $t=T$;
15 $\bar{\boldsymbol{w}}=\boldsymbol{w}_T-\frac{1}{T}\boldsymbol{u}$;

输出：$\bar{\boldsymbol{w}}$

图 2-15　一种改进的平均感知器参数学习算法

4. 扩展到多分类

原始的感知器是一种二分类模型，但也可以很容易地扩展到多分类问题，甚至是更一般的结构化学习问题。之前介绍的分类模型中，分类函数都是在输入 $\boldsymbol{x}$ 的特征空间上。为了使感知器可以处理更复杂的输出，引入一个构建在输入、输出联合空间上的特征函数 $\phi(\boldsymbol{x}, \boldsymbol{y})$，

将样本对 $(\boldsymbol{x},\boldsymbol{y})$ 映射到一个特征向量空间。在联合特征空间中，可以建立一个广义的感知器模型：

$$\hat{\boldsymbol{y}}=\underset{\boldsymbol{y}\in\mathrm{Gen}(\boldsymbol{x})}{\arg\max}\boldsymbol{w}^{\mathrm{T}}\phi(\boldsymbol{x},\boldsymbol{y}) \tag{2-104}$$

其中，$\boldsymbol{x}$ 为权重向量，$\mathrm{Gen}(\boldsymbol{x})$ 表示输入 $\boldsymbol{x}$ 所有的输出目标集合。广义感知器模型一般用来处理结构化学习问题。当用广义感知器模型来处理 C 分类问题时，$\boldsymbol{y}\in\{0,1\}^C$ 为类别的 one-hot 向量表示。在 C 分类问题中，一种常用的特征函数 $\phi(\boldsymbol{x},\boldsymbol{y})$ 是 $\boldsymbol{x}$ 和 $\boldsymbol{y}$ 的外积，即

$$\phi(\boldsymbol{x},\boldsymbol{y})=\mathrm{vec}\left(\boldsymbol{x}\boldsymbol{y}^{\mathrm{T}}\right)\in\mathbb{R}^{(D\times C)} \tag{2-105}$$

其中，$\mathrm{vec}(\cdot)$ 是向量化算子，$\phi(\boldsymbol{x},\boldsymbol{y})$ 是 $\boldsymbol{x}$ 为 $(D\times C)$ 维的向量。

给定样本 $(\boldsymbol{x},\boldsymbol{y})$，若 $\boldsymbol{x}\in\mathbb{R}^D$，$\boldsymbol{y}$ 为第 c 维为 1 的 one-hot 向量，则

$$\phi(\boldsymbol{x},\boldsymbol{y})=\begin{bmatrix}\vdots\\0\\x_1\\\vdots\\x_D\\0\\\vdots\end{bmatrix}\begin{matrix}\\\\\leftarrow \text{第}(c-1)\times D+1\text{ 行}\\\\\leftarrow \text{第}(c-1)\times D+D\text{ 行}\\\\\\\end{matrix} \tag{2-106}$$

第 3 章　前馈神经网络

人工神经网络（Artificial Neural Network，ANN）是指一系列受生物学和神经科学启发的数学模型。这些模型主要是通过对人脑的神经元网络进行抽象，构建人工神经元，并按照一定的拓扑结构来建立人工神经元之间的连接，进而模拟生物神经网络。在人工智能领域，人工神经网络也常常简称为神经网络（Neural Network，NN）或神经模型（neural model）。

神经网络最早是作为一种主要的连接主义模型。20 世纪 80 年代中后期，最流行的一种连接主义模型是分布式并行处理（Parallel Distributed Processing，PDP）模型，其有如下 3 个主要特性。

（1）信息表示是分布式的（非局部的）。

（2）记忆和知识是存储在单元之间的连接上。

（3）通过逐渐改变单元之间的连接强度来学习新的知识。

连接主义的神经网络有着多种多样的网络结构以及学习方法，虽然早期模型强调模型的生物学合理性（biological plausibility），但后期更关注对某种特定认知能力的模拟，如物体识别、语言理解等。尤其在引入误差反向传播来改进其学习能力之后，神经网络也越来越多地应用在各种机器学习任务上。随着训练数据的增多以及（并行）计算能力的增强，神经网络在很多机器学习任务上已经取得了很大的突破，特别是在语音、图像等感知信号的处理上，神经网络表现出了卓越的学习能力。

在本章中，主要关注采用误差反向传播来进行学习的神经网络，即作为一种机器学习模型的神经网络。从机器学习的角度来看，神经网络一般可以看作一个非线性模型，其基本组成单元为具有非线性激活函数的神经元，通过大量神经元之间的连接，使神经网络成为一种高度非线性的模型。神经元之间的连接权重就是需要学习的参数，可以在机器学习的框架下通过梯度下降方法来进行学习。

思政案例

3.1　神　经　元

人工神经元（artificial neuron），简称神经元（neuron），是构成神经网络的基本单元，主要是模拟生物神经元的结构和特性，接收一组输入信号并产生输出。生物学家在 20 世纪初就发现了生物神经元的结构。一个生物神经元通常具有多个树突和一条轴突。树突用来接收信息，轴突用来发送信息。当神经元所获得的输入信号的积累超过某个阈值时，它就处于兴奋状态，产生电脉冲。轴突尾端有许多末梢可以给其他神经元的树突产生连接（突触），并将电脉冲信号传递给其他神经元。1943 年，心理学家 McCulloch 和数学家 Pitts 根据生物神经元的结构，提出了一种非常简单的神经元模型——MP 神经元。现代神经网络中的神经元和 MP 神经元的结构并无太多变化。不同的是，MP 神经元中的激活函数 f 为 0 或 1 的阶跃函数，而现代神经元中的激活函数通常要求是连续可导的函数。假设一个神经元接收 D 个输入 $x_1, x_2, \cdots, x_D$，令向量 $\boldsymbol{x} = [x_1, x_2, \cdots, x_D]$ 来表示这组输入，并用净输入（net input）$\boldsymbol{z} \in \mathbb{R}$ 表示一个神经元所获得的输入信号 $\boldsymbol{x}$ 的加权和。

$$
\begin{aligned}
z &= \sum_{d=1}^{D} \boldsymbol{w}_d \boldsymbol{x}_d + b \\
&= \boldsymbol{w}^{\mathrm{T}} \boldsymbol{x} + b
\end{aligned}
\tag{3-1}
$$

其中，$\boldsymbol{w} = [w_1, w_2, \cdots, w_D] \in \mathbb{R}^D$ 是 D 维的权重向量，$b \in \mathbb{R}$ 是偏置。净输入 $\boldsymbol{z}$ 在经过一个非线性函数 $f(\cdot)$ 后，得到神经元的活性值（activation）$\boldsymbol{a}$：

$$
\boldsymbol{a} = f(\boldsymbol{z}) \tag{3-2}
$$

其中，非线性函数 $f(\cdot)$ 称为激活函数（activation function）。

图 3-1 给出了一个典型的神经元结构示例。

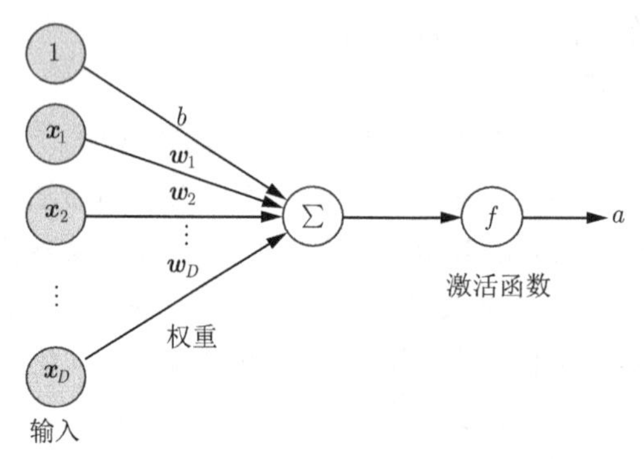

图 3-1　典型的神经元结构示例

激活函数在神经元中是非常重要的。为了增强网络的表示能力和学习能力，激活函数需要具备以下几点特性。

（1）连续并可导（允许少数点上不可导）的非线性函数。可导的激活函数可以直接利用数值优化的方法来学习网络参数。

（2）激活函数及其导函数要尽可能简单，有利于提高网络计算效率。

（3）激活函数的导函数的值域要在一个合适的区间内，不能太大也不能太小，否则会影响训练的效率和稳定性。

下面介绍几种在神经网络中常用的激活函数。

3.1.1 Sigmoid 型函数

Sigmoid 型函数是指一类 S 型曲线函数，为两端饱和函数。常用的 Sigmoid 型函数有 Logistic 函数和 Tanh 函数。

1. Logistic 函数

Logistic 函数的定义为

$$\sigma(x) = \frac{1}{1+\exp(-x)} \tag{3-3}$$

Logistic 函数可以看成是一个“挤压”函数，把一个实数域的输入“挤压”到 (0, 1)。当输入值在 0 附近时，Sigmoid 型函数近似为线性函数；当输入值靠近两端时，对输入进行抑制。输入越小，越接近于 0；输入越大，越接近于 1。这样的特点也和生物神经元类似，对一些输入会产生兴奋（输出为 1），对另一些输入产生抑制（输出为 0）。和感知器使用的阶跃激活函数相比，Logistic 函数是连续可导的，其数学性质更好。

因为 Logistic 函数的性质，使得装备了 Logistic 激活函数的神经元具有如下两点性质。

（1）其输出直接可以看作概率分布，使神经网络可以更好地和统计学习模型进行结合。

（2）可以看作一个软性门（soft gate），用来控制其他神经元输出信息的数量。

2. Tanh 函数

Tanh 函数也是一种 Sigmoid 型函数，其定义为

$$\tanh(x) = \frac{\exp(x)-\exp(-x)}{\exp(x)+\exp(-x)} \tag{3-4}$$

Tanh 函数可以看作放大并平移的 Logistic 函数，其值域是 (−1, 1)。

$$\tanh(x) = 2\sigma(2x) - 1 \tag{3-5}$$

图 3-2 给出了 Logistic 函数和 Tanh 函数的形状。Tanh 函数的输出是零中心化的（zero-centered），而 Logistic 函数的输出恒大于 0。非零中心化的输出会使其后一层的神经元的输入发生偏置偏移（bias shift），并进一步使得梯度下降的收敛速度变慢。

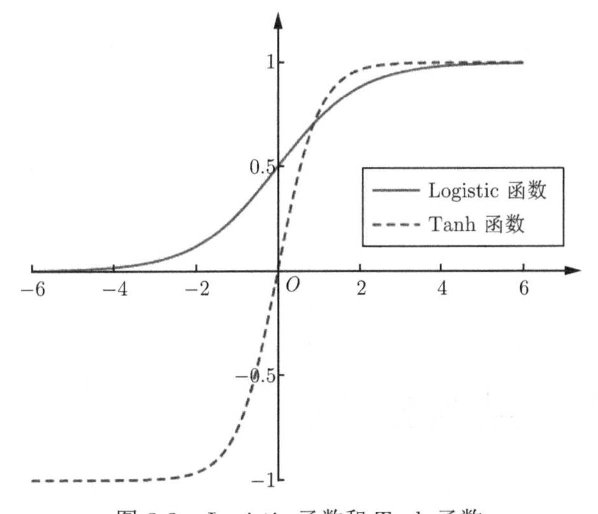

图 3-2　Logistic 函数和 Tanh 函数

3. Hard-Logistic 函数和 Hard-Tanh 函数

Logistic 函数和 Tanh 函数都是 Sigmoid 型函数，具有饱和性，但是计算开销较大。因为这两个函数都是在中间（0 附近）近似线性，两端饱和。因此，这两个函数可以通过分段函数来近似。

以 Logistic 函数 $\sigma(x)$ 为例，其导数为 $\sigma'(x)=\sigma(x)(1-\sigma(x))$。Logistic 函数在 0 附近的一阶泰勒展开（Taylor expansion）为

$$\begin{aligned} g_l(x) &\approx \sigma(0)+x\times\sigma'(0) \\ &=0.25x+0.5 \end{aligned} \tag{3-6}$$

这样 Logistic 函数可以用分段函数 hard-logistic(x) 来近似。

$$\begin{aligned} \text{hard-logistic}\ (x) &= \begin{cases} 1 & g_l(x)\geqslant 1 \\ g_l & 0<g_l(x)<1 \\ 0 & g_l(x)\leqslant 0 \end{cases} \\ &=\max\left(\min\left(g_l(x),1\right),0\right) \\ &=\max(\min(0.25x+0.5,1),0) \end{aligned} \tag{3-7}$$

同样，Tanh 函数在 0 附近的一阶泰勒展开为

$$\begin{aligned} g_t(x) &\approx \tanh(0)+x\times\tanh'(0) \\ &=x \end{aligned} \tag{3-8}$$

Tanh 函数也可以用分段函数 hard-tanh(x) 来近似。

$$\begin{aligned} \text{hard}-\tanh(x) &= \max\left(\min\left(g_t(x),1\right),-1\right) \\ &=\max(\min(x,1),-1) \end{aligned} \tag{3-9}$$

图 3-3 给出了 Hard-Logistic 函数和 Hard-Tanh 函数的形状。

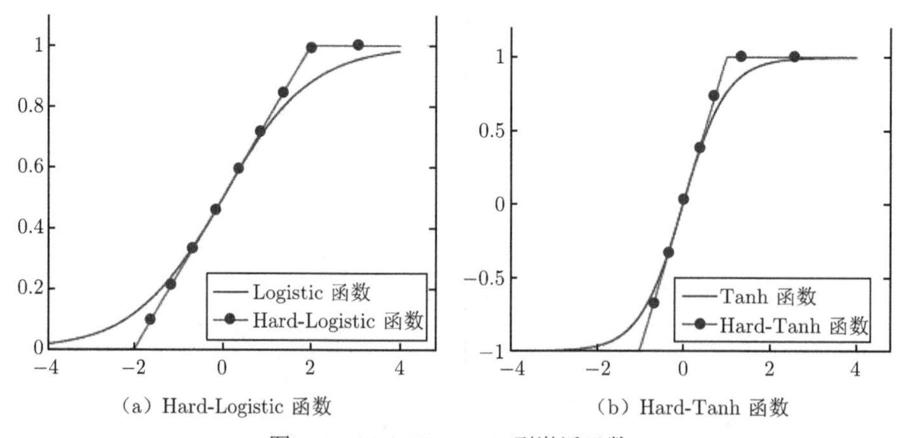

（a）Hard-Logistic 函数　　（b）Hard-Tanh 函数

图 3-3　Hard-Sigmoid 型激活函数

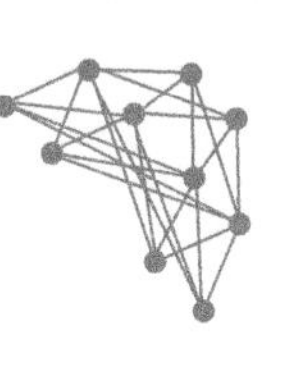

3.1.2 ReLU 函数

ReLU（Rectified Linear Unit，修正线性单元），也叫作 Rectifier 函数，是目前深度神经网络中经常使用的激活函数。ReLU 实际上是一个斜坡（ramp）函数，定义为

$$\begin{aligned}\mathrm{ReLU}(x) &= \begin{cases} x & x \geqslant 0 \\ 0 & x < 0 \end{cases} \\ &= \max(0, x)\end{aligned} \tag{3-10}$$

ReLU 函数的优点如下。① 采用 ReLU 的神经元只需要进行加、乘和比较的操作，计算上更加高效。② ReLU 函数被认为具有生物学合理性（biological plausibility），如单侧抑制、宽兴奋边界（即兴奋程度可以非常高）。在生物神经网络中，同时处于兴奋状态的神经元非常稀疏。人脑中在同一时刻大概只有 1%~4% 的神经元处于活跃状态。Sigmoid 型激活函数会导致一个非稀疏的神经网络，而 ReLU 却具有很好的稀疏性，大约 50% 的神经元会处于激活状态。③ 在优化方面，相比于 Sigmoid 型函数的两端饱和，ReLU 函数为左饱和函数，且在 $x > 0$ 时导数为 1，在一定程度上缓解了神经网络的梯度消失问题，加速梯度下降的收敛速度。

ReLU 函数的缺点如下。① ReLU 函数的输出是非零中心化的，给后一层的神经网络引入偏置偏移，会影响梯度下降的效率。② ReLU 神经元在训练时比较容易"死亡"。在训练时，如果参数在一次不恰当的更新后，第一个隐藏层中的某个 ReLU 神经元在所有的训练数据上都不能被激活，那么这个神经元自身参数的梯度永远都是 0，在以后的训练过程中永远不能被激活。这种现象称为死亡 ReLU 问题（dying ReLU problem），并且有可能会发生在其他隐藏层。

在实际使用中，为了避免上述缺点，有几种 ReLU 的变种可能会被广泛使用。

1. 带泄露的 ReLU

带泄露的 ReLU（leaky ReLU）在输入 $x < 0$ 时，保持一个很小的梯度 γ。当神经元非激活时也能有一个非零的梯度可以更新参数，避免永远不能被激活。带泄露的 ReLU 的定义如下：

$$\begin{aligned}\mathrm{LeakyReLU}\ (x) &= \begin{cases} x & x > 0 \\ \gamma x & x \leqslant 0 \end{cases} \\ &= \max(0, x) + \gamma \min(0, x)\end{aligned} \tag{3-11}$$

其中，γ 是一个很小的常数，如 0.01。当 $\gamma < 1$ 时，带泄露的 ReLU 可以写为

$$\mathrm{LeakyReLU}(x) = \max(x, \gamma x) \tag{3-12}$$

这相当于一个比较简单的 maxout 单元。

2. 带参数的 ReLU

带参数的 ReLU（Parametric ReLU，PReLU）引入一个可学习的参数，不同神经元可以有不同的参数。对于第 i 个神经元，其 PReLU 的定义为

$$\begin{aligned}\mathrm{PReLU}_i(x) &= \begin{cases} x & x > 0 \\ \gamma_i x & x \leqslant 0 \end{cases} \\ &= \max(0, x) + \gamma_i \min(0, x)\end{aligned} \tag{3-13}$$

其中，γ 为 $x \leqslant 0$ 时函数的斜率。因此，PReLU 是非饱和函数。如果 $\gamma = 0$，那么 PReLU 就退化为 ReLU。如果 γ 为一个很小的常数，则 PReLU 可以看作带泄露的 ReLU。PReLU 可以允许不同神经元具有不同的参数，也可以一组神经元共享一个参数。

3. ELU 函数

ELU（Exponential Linear Unit，指数线性单元）是一个近似的零中心化的非线性函数，其定义为

$$\begin{aligned}\mathrm{ELU}(x) &= \begin{cases} x & x > 0 \\ \gamma(\exp(x) - 1) & x \leqslant 0 \end{cases} \\ &= \max(0, x) + \min(0, \gamma(\exp(x) - 1))\end{aligned} \tag{3-14}$$

其中，$\gamma \geqslant 0$ 是一个超参数，决定 $x \leqslant 0$ 时的饱和曲线，并调整输出均值在 0 附近。

4. Softplus 函数

Softplus 函数可以看作 Rectifier 函数的平滑版本，其定义为

$$\mathrm{Softplus}(x) = \log(1 + \exp(x)) \tag{3-15}$$

Softplus 函数的导数恰好是 Logistic 函数。Softplus 函数虽然也具有单侧抑制、宽兴奋边界的特性，却没有稀疏激活性。

图 3-4 给出了 ReLU、Leaky ReLU、ELU 以及 Softplus 函数的示例。

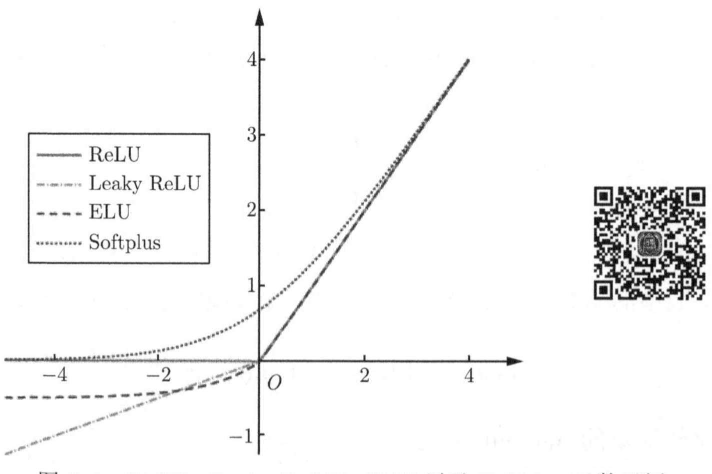

图 3-4　ReLU、Leaky ReLU、ELU 以及 Softplus 函数示例

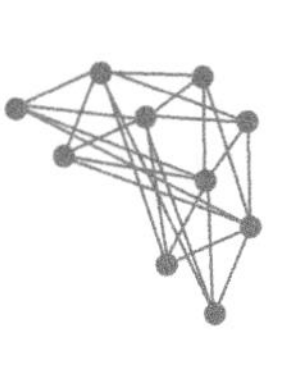

3.1.3　Swish 函数

Swish 函数是一种自门控（self-gated）激活函数，定义为

$$\mathrm{swish}(x) = x\sigma(\beta x) \tag{3-16}$$

其中，$\sigma(\cdot)$ 为 Logistic 函数，β 为可学习的参数或一个固定超参数。$\sigma(\cdot) \in (0,1)$ 可以看作一种软性的门控机制。当 $\sigma(\beta x)$ 接近于 1 时，门处于“开”状态，激活函数的输出近似于 x 本身；当 $\sigma(\beta x)$ 接近于 0 时，门的状态为“关”，激活函数的输出近似于 0。

图 3-5 给出了 Swish 函数的示例。当 $\beta = 0$ 时，Swish 函数变成线性函数 $x/2$。当 $\beta = 1$ 时，Swish 函数在 $x > 0$ 时近似线性，在 $x < 0$ 时近似饱和，同时具有一定的非单调性。当 $\beta \to +\infty$ 时，$\sigma(\beta x)$ 趋向于离散的 0-1 函数，Swish 函数近似为 ReLU 函数。因此，Swish 函数可以看作线性函数和 ReLU 函数之间的非线性插值函数，其程度由参数 β 控制。

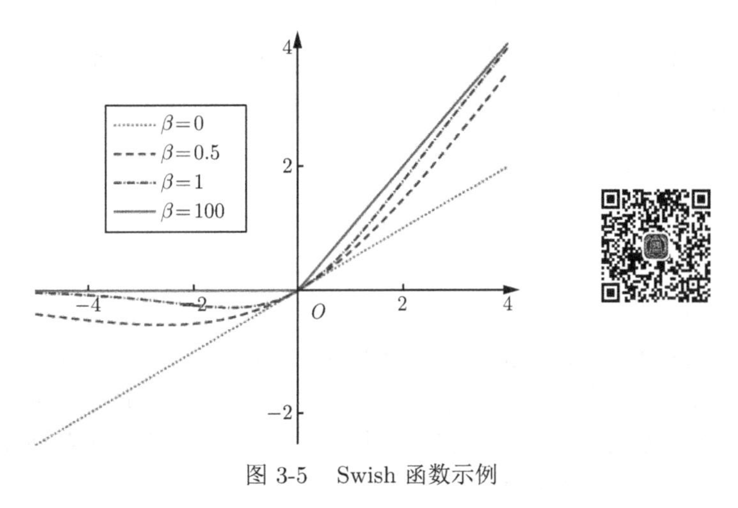

图 3-5　Swish 函数示例

3.1.4　GELU 函数

GELU（Gaussian Error Linear Unit，高斯误差线性单元）是一种通过门控机制来调整其输出值的激活函数，和 Swish 函数比较类似。

$$\mathrm{GELU}(x) = xP(X \leqslant x) \tag{3-17}$$

其中，$P(X \leqslant x)$ 是高斯分布 $N(\mu, \sigma^2)$ 的累积分布函数，μ, σ 为超参数，一般设 $\mu = 0, \sigma = 1$ 即可。由于高斯分布的累积分布函数为 S 型函数，因此 GELU 函数可以用 Tanh 函数或 Logistic 函数来近似：

$$\begin{aligned}&\mathrm{GELU}(x) \approx 0.5x\left(1 + \tanh\left(\sqrt{\frac{2}{\pi}}\left(x + 0.044715x^3\right)\right)\right) \text{ 或}\\&\mathrm{GELU}(x) \approx x\sigma(1.702x)\end{aligned} \tag{3-18}$$

当使用 Logistic 函数近似时，GELU 相当于一种特殊的 Swish 函数。

3.1.5 Maxout 单元

Maxout 单元是一种分段线性函数。Sigmoid 型函数、ReLU 等激活函数的输入是神经元的净输入 z，是一个标量。而 Maxout 单元的输入是上一层神经元的全部原始输出，是一个向量 $\boldsymbol{x} = [x_1, x_2, \cdots, x_D]$。

每个 Maxout 单元有 K 个权重向量 $\boldsymbol{w}_k \in \mathbb{R}^D$ 和偏置 $b_k(1 \leqslant k \leqslant K)$。对于输入 $\boldsymbol{x}$，可以得到 K 个净输入, $1 \leqslant k \leqslant K$。

$$z_k = \boldsymbol{w}_k^{\mathrm{T}} \boldsymbol{x} + b_k \tag{3-19}$$

其中，$\boldsymbol{w}_k = [w_{k,1}, w_{k,2}, \cdots, w_{k,D}]^{\mathrm{T}}$ 为第 k 个权重向量。Maxout 单元的非线性函数定义为

$$\operatorname{maxout}(\boldsymbol{x}) = \max(z_k) \tag{3-20}$$

Maxout 单元不单是净输入到输出之间的非线性映射，而且是整体学习输入到输出之间的非线性映射关系。Maxout 激活函数可以看作任意凸函数的分段线性近似，并且在有限的点上是不可微的。

3.2 网络结构

生物神经细胞的功能比较简单，而人工神经元只是生物神经细胞的理想化和简单实现，功能更加简单。要想模拟人脑的能力，单一的神经元是远远不够的，需要通过很多神经元一起协作来实现复杂的功能。这样通过一定的连接方式或信息传递方式进行协作的神经元可以看作一个网络，就是神经网络。到目前为止，研究者已经发明了各种各样的神经网络结构，常用的神经网络结构有如下 3 种。

3.2.1 前馈网络

前馈网络中各神经元按接收信息的先后分为不同的组，每一组可以看作一个神经层，每一层中的神经元接收前一层神经元的输出，并输出到下一层神经元。整个网络中的信息是朝一个方向传播，没有反向的信息传播，可以用一个有向无环路图表示。前馈网络包括全连接前馈网络和卷积神经网络等。

前馈网络可以看作一个函数，通过简单、非线性函数的多次复合，实现输入空间到输出空间的复杂映射。这种网络结构简单，易于实现。

3.2.2 记忆网络

记忆网络，也称为反馈网络，网络中的神经元不但可以接收其他神经元的信息，也可以接收自己的历史信息。和前馈网络相比，记忆网络中的神经元具有记忆功能，在不同的时刻具有不同的状态。记忆神经网络中的信息传播可以是单向或双向传播，因此，可以用

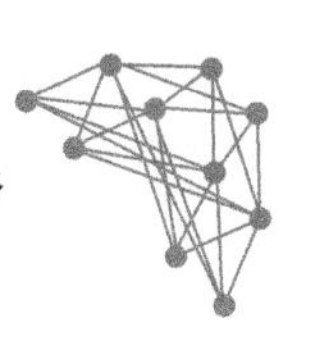

一个有向循环图或无向图来表示。记忆网络包括循环神经网络、Hopfield 网络、玻尔兹曼机、受限玻尔兹曼机等。

记忆网络可以看作一个程序，具有更强的计算和记忆能力。

为了增强记忆网络的记忆容量，可以引入外部记忆单元和读写机制，用来保存一些网络的中间状态，称为记忆增强神经网络（Memory Augmented Neural Network，MANN），如神经图灵机和记忆网络等。

3.2.3 图网络

前馈网络和记忆网络的输入都可以表示为向量或向量序列。但实际应用中很多数据是图结构的数据，如知识图谱、社交网络、分子（molecular ）网络等。前馈网络和记忆网络很难处理图结构的数据。

图网络是定义在图结构数据上的神经网络。图中每个节点都由一个或一组神经元构成。节点之间的连接可以是有向的，也可以是无向的。每个节点可以收到来自相邻节点或自身的信息。图网络是前馈网络和记忆网络的泛化，包含很多不同的实现方式，如图卷积网络（Graph Convolutional Network，GCN）、图注意力网络（Graph Attention Network，GAT）、消息传递神经网络（Message Passing Neural Network，MPNN）等。

图 3-6 给出了前馈网络、记忆网络和图网络的网络结构示例，其中圆形节点表示一个神经元，方形节点表示一组神经元。

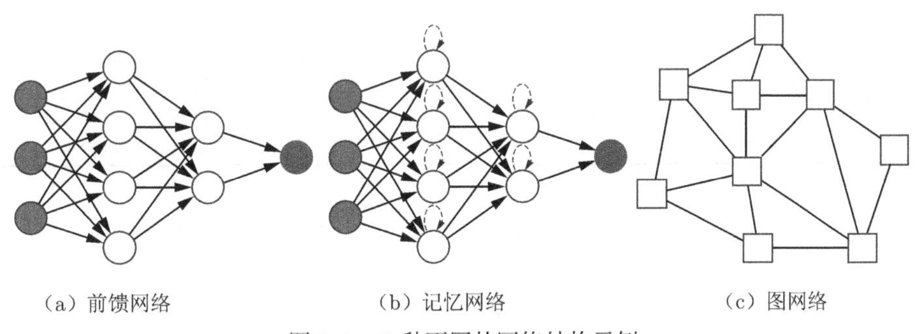

图 3-6　3 种不同的网络结构示例

3.3 前馈神经网络

给定一组神经元，就可以将神经元作为节点来构建一个网络。不同的神经网络模型有着不同网络连接的拓扑结构。一种比较直接的拓扑结构是前馈网络。前馈神经网络（Feedforward Neural Network，FNN）是最早发明的简单人工神经网络。前馈神经网络经常被称为多层感知器（Multi-Layer Perceptron，MLP）。但多层感知器的叫法并不是十分合理，因为前馈神经网络其实是由多层的 Logistic 回归模型（连续的非线性函数）组成，而不是由多层的感知器（不连续的非线性函数）组成。

在前馈神经网络中，各神经元分别属于不同的层。每一层的神经元可以接收前一层神经元的信号，并产生信号输出到下一层。第 0 层称为输入层，最后一层称为输出层，其他中间层称为隐藏层。整个网络中无反馈，信号从输入层向输出层单向传播，可用一个有向无环图表示。

图 3-7 给出了多层前馈神经网络的示例。

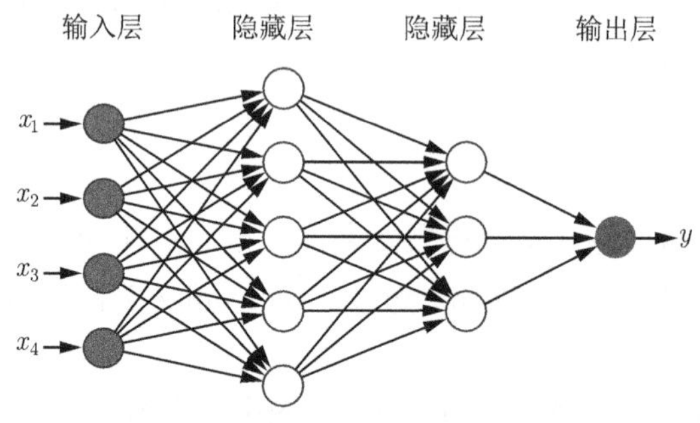

图 3-7　多层前馈神经网络

表 3-1 给出了描述前馈神经网络的记号。

表 3-1　前馈神经网络的记号

记　号	含　义
L	神经网络的层数
M_l	第 l 层神经元的个数
$f_l(\cdot)$	第 l 层神经元的激活函数
$\boldsymbol{W}^{(l)} \in \mathbb{R}^{M_l \times M_{l-1}}$	第 l-1 层到第 l 层的权重矩阵
$b^{(l)} \in \mathbb{R}^{M_l}$	第 l-1 层到第 l 层的偏置
$\boldsymbol{z}^{(l)} \in \mathbb{R}^{M_l}$	第 l 层神经元的净输入（净活性值）
$a^{(l)} \in \mathbb{R}^{M_l}$	第 l 层神经元的输出（活性值）

令 $a^{(0)} = x$，前馈神经网络通过不断迭代下面的公式进行信息传播：

$$\boldsymbol{z}^{(l)} = \boldsymbol{W}^{(l)} a^{(l-1)} + b^{(l)} \tag{3-21}$$

$$\boldsymbol{a}^{(l)} = f_l\left(\boldsymbol{z}^{(l)}\right) \tag{3-22}$$

首先根据第 l−1 层神经元的活性值（activation）$\boldsymbol{a}^{(l-1)}$ 计算出第 l 层神经元的净活性值（net activation）$\boldsymbol{z}^{(l)}$，然后经过一个激活函数得到第 l 层神经元的活性值。因此，可以把每个神经层看作一个仿射变换（affine transformation）和一个非线性变换。

式 (3-21) 和式 (3-22) 可以合并写为

$$\boldsymbol{z}^{(l)} = \boldsymbol{W}^{(l)} f_{l-1}\left(\boldsymbol{z}^{(l-1)}\right) + b^{(l)} \tag{3-23}$$

或者

$$\boldsymbol{a}^{(l)} = f_l\left(\boldsymbol{W}^{(l)} \boldsymbol{a}^{(l-1)} + b^{(l)}\right) \tag{3-24}$$

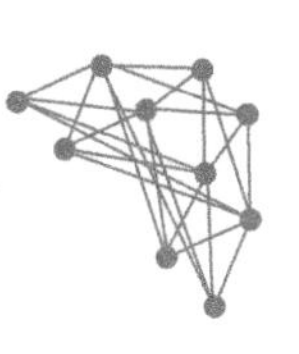

这样，前馈神经网络可以通过逐层的信息传递，得到网络最后的输出 $a^{(L)}$。整个网络可以看作一个复合函数 $\phi(\boldsymbol{x};\boldsymbol{W},b)$，将向量 $\boldsymbol{x}$ 作为第 1 层的输入 $a^{(0)}$，将第 L 层的输出 $a^{(L)}$ 作为整个函数的输出。

$$\boldsymbol{x}=a^{(0)}\rightarrow\boldsymbol{z}^{(1)}\rightarrow a^{(1)}\rightarrow\boldsymbol{z}^{(2)}\rightarrow\cdots\rightarrow a^{(L-1)}\rightarrow\boldsymbol{z}^{(L)}\rightarrow a^{(L)}=\phi(\boldsymbol{x};\boldsymbol{W},b) \tag{3-25}$$

其中，$\boldsymbol{W},b$ 表示网络中所有层的连接权重和偏置。

3.3.1 通用近似定理

前馈神经网络具有很强的拟合能力，常见的连续非线性函数都可以用前馈神经网络来近似。

定理 3.1 通用近似定理（Universal Approximation Theorem）：令 $\phi(\cdot)$ 是一个非常数、有界、单调递增的连续函数，$\mathcal{J}_D$ 是一个 D 维的单位超立方体 $[0,1]^D$，$C(\mathcal{J}_D)$ 是定义在 $\mathcal{J}_D$ 上的连续函数集合。对于任意给定的一个函数 $f\in C(\mathcal{J}_D)$，存在一个整数 M，和一组实数 V_m, $b_m\in\mathbb{R}$ 以及实数向量 $\boldsymbol{w}_m\in\mathbb{R}^D$，$m=1,2,\cdots,M$，可以定义函数

$$F(\boldsymbol{x})=\sum_{m=1}^{M}v_m\phi\left(\boldsymbol{w}_m^{\mathrm{T}}\boldsymbol{x}+b_m\right) \tag{3-26}$$

作为函数 f 的近似实现，即

$$|F(\boldsymbol{x})-f(\boldsymbol{x})|<\epsilon,\forall\boldsymbol{x}\in\mathcal{J}_D \tag{3-27}$$

其中，$\epsilon>0$ 是一个很小的正数。

通用近似定理在实数空间 $\mathbb{R}^D$ 中的有界闭集上依然成立。

根据通用近似定理，对于具有线性输出层和至少一个使用“挤压”性质的激活函数的隐藏层组成的前馈神经网络，只要其隐藏层神经元的数量足够，它可以以任意精度来近似任何一个定义在实数空间 $\mathbb{R}^D$ 中的有界闭集函数。所谓“挤压”性质的函数是指像 Sigmoid 函数的有界函数，但神经网络的通用近似性质被证明对于其他类型的激活函数 (如 ReLU) 也是适用的。

通用近似定理只是说明了神经网络的计算能力可以去近似一个给定的连续函数，但并没有给出如何找到这样一个网络，以及是否是最优的。此外，当应用到机器学习时，真实的映射函数并不知道，一般是通过经验风险最小化和正则化来进行参数学习。因为神经网络的强大能力，反而容易在训练集上过拟合。

3.3.2 应用到机器学习

根据通用近似定理，神经网络在某种程度上可以作为一个“万能”函数来使用，可以用来进行复杂的特征转换，或逼近一个复杂的条件分布。

在机器学习中，输入样本的特征对分类器的影响很大。以监督学习为例，好的特征可以极大提高分类器的性能。因此，要取得好的分类效果，需要将样本的原始特征向量 $\boldsymbol{x}$ 转换到更有效的特征向量 $\phi(\boldsymbol{x})$，这个过程叫作特征抽取。

多层前馈神经网络可以看作一个非线性复合函数 $\phi : \mathbb{R}^D \to \mathbb{R}^{D'}$，将输入 $\boldsymbol{x} \in \mathbb{R}^D$ 映射到输出 $\phi(\boldsymbol{x}) \in \mathbb{R}^{D'}$。因此，多层前馈神经网络可以看成是一种特征转换方法，其输出 $\phi(x)$ 作为分类器的输入进行分类。

给定一个训练样本 $(\boldsymbol{x})$，先利用多层前馈神经网络将 $\boldsymbol{x}$ 映射到 $\phi(\boldsymbol{x})$，然后再将 $\phi(\boldsymbol{x})$ 输入到分类器 $g(\cdot)$，即

$$\hat{y} = g(\phi(\boldsymbol{x}); \theta) \tag{3-28}$$

其中，$g(\cdot)$ 为线性或非线性的分类器，θ 为分类器 $g(\cdot)$ 的参数，$\hat{y}$ 为分类器的输出。特别地，如果分类器 $g(\cdot)$ 为 Logistic 回归分类器或 Softmax 回归分类器，那么 $g(\cdot)$ 可以看成是网络的最后一层，即神经网络直接输出不同类别的条件概率 $p(y|\boldsymbol{x})$。

对于二分类问题 $y \in \{0, 1\}$，若采用 Logistic 回归，那么 Logistic 回归分类器可以看成神经网络的最后一层。也就是说，网络的最后一层只用一个神经元，并且其激活函数为 Logistic 函数。网络的输出可以直接作为类别 $y = 1$ 的条件概率，即

$$p(y = 1|\boldsymbol{x}) = \boldsymbol{a}^{(L)} \tag{3-29}$$

其中，$\boldsymbol{a}^{(L)} \in \mathbb{R}$ 为第 L 层神经元的活性值。

对于多分类问题 $y \in \{1, 2, \cdots, C\}$，如果使用 Softmax 回归分类器，相当于网络最后一层设置 C 个神经元，其激活函数为 Softmax 函数。网络最后一层（第 L 层）的输出可以作为每个类的条件概率，即

$$\hat{y} = \operatorname{softmax}\left(\boldsymbol{z}^{(L)}\right) \tag{3-30}$$

其中，$\boldsymbol{z}^{(L)} \in \mathbb{R}^C$ 为第 L 层神经元的净输入；$\hat{y} \in \mathbb{R}^C$ 为第 L 层神经元的活性值，每一维分别表示不同类别标签的预测条件概率。

3.3.3 参数学习

如果采用交叉熵损失函数，对于样本 $(\boldsymbol{x}, y)$，其损失函数为

$$\mathcal{L}(y, \hat{y}) = -y^{\mathrm{T}} \log \hat{y} \tag{3-31}$$

给定训练集为 $D = \left\{\left(\boldsymbol{x}^{(n)}, y^{(n)}\right)\right\}_{n=1}^{N}$，将每个样本 $\boldsymbol{x}^{(n)}$ 输入给前馈神经网络，得到网络输出为 $\hat{y}^{(n)}$，其在数据集 D 上的结构化风险函数为

$$R(\boldsymbol{W}, \boldsymbol{b}) = \frac{1}{N} \sum_{n=1}^{N} \mathcal{L}\left(y^{(n)}, \hat{y}^{(n)}\right) + \frac{1}{2} \lambda \|\boldsymbol{W}\|_F^2 \tag{3-32}$$

其中，$\boldsymbol{W}$ 和 $\boldsymbol{b}$ 分别表示网络中所有的权重矩阵和偏置向量；$\|\boldsymbol{W}\|_F^2$ 是正则化项，用来防止过拟合；$\lambda > 0$ 为超参数。λ 越大，$\boldsymbol{W}$ 越接近于 0。这里的 $\|\boldsymbol{W}\|_F^2$ 一般使用 Frobenius 范数：

$$\|\boldsymbol{W}\|_F^2 = \sum_{l=1}^{L} \sum_{i=1}^{M_l} \sum_{j=1}^{M_{l-1}} \left(w_{ij}^{(l)}\right)^2 \tag{3-33}$$

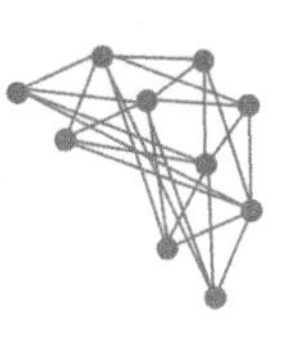

有了学习准则和训练样本，网络参数可以通过梯度下降法来进行学习。在梯度下降法的每次迭代中，第 l 层的参数 $\boldsymbol{W}^{(l)}$ 和 $\boldsymbol{b}^{(l)}$ 参数更新方式为

$$
\begin{aligned}
\boldsymbol{W}^{(l)} &\leftarrow \boldsymbol{W}^{(l)} - \alpha \frac{\partial R(\boldsymbol{W}, \boldsymbol{b})}{\partial \boldsymbol{W}^{(l)}} \\
&= \boldsymbol{W}^{(l)} - \alpha \left(\frac{1}{N} \sum_{n=1}^{N} \left(\frac{\partial \mathcal{L}\left(y^{(n)}, \hat{y}^{(n)}\right)}{\partial \boldsymbol{W}^{(l)}} \right) + \lambda \boldsymbol{W}^{(l)} \right) \\
\boldsymbol{b}^{(l)} &\leftarrow \boldsymbol{b}^{(l)} - \alpha \frac{\partial R(\boldsymbol{W}, \boldsymbol{b})}{\partial \boldsymbol{b}^{(l)}} \\
&= \boldsymbol{b}^{(l)} - \alpha \left(\frac{1}{N} \sum_{n=1}^{N} \frac{\partial \mathcal{L}\left(y^{(n)}, \hat{y}^{(n)}\right)}{\partial \boldsymbol{b}^{(l)}} \right)
\end{aligned} \tag{3-34}
$$

其中，α 为学习率。

梯度下降法需要计算损失函数对参数的偏导数，通过链式法则逐一对每个参数进行求偏导比较低效，在神经网络的训练中经常使用反向传播算法来高效地计算梯度。

3.4　反向传播算法

假设采用随机梯度下降进行神经网络参数学习，给定一个样本 $(\boldsymbol{x}, \boldsymbol{y})$，将其输入神经网络模型中，得到网络输出为 $\hat{\boldsymbol{y}}$。假设损失函数为 $\mathcal{L}(\boldsymbol{y}, \hat{\boldsymbol{y}})$，要进行参数学习就需要计算损失函数关于每个参数的导数。

对第 l 层中的参数 $\boldsymbol{W}^{(l)}$ 和 $\boldsymbol{b}^{(l)}$ 计算偏导数。因为 $\dfrac{\partial \mathcal{L}(\boldsymbol{y}, \hat{\boldsymbol{y}})}{\partial \boldsymbol{W}^{(l)}}$ 的计算涉及向量对矩阵的微分，十分烦琐，因此先计算 $\mathcal{L}(\boldsymbol{y}, \hat{\boldsymbol{y}})$ 关于参数矩阵中每个元素的偏导数 $\dfrac{\partial \mathcal{L}(\boldsymbol{y}, \hat{\boldsymbol{y}})}{\partial \boldsymbol{w}_{ij}^{(l)}}$。根据链式法则：

$$
\frac{\partial \mathcal{L}(\boldsymbol{y}, \hat{\boldsymbol{y}})}{\partial \boldsymbol{w}_{ij}^{(l)}} = \frac{\partial z^{(l)}}{\partial \boldsymbol{w}_{ij}^{(l)}} \frac{\partial \mathcal{L}(\boldsymbol{y}, \hat{\boldsymbol{y}})}{\partial \boldsymbol{z}^{(l)}} \tag{3-35}
$$

$$
\frac{\partial \mathcal{L}(\boldsymbol{y}, \hat{\boldsymbol{y}})}{\partial \boldsymbol{b}^{(l)}} = \frac{\partial \boldsymbol{z}^{(l)}}{\partial \boldsymbol{b}^{(l)}} \frac{\partial \mathcal{L}(\boldsymbol{y}, \hat{\boldsymbol{y}})}{\partial \boldsymbol{z}^{(l)}} \tag{3-36}
$$

式 (3-35) 和式 (3-36) 中的第二项都是目标函数关于第 l 层的神经元 $\boldsymbol{z}^{(l)}$ 的偏导数，称为误差项，可以一次计算得到。这样只需要计算 3 个偏导数，分别为 $\dfrac{\partial \boldsymbol{z}^{(l)}}{\partial \boldsymbol{w}_{ij}^{(l)}}, \dfrac{\partial \boldsymbol{z}^{(l)}}{\partial \boldsymbol{b}^{(l)}}$ 和 $\dfrac{\partial \mathcal{L}(\boldsymbol{y}, \hat{\boldsymbol{y}})}{\partial \boldsymbol{z}^{(l)}}$。

下面分别计算这 3 个偏导数。

（1）计算偏导数 $\dfrac{\partial \boldsymbol{z}^{(l)}}{\partial \boldsymbol{w}_{ij}^{(l)}}$。

因为 $\boldsymbol{z}^{(l)}=\boldsymbol{W}^{(l)}\boldsymbol{a}^{(l-1)}+\boldsymbol{b}^{(l)}$，偏导数

$$\begin{aligned}\frac{\partial \boldsymbol{z}^{(l)}}{\partial \boldsymbol{w}_{ij}^{(l)}}&=\left[\frac{\partial \boldsymbol{z}_1^{(l)}}{\partial \boldsymbol{w}_{ij}^{(l)}},\cdots,\frac{\partial \boldsymbol{z}_i^{(l)}}{\partial \boldsymbol{w}_{ij}^{(l)}},\cdots,\frac{\partial \boldsymbol{z}_{M_l}^{(l)}}{\partial \boldsymbol{w}_{ij}^{(l)}}\right]\\&=\left[0,\cdots,\frac{\partial\left(\boldsymbol{w}_{i:}^{(l)}\boldsymbol{a}^{(l-1)}+b_i^{(l)}\right)}{\partial \boldsymbol{w}_{ij}^{(l)}},\cdots,0\right]\\&=\left[0,\cdots,a_j^{(l-1)},\cdots,0\right]\\&\triangleq \mathbb{L}_i\left(a_j^{(l-1)}\right)\quad\in\mathbb{R}^{1\times M_l}\end{aligned}\tag{3-37}$$

其中，$\boldsymbol{w}_{i:}^{(l)}$ 为权重矩阵 $\boldsymbol{W}^{(l)}$ 的第 i 行，$\mathbb{L}_i\left(a_j^{(l-1)}\right)$ 表示第 i 个元素为 $a_j^{(l-1)}$，其余为 0 的行向量。

（2）计算偏导数 $\dfrac{\partial \boldsymbol{z}^{(l)}}{\partial \boldsymbol{b}^{(l)}}$。

因为 $\boldsymbol{z}^{(l)}$ 和 $\boldsymbol{b}^{(l)}$ 的函数关系为 $\boldsymbol{z}^{(l)}=W^{(l)}\boldsymbol{a}^{(l-1)}+\boldsymbol{b}^{(l)}$，因此偏导数

$$\frac{\partial \boldsymbol{z}^{(l)}}{\partial \boldsymbol{b}^{(l)}}=\boldsymbol{I}_{M_l}\in\mathbb{R}^{M_l\times M_l}\tag{3-38}$$

为 $M_l\times M_l$ 的单位矩阵。

（3）计算偏导数 $\dfrac{\partial \mathcal{L}(\boldsymbol{y},\hat{\boldsymbol{y}})}{\partial \boldsymbol{z}^{(l)}}$。

偏导数 $\dfrac{\partial \mathcal{L}(\boldsymbol{y},\hat{\boldsymbol{y}})}{\partial \boldsymbol{z}^{(l)}}$ 表示第 l 层神经元对最终损失的影响，也反映了最终损失对第 l 层神经元的敏感程度，因此一般称为第 l 层神经元的误差项，用 $\boldsymbol{\delta}^{(l)}$ 来表示。

$$\boldsymbol{\delta}^{(l)}\triangleq\frac{\partial \mathcal{L}(\boldsymbol{y},\hat{\boldsymbol{y}})}{\partial \boldsymbol{z}^{(l)}}\in\mathbb{R}^{M_l}\tag{3-39}$$

误差项 $\boldsymbol{\delta}^{(l)}$ 也间接反映了不同神经元对网络能力的贡献程度，从而较好地解决了贡献度分配问题（Credit Assignment Problem，CAP）。

根据 $\boldsymbol{z}^{(l+1)}=\boldsymbol{W}^{(l+1)}\boldsymbol{a}^{(l)}+\boldsymbol{b}^{(l+1)}$，有

$$\frac{\partial \boldsymbol{z}^{(l+1)}}{\partial \boldsymbol{a}^{(l)}}=\left(\boldsymbol{W}^{(l+1)}\right)^{\mathrm{T}}\in\mathbb{R}^{M_l\times M_{l+1}}\tag{3-40}$$

根据 $\boldsymbol{a}^{(l)}=f_l\left(\boldsymbol{z}^{(l)}\right)$，其中 $f_l(\cdot)$ 为按位计算的函数，因此有

$$\begin{aligned}\frac{\partial \boldsymbol{a}^{(l)}}{\partial \boldsymbol{z}^{(l)}}&=\frac{\partial f_l\left(\boldsymbol{z}^{(l)}\right)}{\partial \boldsymbol{z}^{(l)}}\\&=\operatorname{diag}\left(f_l'\left(\boldsymbol{z}^{(l)}\right)\right)\quad\in\mathbb{R}^{M_l\times M_l}\end{aligned}\tag{3-41}$$

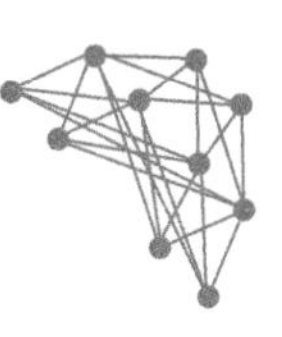

因此，根据链式法则，第 l 层的误差项为

$$
\begin{aligned}
\boldsymbol{\delta}^{(l)} &\triangleq \frac{\partial \mathcal{L}(\boldsymbol{y},\hat{\boldsymbol{y}})}{\partial \boldsymbol{z}^{(l)}} \\
&= \frac{\partial \boldsymbol{a}^{(l)}}{\partial \boldsymbol{z}^{(l)}} \cdot \frac{\partial \boldsymbol{z}^{(l+1)}}{\partial \boldsymbol{a}^{(l)}} \cdot \frac{\partial \mathcal{L}(\boldsymbol{y},\hat{\boldsymbol{y}})\partial \boldsymbol{z}^{(l+1)}}{\partial \boldsymbol{z}^{(l+1)}} \\
\partial &= \operatorname{diag}\left(f_l'\left(\boldsymbol{z}^{(l)}\right)\right)\left(\boldsymbol{W}^{(l+1)}\right)^{\mathrm{T}} \cdot \boldsymbol{\delta}^{(l+1)} \\
&= f_l'\left(\boldsymbol{z}^{(l)}\right) \odot \left(\left(\boldsymbol{W}^{(l+1)}\right)^{\mathrm{T}} \boldsymbol{\delta}^{(l+1)}\right) \in \mathbb{R}^{M_l}
\end{aligned}
\tag{3-42}
$$

其中，$\odot$ 是向量的点积运算符，表示每个元素相乘。

从式 (3-42) 可以看出，第 l 层的误差项可以通过第 $l+1$ 层的误差项计算得到，这就是误差的反向传播。反向传播算法的含义：第 l 层的一个神经元的误差项（或敏感性）是所有与该神经元相连的第 $l+1$ 层的神经元的误差项的权重和。然后，再乘以该神经元激活函数的梯度。

在计算出上面 3 个偏导数之后，式 (3-35) 可以写为

$$
\begin{aligned}
\frac{\partial \mathcal{L}(\boldsymbol{y},\hat{\boldsymbol{y}})}{\partial \boldsymbol{w}_{ij}^{(l)}} &= \mathbb{L}_i\left(\boldsymbol{a}_j^{(l-1)}\right)\boldsymbol{\delta}^{(l)} \\
&= \left[0,\cdots,\boldsymbol{a}_j^{(l-1)},\cdots,0\right]\left[\boldsymbol{\delta}_1^{(l)},\cdots,\boldsymbol{\delta}_i^{(l)},\cdots,\boldsymbol{\delta}_{M_l}^{(l)}\right]^{\mathrm{T}} \\
&= \boldsymbol{\delta}_i^{(l)}\boldsymbol{a}_j^{(l-1)}
\end{aligned}
\tag{3-43}
$$

其中，$\boldsymbol{\delta}_i^{(l)}\boldsymbol{a}_j^{(l-1)}$ 相当于向量 $\boldsymbol{\delta}^{(l)}$ 和向量 $\boldsymbol{a}^{(l-1)}$ 的外积的第 i, j 个元素。式 (3-43) 可以进一步写为

$$
\left[\frac{\partial \mathcal{L}(\boldsymbol{y},\hat{\boldsymbol{y}})}{\partial \boldsymbol{W}^{(l)}}\right]_{ij} = \left[\boldsymbol{\delta}^{(l)}\left(\boldsymbol{a}^{(l-1)}\right)^{\mathrm{T}}\right]_{ij}
\tag{3-44}
$$

因此，$\mathcal{L}(\boldsymbol{y},\hat{\boldsymbol{y}})$ 关于第 l 层权重 $\boldsymbol{W}^{(l)}$ 的梯度为

$$
\frac{\partial \mathcal{L}(\boldsymbol{y},\hat{\boldsymbol{y}})}{\partial \boldsymbol{W}^{(l)}} = \boldsymbol{\delta}^{(l)}\left(\boldsymbol{a}^{(l-1)}\right)^{\mathrm{T}} \in \mathbb{R}^{M_l \times M_{l-1}}
\tag{3-45}
$$

同理，$\mathcal{L}(\boldsymbol{y},\hat{\boldsymbol{y}})$ 关于第 l 层偏置 $\boldsymbol{b}^{(l)}$ 的梯度为

$$
\frac{\partial \mathcal{L}(\boldsymbol{y},\hat{\boldsymbol{y}})}{\partial \boldsymbol{b}^{(l)}} = \boldsymbol{\delta}^{(l)} \in \mathbb{R}^{M_l}
\tag{3-46}
$$

在计算出每一层的误差项之后，就可以得到每一层参数的梯度。因此，使用误差反向传播算法的前馈神经网络训练过程可以分为如下 3 步。

（1）前馈计算每一层的净输入 $\boldsymbol{z}^{(l)}$ 和激活值 $\boldsymbol{a}^{(l)}$，直到最后一层。

（2）反向传播计算每一层的误差项 $\boldsymbol{\delta}^{(l)}$。

（3）计算每一层参数的偏导数，并更新参数。

图 3-8 给出采用反向传播算法的随机梯度下降训练过程。

输入：训练集$D=\{(\boldsymbol{x}^{(n)}, \boldsymbol{y}^{(n)})\}_{n=1}^{N}$ 验证集$\mathcal{V}$，学习率α，正则化系数λ，网络层数L，神经元数量M_l，$1 \leqslant l \leqslant L$。

1 随机初始化：$\boldsymbol{W}$, $\boldsymbol{b}$;

2 **repeat**

3 　对训练集D中的样本随机重排序;

4 　**for** $n=1,2,\cdots,N$ **do**

5 　　从训练集D中选取样本$(\boldsymbol{x}^{(n)}, \boldsymbol{y}^{(n)})$;

6 　　前馈计算每一层的净输入$\boldsymbol{z}^{(l)}$和激活值$\boldsymbol{a}^{(l)}$，直到最后一层;

7 　　反向传播计算每一层的误差$\boldsymbol{\delta}^{(l)}$;

　　// 计算每一层参数的导数

8 　　$\forall l, \quad \dfrac{\partial \mathcal{L}(\boldsymbol{y}^{(n)}, \hat{\boldsymbol{y}}^{(n)})}{\partial \boldsymbol{W}^{(l)}} = \boldsymbol{\delta}^{(l)}(\boldsymbol{a}^{(l-1)})^{\mathrm{T}}$;

9 　　$\forall l, \quad \dfrac{\partial \mathcal{L}(\boldsymbol{y}^{(n)}, \hat{\boldsymbol{y}}^{(n)})}{\partial \boldsymbol{b}^{(l)}} = \boldsymbol{\delta}^{(l)}$;

　　// 更新参数

10 　　$\boldsymbol{W}^{(l)} \leftarrow \boldsymbol{W}^{(l)} - \alpha(\boldsymbol{\delta}^{(l)}(\boldsymbol{a}^{(l-1)})^{\mathrm{T}} + \lambda \boldsymbol{W}^{(l)})$;

11 　　$\boldsymbol{b}^{(l)} \leftarrow \boldsymbol{b}^{(l)} - \alpha \boldsymbol{\delta}^{(l)}$;

12 　**end**

13 **until** 神经网络模型在验证集$\mathcal{V}$上的错误率不再下降;

输出：$\boldsymbol{W}$, $\boldsymbol{b}$

图 3-8　采用反向传播算法的随机梯度下降训练过程

3.5　自动梯度计算

神经网络的参数主要通过梯度下降来进行优化。当确定了风险函数以及网络结构后，就可以手动用链式法则来计算风险函数对每个参数的梯度，并用代码进行实现。但是手动求导并转换为计算机程序的过程非常琐碎并容易出错，导致实现神经网络变得十分低效。实际上，参数的梯度可以让计算机自动计算。目前，主流的深度学习框架都包含了自动梯度计算的功能，即可以只考虑网络结构并用代码实现，其梯度可以自动进行计算，无须人工干预，这样可以大幅提高开发效率。

自动梯度计算的方法可以分为以下 3 类：数值微分、符号微分和自动微分。

3.5.1　数值微分

数值微分（numerical differentiation）是用数值方法来计算函数 $f(x)$ 的导数。函数 $f(x)$ 的点 x 的导数定义为

$$f'(x) = \lim_{\Delta x \to 0} \frac{f(x + \Delta x) - f(x)}{\Delta x} \tag{3-47}$$

要计算函数 $f(x)$ 在点 x 的导数，可以对 x 加上一个很小的非零的扰动 Δx，通过上述定义来直接计算函数 $f(x)$ 的梯度。数值微分方法非常容易实现，但找到一个合适的扰动 Δx 却十分困难。如果 Δx 过小，会引起数值计算问题，如舍入误差；如果 Δx 过大，会增加截断误差，使得导数计算不准确。因此，数值微分的实用性比较差。

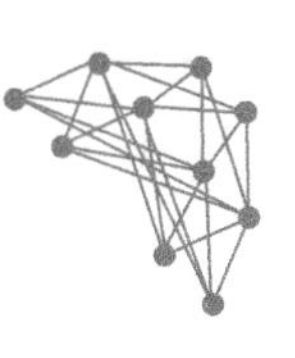

在实际应用中，经常使用式 (3-48) 来计算梯度，可以减少截断误差。

$$f'(x) = \lim_{\Delta x \to 0} \frac{f(x + \Delta x) - f(x - \Delta x)}{2\Delta x} \tag{3-48}$$

数值微分的另外一个问题是计算复杂度。假设参数数量为 N，则每个参数都需要单独施加扰动，并计算梯度。假设每次正向传播的计算复杂度为 $O(N)$，则计算数值微分的总体时间复杂度为 $O(N_2)$。

3.5.2　符号微分

符号微分（symbolic differentiation）是一种基于符号计算的自动求导方法。符号计算也叫作代数计算，是指用计算机来处理带有变量的数学表达式。这里的变量被看作符号（symbols），一般不需要代入具体的值。符号计算的输入和输出都是数学表达式，一般包括对数学表达式的化简、因式分解、微分、积分、解代数方程、求解常微分方程等运算。如数学表达式的化简：

$$\begin{aligned} &\text{输入}: 3x - x + 2x + 1 \\ &\text{输出}: 4x + 1 \end{aligned} \tag{3-49}$$

符号计算一般来讲是对输入的表达式，通过迭代或递归使用一些事先定义的规则进行转换。当转换结果不能再继续使用变换规则时，便停止计算。

符号微分可以在编译时就计算梯度的数学表示，并进一步利用符号计算方法进行优化。此外，符号计算的一个优点是符号计算和平台无关，可以在 CPU 或 GPU 上运行。符号微分的不足之处如下。

（1）编译时间较长，特别是对于循环，需要很长时间进行编译。

（2）为了进行符号微分，一般需要设计一种专门的语言来表示数学表达式，并且要对变量（符号）进行预先声明。

（3）很难对程序进行调试。

3.5.3　自动微分

自动微分（Automatic Differentiation，AD）是一种可以对一个（程序）函数进行计算导数的方法。符号微分的处理对象是数学表达式，而自动微分的处理对象是一个函数或一段程序。

自动微分的基本原理是所有的数值计算可以分解为一些基本操作，包含 +、−、×、/ 和一些初等函数 exp、log、sin、cos 等，然后利用链式法则自动计算一个复合函数的梯度。

为简单起见，这里以一个神经网络中常见的复合函数的例子来说明自动微分的过程。令复合函数 $f(x; w, b)$ 为

$$f(x; w, b) = \frac{1}{\exp(-(wx + b)) + 1} \tag{3-50}$$

其中，x 为输入标量，w 和 b 分别为权重和偏置参数。

首先，可以将复合函数 $f(x;w,b)$ 分解为一系列的基本操作，并构成一个计算图（computational graph）。计算图是数学运算的图形化表示。计算图中的每个非叶节点表示一个基本操作，每个叶节点为一个输入变量或常量。图 3-9 给出了当 $x=1, w=0, b=0$ 时复合函数 $f(x;w,b)$ 的计算图，其中连边上的红色数字表示前向计算时复合函数中每个变量的实际取值。

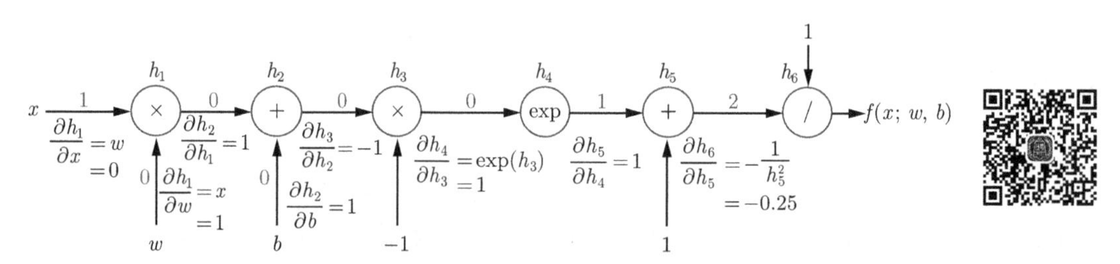

图 3-9　复合函数 $f(x;w,b)$ 的计算图

从图 3-9 上可以看出，复合函数 $f(x;w,b)$ 由 6 个基本函数 $h_i(1 \leqslant i \leqslant 6)$ 组成。如表 3-2 所示，每个基本函数的导数都十分简单，可以通过规则来实现。

表 3-2　复合函数 $f(x;w,b)$ 的 6 个基本函数及其导数

函　数	导　数	偏　导　数
$h_1 = x \times w$	$\frac{\partial h_1}{\partial w} = x$	$\frac{\partial h_1}{\partial x} = w$
$h_2 = h_1 + b$	$\frac{\partial h_2}{\partial h_1} = 1$	$\frac{\partial h_2}{\partial b} = 1$
$h_3 = h_2 \times (-1)$	$\frac{\partial h_3}{\partial h_2} = -1$	
$h_4 = \exp(h_3)$	$\frac{\partial h_4}{\partial h_3} = \exp(h_3)$	
$h_5 = h_4 + 1$	$\frac{\partial h_5}{\partial h_4} = 1$	
$h_6 = 1/h_5$	$\frac{\partial h_6}{\partial h_5} = -\frac{1}{h_5^2}$	

整个复合函数 $f(x;w,b)$ 关于参数 w 和 b 的导数可以通过计算图上的节点 $f(x;w,b)$ 与参数 w 和 b 之间路径上所有的导数连乘来得到，即

$$\frac{\partial f(x;w,b)}{\partial w} = \frac{\partial f(x;w,b)}{\partial h_6}\frac{\partial h_6}{\partial h_5}\frac{\partial h_5}{\partial h_4}\frac{\partial h_4}{\partial h_3}\frac{\partial h_3}{\partial h_2}\frac{\partial h_2}{\partial h_1}\frac{\partial h_1}{\partial w} \tag{3-51}$$

$$\frac{\partial f(x;w,b)}{\partial b} = \frac{\partial f(x;w,b)}{\partial h_6}\frac{\partial h_6}{\partial h_5}\frac{\partial h_5}{\partial h_4}\frac{\partial h_4}{\partial h_3}\frac{\partial h_3}{\partial h_2}\frac{\partial h_2}{\partial b} \tag{3-52}$$

以 $\frac{\partial f(x;w,b)}{\partial w}$ 为例，当 $x=1, w=0, b=0$ 时，可以得到

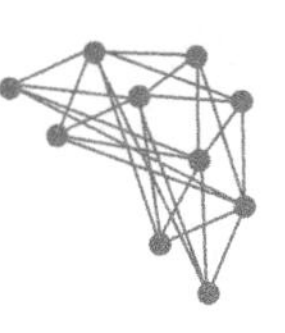

$$
\begin{aligned}
\left.\frac{\partial f(x;w,b)}{\partial w}\right|_{x=1,w=0,b=0} &= \frac{\partial f(x;w,b)}{\partial h_6}\frac{\partial h_6}{\partial h_5}\frac{\partial h_5}{\partial h_4}\frac{\partial h_4}{\partial h_3}\frac{\partial h_3}{\partial h_2}\frac{\partial h_2}{\partial h_1}\frac{\partial h_1}{\partial w} \\
&= 1\times(-0.25)\times 1\times 1\times(-1)\times 1\times 1 \\
&= 0.25
\end{aligned} \tag{3-53}
$$

如果函数和参数之间有多条路径，可以将这多条路径上的导数再进行相加，得到最终的梯度。

按照计算导数的顺序，自动微分可以分为两种模式：前向模式和反向模式。

1. 前向模式

前向模式是按计算图中计算方向的相同方向来递归地计算梯度。以 $\dfrac{\partial f(x;w,b)}{\partial w}$ 为例，当 $x=1,\ w=0,\ b=0$ 时，前向模式的累积计算顺序如下：

$$\frac{\partial h_1}{\partial w} = x = 1 \tag{3-54}$$

$$\frac{\partial h_2}{\partial w} = \frac{\partial h_2}{\partial h_1}\frac{\partial h_1}{\partial w} = 1\times 1 = 1 \tag{3-55}$$

$$\frac{\partial h_3}{\partial w} = \frac{\partial h_3}{\partial h_2}\frac{\partial h_2}{\partial w} = -1\times 1 \tag{3-56}$$

$$\frac{\partial h_4}{\partial w} = \frac{\partial h_4}{\partial h_3}\frac{\partial h_3}{\partial w} = 1\times(-1) \tag{3-57}$$

$$\frac{\partial h_5}{\partial w} = \frac{\partial h_5}{\partial h_4}\frac{\partial h_4}{\partial w} = 1\times(-1) \tag{3-58}$$

$$\frac{\partial h_6}{\partial w} = \frac{\partial h_6}{\partial h_5}\frac{\partial h_5}{\partial w} = -0.25\times(-1) = 0.25 \tag{3-59}$$

$$\frac{\partial f(x;w,b)}{\partial w} = \frac{\partial f(x;w,b)}{\partial h_6}\frac{\partial h_6}{\partial w} = 1\times 0.25 = 0.25 \tag{3-60}$$

2. 反向模式

反向模式是按计算图中计算方向的相反方向来递归地计算梯度。以 $\dfrac{\partial f(x;w,b)}{\partial w}$ 为例，当 $x=1,\ w=0,\ b=0$ 时，反向模式的累积计算顺序如下：

$$\frac{\partial f(x;w,b)}{\partial h_6} = 1 \tag{3-61}$$

$$\frac{\partial f(x;w,b)}{\partial h_5} = \frac{\partial f(x;w,b)}{\partial h_6}\frac{\partial h_6}{\partial h_5} = 1\times(-0.25) = -0.25 \tag{3-62}$$

$$\frac{\partial f(x;w,b)}{\partial h_4} = \frac{\partial f(x;w,b)}{\partial h_5}\frac{\partial h_5}{\partial h_4} = -0.25\times 1 = -0.25 \tag{3-63}$$

$$\frac{\partial f(x;w,b)}{\partial h_3} = \frac{\partial f(x;w,b)}{\partial h_4}\frac{\partial h_4}{\partial h_3} = -0.25\times 1 = -0.25 \tag{3-64}$$

$$\frac{\partial f(x;w,b)}{\partial h_2} = \frac{\partial f(x;w,b)}{\partial h_3}\frac{\partial h_3}{\partial h_2} = -0.25\times(-1) = 0.25 \tag{3-65}$$

$$\frac{\partial f(x;w,b)}{\partial h_1} = \frac{\partial f(x;w,b)}{\partial h_2}\frac{\partial h_2}{\partial h_1} = 0.25 \times 1 = 0.25 \tag{3-66}$$

$$\frac{\partial f(x;w,b)}{\partial w} = \frac{\partial f(x;w,b)}{\partial h_1}\frac{\partial h_1}{\partial w} = 0.25 \times 1 = 0.25 \tag{3-67}$$

前向模式和反向模式可以看作应用链式法则的两种梯度累积方式。从反向模式的计算顺序可以看出，反向模式和反向传播的计算梯度的方式相同。

对于一般的函数形式 $f:\mathbb{R}^N \rightarrow \mathbb{R}^M$，前向模式需要对每一个输入变量都进行一次遍历，共需要 N 次。而反向模式需要对每一个输出都进行一次遍历，共需要 M 次。当 $N > M$ 时，反向模式更高效。在前馈神经网络的参数学习中，风险函数为 $f:\mathbb{R}^N \rightarrow \mathbb{R}^M$，输出为标量，因此采用反向模式为最有效的计算方式，只需要一次计算。

3. 静态计算图和动态计算图

计算图按构建方式可以分为静态计算图（static computational graph）和动态计算图（dynamic computational graph）。静态计算图是在编译时构建计算图，计算图构建好之后在程序运行时不能改变，而动态计算图是在程序运行时动态构建。两种构建方式各有优缺点。静态计算图在构建时可以进行优化，并行能力强，但灵活性比较差。动态计算图则不容易优化，当不同输入的网络结构不一致时，难以并行计算，但是灵活性比较高。

4. 符号微分和自动微分

符号微分和自动微分都利用计算图和链式法则自动求解导数。符号微分在编译阶段先构造一个复合函数的计算图，通过符号计算得到导数的表达式，还可以对导数表达式进行优化，在程序运行阶段才代入变量的具体数值来计算导数。而自动微分则无须事先编译，在程序运行阶段边计算边记录计算图，计算图上的局部梯度都直接代入数值进行计算，然后用前向或反向模式来计算最终的梯度。

图 3-10 给出了符号微分与自动微分的对比。

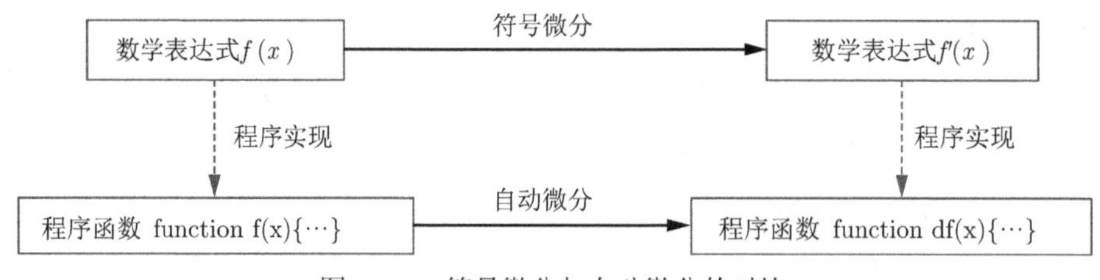

图 3-10　符号微分与自动微分的对比

3.6 优化问题

神经网络的参数学习比线性模型更加困难，主要原因有两点：非凸优化问题和梯度消失问题。

3.6.1　非凸优化问题

神经网络的优化问题是一个非凸优化问题。以一个最简单的 1-1-1 结构的两层神经网络为例：

$$y = \sigma\left(w_2 \sigma\left(w_1 x\right)\right) \tag{3-68}$$

其中，w_1 和 w_2 为网络参数，$\sigma(\cdot)$ 为 Logistic 函数。

给定一个输入样本 (1, 1)，分别使用两种损失函数，一种损失函数为平方误差损失：$L\left(w_1, w_2\right) = (1-y)^2$，另一种损失函数为交叉熵损失：$L\left(w_1, w_2\right) = \log y$。当 $x=1$, $y=1$ 时，其平方误差和交叉熵损失函数分别为：$L\left(w_1, w_2\right) = (1-y)^2$ 和 $L\left(w_1, w_2\right) = \log y$。损失函数与参数 w_1 和 w_2 的关系如图 3-11 所示，可以看出两种损失函数都是关于参数的非凸函数。

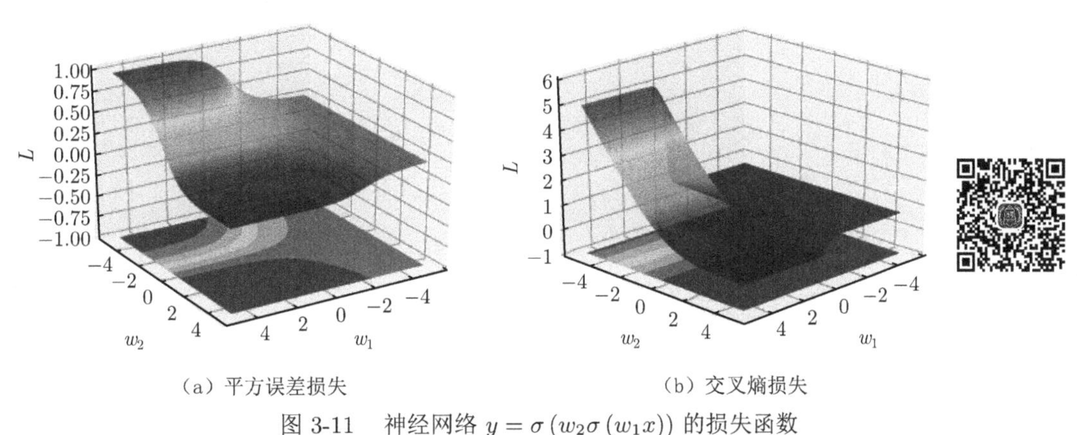

（a）平方误差损失　　（b）交叉熵损失

图 3-11　神经网络 $y = \sigma\left(w_2 \sigma\left(w_1 x\right)\right)$ 的损失函数

3.6.2　梯度消失问题

在神经网络中误差反向传播的迭代公式为

$$\delta^{(l)} = f_l'\left(z^{(l)}\right) \odot \left(W^{(l+1)}\right)^{\mathrm{T}} \delta^{(l+1)} \tag{3-69}$$

误差从输出层反向传播时，在每一层都要乘以该层的激活函数的导数。当使用 Sigmoid 型函数，即 Logistic 函数 $\sigma(x)$ 或 Tanh 函数时，其导数为

$$\sigma'(x) = \sigma(x)(1-\sigma(x)) \in [0, 0.25] \tag{3-70}$$

$$\tanh'(x) = 1 - (\tanh(x))^2 \in [0, 1] \tag{3-71}$$

Sigmoid 型函数的导数的值域都小于或等于 1，如图 3-12 所示。

由于 Sigmoid 型函数的饱和性，饱和区的导数更接近于 0。这样，误差经过每一层传递都会不断衰减。当网络层数很深时，梯度就会不断衰减，甚至消失，使得整个网络很难训练。这就是所谓的梯度消失问题（vanishing gradient problem），也称为梯度弥散问题。

在深度神经网络中，减轻梯度消失问题的方法有很多种。一种简单有效的方式是使用导数比较大的激活函数，如 ReLU 等。

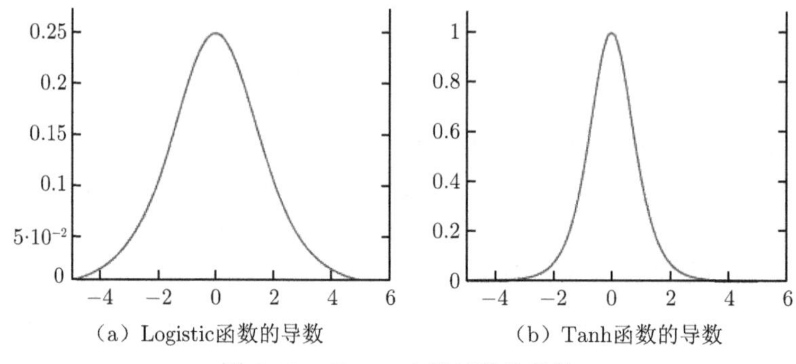

（a）Logistic函数的导数　（b）Tanh函数的导数

图 3-12　Sigmoid 型函数的导数

第 4 章　卷积神经网络

对于图像数据，每个样本都由一个二维像素网格组成。每个像素可能与一个或多个数值相关，取决于处理的是黑白图像还是彩色图像。到目前为止，处理二维结构的方式还十分有限：先将每个图像的空间结构展平成一维向量，再放入一个多层感知机中。由于这些网络相对于特征元素的顺序不变，所以像素无论保持在二维空间的顺序，或是在拟合多层感知机的参数之前对二维矩阵的列进行交换，都可以训练相似的神经网络。而最优情况是利用先验知识，即利用相近像素之间的相互关联性，建立图像数据的有效模型。

本章介绍的卷积神经网络（Convolutional Neural Network，CNN）是一类强大的神经网络，它正是为处理图像数据而设计的。基于卷积神经网络结构的模型在计算机视觉领域中已经占据主导地位，当今几乎所有的图像识别、对象检测或语义分割相关的学术竞赛、商业应用都以这种方法为基础。

现代卷积神经网络的设计得益于生物学、群论和大量的实验研究。除了在获得精确模型的采样效率外，卷积神经网络在计算上也是极其高效的。这是因为卷积神经网络需要的参数比多层感知机少，而且卷积神经网络很容易用 GPU 并行计算。因此，实践者更加偏爱卷积神经网络。即使在一维序列结构的任务上（例如音频、文本和时间序列分析），大家通常使用循环神经网络，实践者也会经常使用到卷积神经网络。一些对卷积神经网络的巧妙的调整，也使它们在图结构数据和推荐系统中发挥作用。

在本章的开始会介绍构成所有卷积网络主干的基本元素。这包括卷积层本身、填充（padding）和步幅（stride）、用于在相邻空间区域聚集信息的池化层（pooling）、每层中多通道（channel）的使用以及有关现代卷积网络架构的全面介绍。在本章的最后，将介绍一个完整的、可运行的 LeNet 模型：这是第一个卷积神经网络，早在现代深度学习兴起之前就已经得到成功应用。在第 5 章中，将深入研究一些流行的、相对较新并具有一定代表性的卷积网络架构。

4.1　从全连接层到卷积

多层感知机十分适合处理表格数据。表格数据中的每行对应每个样本，每列分别对应每个特征。这些特征之间的交互可能产生影响，但暂不考虑特征交互结构上的先验假设。

有时我们缺乏足够的知识来指导更巧妙的模型结构设计，此时多层感知机可能是最好的选择。然而，对于高维感知数据，这种无结构网络可能会变得笨拙。

如一个区分猫和狗的例子。假设收集了一个照片数据集，每张照片具有百万个像素，这意味着多层感知机的每次输入都有一百万个维度。即使将隐藏层维度降低到1000，这个神经网络也将有 $10^6 \times 10^3 = 10^9$ 个参数。想要训练这个模型很难，需要有大量的GPU、分布式优化训练的经验和超乎常人的耐心。

有的读者可能会反对这一论点，认为要求百万像素的分辨率可能不是必要的。然而，即使减小为十万像素，1000个隐藏单元的隐藏层也可能不足以学习到良好的图像特征，所以仍然需要数十亿个参数。此外，拟合如此多的参数还需要收集大量的数据。然而，如今人类视觉和传统机器学习模型都能很好地区分猫和狗。这是因为图像中有丰富的结构，人类和机器学习模型都可以利用这些结构。卷积神经网络是机器学习利用自然图像中一些已知结构的创造性方法。

4.1.1 不变性

在一个目标检测任务中，不应过分在意图像中物体的确切位置，如猪通常不在天上飞，飞机通常不游泳。我们可以从儿童游戏“沃尔多在哪里”（见图4-1）中汲取一些灵感。这个游戏包括一些混乱的场景，游戏玩家的目标是找到沃尔多，而沃尔多通常潜伏在一些不太可能的位置。所以尽管沃尔多的样子很有特点，在眼花缭乱的场景中找到他也如大海捞针。

由于沃尔多隐藏的地方并不取决于它的样子，因此，可以使用“沃尔多检测器”扫描图像，该检测器将图像分成数个小方片，并为每个方片包含沃尔多的可能性打分。而卷积神经网络将“空间不变性”的概念系统化，用较少参数来学习有用的特征。

图 4-1　沃尔多游戏示例图

现在，总结一下上面的想法，从而帮助我们设计出适合计算机视觉的神经网络结构。

（1）平移不变性：不管出现在图像中的哪个位置，神经网络的底层应该对相同的图像

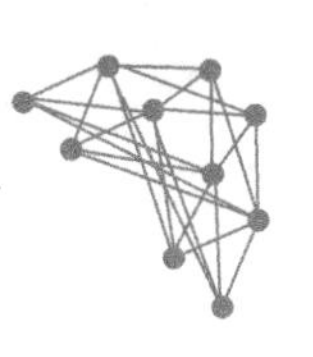

区域做出类似的响应。这个原理即“平移不变性”。

（2）局部性：神经网络的底层应该只探索输入图像中的局部区域，而不考虑图像远处区域的内容，这就是“局部性”原则。最终，这些局部特征可以融会贯通，在整个图像级别上做出预测。

在 4.1.2 节中将展示如何把平移不变性、局部性转换为数学表示。

4.1.2　限制多层感知机

首先，假设以二维图像 $\boldsymbol{x}$ 作为输入，那么多层感知机的隐藏表示 $\boldsymbol{H}$ 在数学上是一个矩阵，在代码中表示为二维张量。其中 $\boldsymbol{x}$ 和 $\boldsymbol{H}$ 具有相同的形状。可以认为不仅输入有空间结构，隐藏表示也应该有空间结构。用 $[\boldsymbol{X}]_{i,j}$ 和 $[\boldsymbol{H}]_{i,j}$ 分别表示输入图像和隐藏表示中的位置 (i, j) 处的像素。

为了使每个输入像素都有神经元处理，可以将参数从权重矩阵（如同之前在多层感知机中所做的那样）替换为四阶权重张量 $\boldsymbol{W}$。假设 $\boldsymbol{U}$ 包含偏置参数，可以将全连接层表示为

$$\begin{aligned}[\boldsymbol{H}]_{i,j} &= [\boldsymbol{U}]_{i,j} + \sum_k \sum_l [\boldsymbol{W}]_{i,j,k,l}[\boldsymbol{X}]_{k,l} \\ &= [\boldsymbol{U}]_{i,j} + \sum_a \sum_b [\boldsymbol{V}]_{i,j,a,b}[\boldsymbol{X}]_{i+a,j+b}\end{aligned} \tag{4-1}$$

其中，从 $\boldsymbol{W}$ 到 $\boldsymbol{V}$ 的转换只是形式的转换，因为在两个四阶张量中，系数之间存在一对一的对应关系。只需重新索引下标 (k,l)，使 $k=i+a$、$l=j+b$，由此 $[\boldsymbol{V}]_{i,j,a,b}=[\boldsymbol{W}]_{i,j,i+a,j+b}$。这里的索引 a 和 b 覆盖了正偏移和负偏移。对于隐藏表示 $[\boldsymbol{H}]_{i,j}$ 中的任何给定位置（i, j），通过对 x 中以 (i,j) 为中心的像素，以 $[\boldsymbol{V}]_{i,j,a,b}$ 作为权重进行加权求和。

1. 平移不变性

首先利用平移不变性原则，这意味着输入 $\boldsymbol{X}$ 中的移位，应该仅与隐藏表示 $\boldsymbol{H}$ 中的移位相关。也就是说，$\boldsymbol{V}$ 和 $\boldsymbol{U}$ 实际上不依赖于 (i,j) 的值，即 $[\boldsymbol{V}]_{i,j,a,b}=[\boldsymbol{V}]_{a,b}$，并且 $\boldsymbol{U}$ 是一个常数，如 u。因此，可以简化 $\boldsymbol{H}$，将其定义为

$$[\boldsymbol{H}]_{i,j} = u + \sum_a \sum_b [\boldsymbol{V}]_{a,b}[\boldsymbol{X}]_{i+a,j+b} \tag{4-2}$$

这就是卷积：使用系数 $[\boldsymbol{V}]_{a,b}$ 对位置 (i,j) 附近的像素 $(i+a,j+b)$ 进行加权。注意，$[\boldsymbol{V}]_{a,b}$ 的参数比 $[\boldsymbol{V}]_{i,j,a,b}$ 少很多，因为前者不再依赖于图像中的位置。

2. 局部性

其次利用局部性原则，如上所述，为了收集用来训练参数 $[\boldsymbol{H}]_{i,j}$ 的相关信息，像素不应偏离到距 (i,j) 很远的地方。这意味着在 $|a|>\Delta$ 或 $|b|>\Delta$ 的范围之外，可以设置 $[\boldsymbol{V}]_{a,b}=0$。由此，可以将参数 $[\boldsymbol{H}]_{i,j}$ 重写为

$$[\boldsymbol{H}]_{i,j} = u + \sum_{a=-\Delta}^{\Delta} \sum_{b=-\Delta}^{\Delta} [\boldsymbol{V}]_{a,b}[\boldsymbol{X}]_{i+a,j+b} \tag{4-3}$$

简而言之，式 (4-3) 是一个卷积层，而卷积神经网络是包含卷积层的一类特殊的神经网络。在深度学习研究社区中，$\boldsymbol{V}$ 被称为卷积核（convolution kernel）或者滤波器（filter），是可学习的权重。当图像处理的局部区域很小时，卷积神经网络与多层感知机的训练差异可能是巨大的：以前，多层感知机可能需要数十亿个参数来表示，而现在卷积神经网络通常只需要几百个参数，而且不需要改变输入或隐藏表示的维数。以上所有的权重学习都依赖于归纳偏置，当这种偏置与实际情况相符时，就可以得到有效的模型，这些模型能很好地推广到不可见的数据中。但如果这些假设与实际情况不符，如当图像不满足平移不变性时，模型可能难以拟合。

4.1.3 卷积

在进一步讨论之前，先简要回顾为什么 4.1.2 节介绍的操作被称为卷积。在数学中，两个函数（如 $f,g:\mathbb{R}^d\to\mathbb{R}$ ）之间的卷积被定义为

$$(f*g)(\boldsymbol{x})=\int f(\boldsymbol{z})g(\boldsymbol{x}-\boldsymbol{z})\mathrm{d}\boldsymbol{z} \tag{4-4}$$

也就是说，卷积是测量 f 和 g 之间（把函数“翻转”并移位 $\boldsymbol{x}$ 时）的重叠。当有离散对象时（即定义域为 $\mathbb{Z}$ ），积分就变成求和，可以得到以下定义：

$$(f*g)(i)=\sum_a f(a)g(i-a) \tag{4-5}$$

对于二维张量，则为 f 在 (a,b) 和 g 在 $(i-a,j-b)$ 上的对应和：

$$(f*g)(i,j)=\sum_a\sum_b f(a,b)g(i-a,j-b) \tag{4-6}$$

这看起来类似于式 (4-3)，但有一个主要区别：这里不是使用 $(i+a,j+b)$，而是使用差值。然而，这种区别是可以化简的，因为总是可以匹配式 (4-3) 和式 (4-6) 之间的符号。在式 (4-3) 中的原始定义更正确地描述了互相关运算。4.2 节会讨论这一问题。

4.1.4 回顾“沃尔多在哪里”

回到 4.1.1 节提出的“沃尔多在哪里”游戏，一起看看它到底是什么样子。卷积层根据滤波器 $\boldsymbol{V}$ 选取给定大小的窗口，并加权处理图片，如图 4-2 所示。目标是学习一个模型，以便探测出“沃尔多”最可能出现的地方。

然而这种方法有一个问题：图像是由三原色（红色、绿色和蓝色）组成的，实际上，图像不是二维张量，而是一个由高度、宽度和颜色组成的三维张量，例如形状为 $1024\times1024\times3$ 像素。因此，将 $\boldsymbol{X}$ 索引为 $[\boldsymbol{X}]_{i,j,k}$。由此卷积相应地调整为 $[\boldsymbol{V}]_{a,b,c}$，而不是 $[\boldsymbol{V}]_{a,b}$。

此外，由于输入图像是三维的，隐藏表示 $\boldsymbol{H}$ 也是一个三维张量。因此，可以把隐藏表示想象为一系列具有二维张量的通道（channel）。这些通道有时也被称为特征映射（feature maps），因为每一层都向后续层提供一组空间化的学习特征。在靠近输入的底层，一些通道专门识别边，而其他通道专门识别纹理。

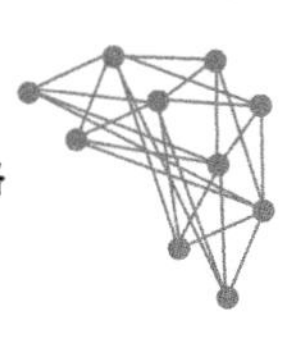

图 4-2　发现沃尔多

为了支持输入 $\boldsymbol{X}$ 和隐藏表示 $\boldsymbol{H}$ 中的多个通道，可以在 $\boldsymbol{V}$ 中添加第四个坐标，即 $[\boldsymbol{V}]_{a,b,c,d}$。综上所述，

$$[\boldsymbol{H}]_{i,j,d} = \sum_{a=-\Delta}^{\Delta} \sum_{b=-\Delta}^{\Delta} \sum_{c} [\boldsymbol{V}]_{a,b,c,d} [\boldsymbol{X}]_{i+a,j+b,c} \tag{4-7}$$

其中隐藏表示 $\boldsymbol{H}$ 中的 d 索引表示输出通道，而随后的输出将继续以三维张量 $\boldsymbol{H}$ 作为输入进入下一个卷积层。所以，式 (4-7) 可以定义具有多个通道的卷积层，而其中的 $\boldsymbol{V}$ 是该卷积层的权重。

然而，仍有许多问题亟待解决。例如，图像中是否到处都有存在沃尔多的可能？如何有效地计算输出层？如何选择适当的激活函数？为了训练有效的网络，如何做出合理的网络设计选择？本章会继续讨论这些问题。

4.2　图 像 卷 积

由于卷积神经网络的设计是用于探索图像数据的，本节将在 4.1 节解析卷积层原理的基础上，以图像为例介绍它的实际应用。

4.2.1　互相关运算

严格地说，卷积层所表达的运算可以被更准确地描述为互相关运算（cross-correlation）。根据 4.1 节中的描述，在卷积层中，输入张量和核张量通过互相关运算产生输出张量。

首先，暂时忽略通道（第三维）这一情况，看看如何处理二维图像数据和隐藏表示。在图 4-3 中，输入（input）是高度为 3、宽度为 3 的二维张量（即形状为 3×3）。卷积核（kernel）的高度和宽度都是 2，而卷积核窗口（或卷积窗口）的形状由内核的高度和宽度决定（即 2×2）。

阴影部分是第一个输出元素，以及用于计算这个输出（output）的输入和核张量元素：$0 \times 0 + 1 \times 1 + 3 \times 2 + 4 \times 3 = 19$。

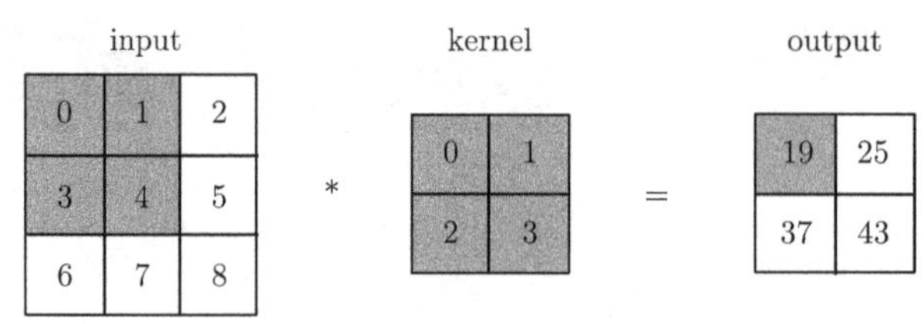

图 4-3　二维互相关运算

在二维互相关运算中，卷积窗口从输入张量的左上角开始，从左到右、从上到下滑动。当卷积窗口滑动到一个新位置时，包含在该窗口中的部分张量与卷积核张量按元素相乘，得到的张量再求和得到一个单一的标量值，由此可以得出这一位置的输出张量值。在如上的例子中，输出张量的 4 个元素由二维互相关运算得到，这个输出高度为 2、宽度为 2，具体计算如下。

$$
\begin{aligned}
0\times 0+1\times 1+3\times 2+4\times 3=19\\
1\times 0+2\times 1+4\times 2+5\times 3=25\\
3\times 0+4\times 1+6\times 2+7\times 3=37\\
4\times 0+5\times 1+7\times 2+8\times 3=43
\end{aligned}
\tag{4-8}
$$

注意，输出大小略小于输入大小。这是因为卷积核的宽度和高度大于 1，而卷积核只与图像中每个大小完全适合的位置进行互相关运算。所以，输出大小等于输入大小 $n_h \times n_w$ 减去卷积核大小 $k_h \times k_w$，即

$$
(n_h - k_h + 1) \times (n_w - k_w + 1) \tag{4-9}
$$

这是因为需要足够的空间在图像上“移动”卷积核。稍后介绍如何通过在图像边界周围填充 0 以保证足够的空间来移动内核，从而保持输出大小不变。接下来，在 corr2d 函数中实现如上过程，该函数接受输入张量 $\boldsymbol{X}$ 和卷积核张量 $\boldsymbol{K}$，并返回输出张量 $\boldsymbol{Y}$。

```
import tensorflow as tf
from d2l import tensorflow as d2l


def corr2d(X, K):  #@save
    """ 计算二维互相关运算。"""
    h, w = K.shape
    Y = tf.Variable(tf.zeros(X.shape[0] - h + 1, X.shape[1] - w + 1))
    for i in range(Y.shape[0]):
        for j in range(Y.shape[1]):
            Y[i, j].assign(tf.reduce_sum(X[i:i + h, j:j + w] * K))
    return Y
```

通过图 4-3 的输入张量 $\boldsymbol{X}$ 和卷积核张量 $\boldsymbol{K}$，可以验证上述二维互相关运算的输出。

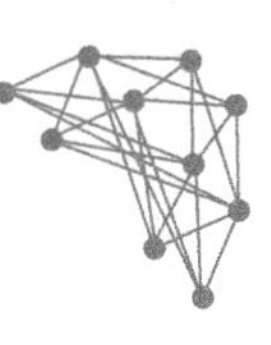

```
X = tf.constant([[0.0, 1.0, 2.0], [3.0, 4.0, 5.0], [6.0, 7.0, 8.0]])
K = tf.constant([[0.0, 1.0], [2.0, 3.0]])
corr2d(X, K)
```

```
<tf.Variable 'Variable:0' shape=(2, 2) dtype=float32, numpy=
array([[19., 25.],
       [37., 43.]], dtype=float32)>
```

4.2.2 卷积层

卷积层对输入和卷积核权重进行互相关运算，并在添加标量偏置之后产生输出。所以，卷积层中的两个被训练的参数是卷积核权重和标量偏置。就像之前随机初始化全连接层一样，在训练基于卷积层的模型时，也随机初始化卷积核权重

基于上面定义的 corr2d 函数实现二维卷积层。在 __init__ 构造函数中，将 weight 和 bias 声明为两个模型参数。前向传播函数调用 corr2d 函数并添加偏置。

```
class Conv2D(tf.keras.layers.Layer):
    def __init__(self):
        super().__init__()

    def build(self, kernel_size):
        initializer = tf.random_normal_initializer()
        self.weight = self.add_weight(name='w', shape=kernel_size,
                                      initializer=initializer)
        self.bias = self.add_weight(name='b', shape=(1,),
                                    initializer=initializer)


    def call(self, inputs):
        return corr2d(inputs, self.weight) + self.bias
```

高度和宽度分别为 h 和 w 的卷积核可以被称为 $h \times w$ 卷积或 $h \times w$ 卷积核，将带有 $h \times w$ 卷积核的卷积层称为 $h \times w$ 卷积层。

4.2.3 图像中目标的边缘检测

下面是卷积层的一个简单应用：通过找到像素变化的位置来检测图像中不同颜色的边缘。首先，构造一个 6×8 像素的黑白图像，中间 4 列为黑色（0），其余像素为白色（1）。

```
X = tf.Variable(tf.ones((6, 8)))
X[:, 2:6].assign(tf.zeros(X[:, 2:6].shape))
X
```

```
<tf.Variable 'Variable:0' shape=(6, 8) dtype=float32, numpy=
array([[1., 1., 0., 0., 0., 0., 1., 1.],
       [1., 1., 0., 0., 0., 0., 1., 1.],
       [1., 1., 0., 0., 0., 0., 1., 1.],
       [1., 1., 0., 0., 0., 0., 1., 1.],
       [1., 1., 0., 0., 0., 0., 1., 1.],
       [1., 1., 0., 0., 0., 0., 1., 1.]], dtype=float32)>
```

接下来，构造一个高度为 1、宽度为 2 的卷积核 $\boldsymbol{K}$。当进行互相关运算时，如果水平相邻的两元素相同，则输出为 0，否则输出为非 0。

```
K = tf.constant([[1.0, -1.0]])
```

对参数 $\boldsymbol{X}$（输入）和 $\boldsymbol{K}$（卷积核）执行互相关运算，如下所示。输出 $\boldsymbol{Y}$ 中的 1 代表从白色到黑色的边缘，−1 代表从黑色到白色的边缘，其他情况的输出为 0。

```
Y = corr2d(X, K)
Y
```

```
<tf.Variable 'Variable:0' shape=(6, 7) dtype=float32, numpy=
array([[ 0.,  1.,  0.,  0.,  0., -1.,  0.],
       [ 0.,  1.,  0.,  0.,  0., -1.,  0.],
       [ 0.,  1.,  0.,  0.,  0., -1.,  0.],
       [ 0.,  1.,  0.,  0.,  0., -1.,  0.],
       [ 0.,  1.,  0.,  0.,  0., -1.,  0.],
       [ 0.,  1.,  0.,  0.,  0., -1.,  0.]], dtype=float32)>
```

将输入的二维图像转置，再进行如上的互相关运算，其输出如下。之前检测到的垂直边缘消失了。不出所料，这个卷积核 $\boldsymbol{K}$ 只能检测垂直边缘，无法检测水平边缘。

```
corr2d(tf.transpose(X), K)
```

```
<tf.Variable 'Variable:0' shape=(8, 5) dtype=float32, numpy=
array([[0., 0., 0., 0., 0.],
       [0., 0., 0., 0., 0.],
       [0., 0., 0., 0., 0.],
       [0., 0., 0., 0., 0.],
       [0., 0., 0., 0., 0.],
       [0., 0., 0., 0., 0.],
       [0., 0., 0., 0., 0.],
       [0., 0., 0., 0., 0.]], dtype=float32)>
```

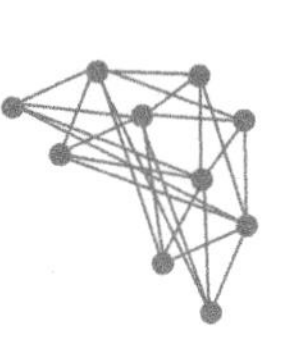

4.2.4 学习卷积核

如果只需要寻找黑白边缘，那么以上 $[1,-1]$ 的边缘检测器足以解决。然而，当有了更复杂数值的卷积核，或者连续的卷积层时，不可能手动设计过滤器。那么是否可以学习由 $\boldsymbol{X}$ 生成 $\boldsymbol{Y}$ 的卷积核呢？

现在通过仅查看“输入-输出”对来了解由 $\boldsymbol{X}$ 生成 $\boldsymbol{Y}$ 的卷积核。先构造一个卷积层，并将其卷积核初始化为随机张量。接下来，在每次迭代中，比较 $\boldsymbol{Y}$ 与卷积层输出的平方误差，然后计算梯度来更新卷积核。为了简单起见，在此使用内置的二维卷积层，并忽略偏置。

```
# 构造一个二维卷积层，它具有 1 个输出通道和形状为（1, 2）的卷积核
conv2d = tf.keras.layers.Conv2D(1, (1, 2), use_bias=False)

# 这个二维卷积层使用四维输入和输出格式（批量大小、通道、高度、宽度）
# 其中批量大小和通道数都为 1
X = tf.reshape(X, (1, 6, 8, 1))
Y = tf.reshape(Y, (1, 6, 7, 1))

Y_hat = conv2d(X)
for i in range(10):
    with tf.GradientTape(watch_accessed_variables=False) as g:
        g.watch(conv2d.weights[0])
        Y_hat = conv2d(X)
        l = (abs(Y_hat - Y))**2
        # 迭代卷积核
        update = tf.multiply(3e-2, g.gradient(l, conv2d.weights[0]))
        weights = conv2d.get_weights()
        weights[0] = conv2d.weights[0] - update
        conv2d.set_weights(weights)
        if (i + 1) % 2 == 0:
            print(f'batch {i+1}, loss {tf.reduce_sum(l):.3f}')
```

```
batch 2, loss 17.035
batch 4, loss 3.054
batch 6, loss 0.593
batch 8, loss 0.132
batch 10, loss 0.036
```

在 10 次迭代之后，误差已经降到足够低，而卷积核的权重张量如下。

```
tf.reshape(conv2d.get_weights()[0], (1, 2))
```

```
<tf.Tensor: shape=(1, 2), dtype=float32, numpy=array([[ 0.994667   , -0.96344155]],
    dtype=float32)>
```

至此，可以发现卷积核权重非常接近之前定义的卷积核 $\boldsymbol{K}$。

4.2.5 互相关运算和卷积运算

回想在 4.1 节中观察到的互相关和卷积运算之间的对应关系。为了得到严格卷积运算输出，需要执行 4.1 节中定义的严格卷积运算，而不是互相关运算，但是它们差别不大，只需水平和垂直翻转二维卷积核张量，然后对输入张量执行互相关运算。

值得注意的是，由于卷积核是从数据中学习到的，因此无论这些层执行严格的卷积运算还是互相关运算，卷积层的输出都不会受到影响。为了说明这一点，假设卷积层执行互相关运算并学习图 4-3中的卷积核，该卷积核在这里由矩阵 $\boldsymbol{K}$ 表示。假设其他条件不变，当这个层执行严格的卷积时，学习的卷积核 $\boldsymbol{K}'$ 在水平和垂直翻转之后将与 $\boldsymbol{K}$ 相同。也就是说，当卷积层对图 4-3中的输入和 $\boldsymbol{K}'$ 执行严格卷积运算时，将得到与互相关运算（见图 4-3）相同的输出。

为了与深度学习文献中的标准术语保持一致，本书继续把“互相关运算”称为卷积运算，尽管严格地说，它们略有不同。此外，对于卷积核张量上的权重，均称其为元素。

4.2.6 特征映射和感受野

图 4-3 中输出的卷积层有时被称为特征映射（feature map），因为它可以被视为一个输入映射到下一层的空间维度的转换器。在 CNN 中，对于某一层的任意元素 x，其感受野（receptive field）是指在前向传播期间可能影响 x 计算的所有元素（来自所有先前层）。

注意，感受野的覆盖率可能大于某层输入的实际区域大小。接下来以图 4-3 为例来解释感受野：给定 2×2 卷积核，阴影输出元素值 19 的接收域是输入阴影部分的 4 个元素。假设之前输出为 $\boldsymbol{Y}$，其大小为 2×2，在其后附加一个卷积层，该卷积层以 $\boldsymbol{Y}$ 为输入，输出单个元素 z。在这种情况下，$\boldsymbol{Y}$ 上的 z 的接收字段包括 $\boldsymbol{Y}$ 的所有 4 个元素，而输入的感受野包括最初所有 9 个输入元素。因此，当一个特征图中的任意元素需要检测更广区域的输入特征时，可以构建一个更深的网络。

4.3 填充和步幅

在图 4-3中，输入的高度和宽度都为 3，卷积核的高度和宽度都为 2，生成的输出表征的维数为 2×2。假设输入形状为 $n_h \times n_w$，卷积核形状为 $k_h \times k_w$，那么输出形状将是 $(n_h - k_h + 1) \times (n_w - k_w + 1)$。因此，卷积的输出形状取决于输入形状和卷积核的形状。

还有什么因素会影响输出的大小呢？本节介绍填充（padding）和步幅 (stride)。假设以下情景：有时，在应用了连续的卷积之后，最终得到的输出远小于输入大小。这是由于卷积核的宽度和高度通常大于 1 导致的。例如，一个 240×240 像素的图像，经过 10 层

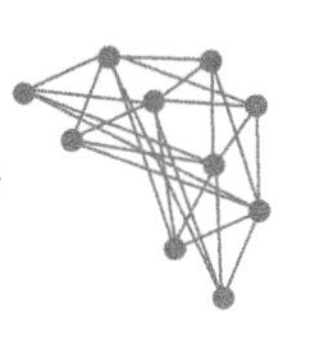

5×5 的卷积后，将减少到 200×200 像素。如此一来，原始图像的边界丢失了许多有用信息。而填充是解决此问题最有效的方法。有时可能希望大幅降低图像的宽度和高度，例如，如果发现原始的输入分辨率十分冗余，步幅可以在这类情况下提供帮助。

4.3.1　填充

如上所述，在应用多层卷积时，常常丢失边缘像素。由于通常使用小卷积核，因此对于任何单个卷积，可能只会丢失几个像素。但随着许多连续卷积层的应用，累积丢失的像素数就多了。解决这个问题的简单方法即填充：在输入图像的边界填充元素（通常填充元素是 0）。例如，在 图 4-4 中，将 3×3 输入填充到 5×5，那么它的输出就增加为 4×4。阴影部分是第一个输出元素以及用于输出计算的输入和核张量元素：$0 \times 0 + 0 \times 1 + 0 \times 2 + 0 \times 3 = 0$。

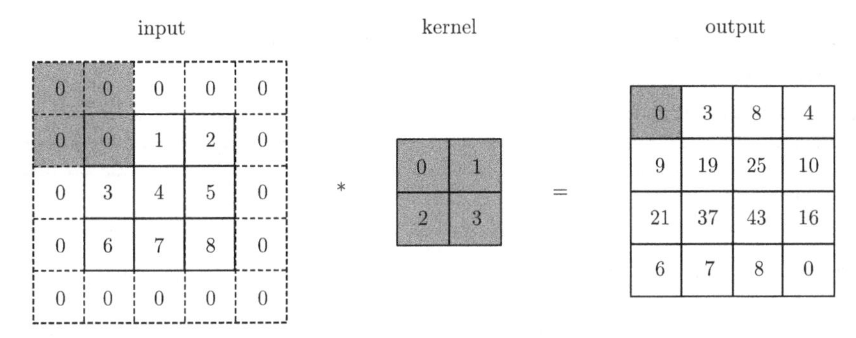

图 4-4　带填充的二维互相关运算

通常，如果添加 p_h 行填充（大约一半在顶部，一半在底部）和 p_w 列填充（左侧大约一半，右侧一半），则输出形状的高 × 宽为

$$(n_h - k_h + p_h + 1) \times (n_w - k_w + p_w + 1) \tag{4-10}$$

这意味着输出的高度和宽度将分别增加 p_h 和 p_w 。

在许多情况下，需要设置 $p_h = k_h - 1$ 和 $p_w = k_w - 1$，使输入和输出具有相同的高度和宽度。这样可以在构建网络时更容易地预测每个图层的输出形状。假设 k_h 是奇数，在高度的两侧填充 $p_h/2$ 行。如果 k_h 是偶数，一种可能性是在输入顶部填充 $\lceil p_h/2 \rceil$ 行，在底部填充 $\lfloor p_h/2 \rfloor$ 行。同理，可以填充宽度的两侧。

卷积神经网络中卷积核的高度和宽度通常为奇数，例如 1、3、5 或 7。选择奇数的好处是，保持空间维度的同时，可以在顶部和底部填充相同数量的行，在左侧和右侧填充相同数量的列。

此外，使用奇数核和填充也提供了书写上的便利。对于任何二维张量 $\boldsymbol{X}$，当满足：① 内核的大小是奇数；② 所有边的填充行数和列数相同；③ 输出与输入具有相同高度和宽度则可以得出输出 $\boldsymbol{Y}[i,j]$ 是通过以输入 $\boldsymbol{X}[i,j]$ 为中心，与卷积核进行互相关计算。

在下面的例子中，创建一个高度和宽度均为 3 的二维卷积层，并在所有侧边填充 1 像素。给定高度和宽度为 8 的输入，则输出的高度和宽度也是 8。

```
import tensorflow as tf

# 为了方便起见，定义一个计算卷积层的函数
# 此函数初始化卷积层权重，并对输入和输出提高和缩减相应的维数
def comp_conv2d(conv2d, X):
    # 这里的（1，1）表示批量大小和通道数都是 1
    X = tf.reshape(X, (1,) + X.shape + (1,))
    Y = conv2d(X)
    # 省略前两个维度：批量大小和通道
    return tf.reshape(Y, Y.shape[1:3])

# 请注意，这里每边都填充了 1 行或 1 列，因此总共添加了 2 行或 2 列
conv2d = tf.keras.layers.Conv2D(1, kernel_size=3, padding='same')
X = tf.random.uniform(shape=(8, 8))
comp_conv2d(conv2d, X).shape
```

```
TensorShape([8, 8])
```

当卷积内核的高度和宽度不同时，可以填充不同的高度和宽度，使输出和输入具有相同的高度和宽度。在如下示例中，使用高度为 5 ，宽度为 3 的卷积核，高度和宽度两边的填充分别为 2 和 1 。

```
conv2d = tf.keras.layers.Conv2D(1, kernel_size=(5, 3), padding='valid')
comp_conv2d(conv2d, X).shape
```

```
TensorShape([4, 6])
```

4.3.2 步幅

在进行互相关运算时，卷积窗口从输入张量的左上角开始，向下和向右滑动。在前面的例子中，默认每次滑动一个元素。但是，有时候为了高效计算或是缩减采样次数，卷积窗口可以跳过中间位置，每次滑动多个元素。

将每次滑动元素的数量称为步幅。到目前为止，只使用过高度或宽度为 1 的步幅，那么如何使用较大的步幅呢？图 4-5 是垂直步幅为 3，水平步幅为 2 的二维互相关运算。阴影部分是输出元素以及用于输出计算的输入和内核张量元素：$0\times0+0\times1+1\times2+2\times3=8$ 和 $0\times0+6\times1+0\times2+0\times3=6$。

如何计算输出中第一列的第二个元素呢？如图 4-5 所示，卷积窗口向下滑动三行、向右滑动两列。但是，当卷积窗口继续向右滑动两列时，没有输出，因为输入元素无法填充窗口（除非添加另一列填充）。

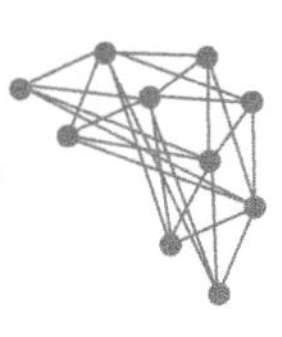

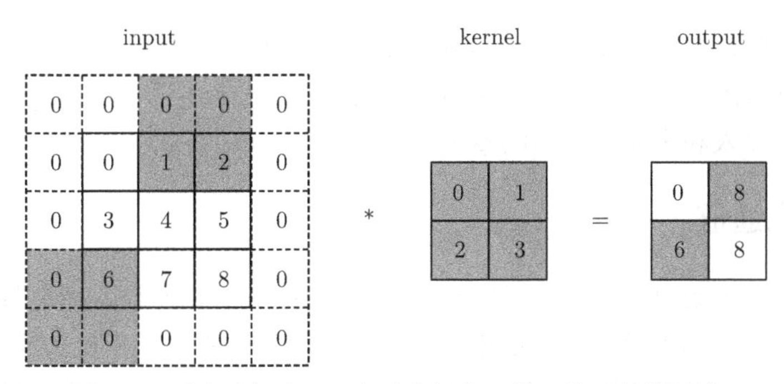

图 4-5　垂直步幅为 3，水平步幅为 2 的二维互相关运算

通常，当垂直步幅为 s_h、水平步幅为 s_w 时，输出形状的高 × 宽为

$$\lfloor(n_h - k_h + p_h + s_h)/s_h\rfloor \times \lfloor(n_w - k_w + p_w + s_w)/s_w\rfloor \tag{4-11}$$

如果设置了 $p_h = k_h - 1$ 和 $p_w = k_w - 1$，则输出形状将简化为 $\lfloor(n_h + s_h - 1)/s_h\rfloor \times \lfloor(n_w + s_w - 1)/s_w\rfloor$ 。更进一步，如果输入的高度和宽度可以被垂直和水平步幅整除，则输出形状将为 $(n_h/s_h) \times (n_w/s_w)$ 。

将高度和宽度的步幅设置为 2，从而将输入的高度和宽度减半。

```
conv2d = tf.keras.layers.Conv2D(1, kernel_size=3, padding='same', strides=2)
comp_conv2d(conv2d, X).shape
```

```
TensorShape([4, 4])
```

接下来，举一个稍微复杂的例子。

```
conv2d = tf.keras.layers.Conv2D(1, kernel_size=(3, 5), padding='valid',
                                strides=(3, 4))
comp_conv2d(conv2d, X).shape
```

```
TensorShape([2, 1])
```

为了简洁起见，当输入高度和宽度两侧的填充数量分别为 p_h 和 p_w 时，称为填充 (p_h, p_w)。当 $p_h = p_w = p$ 时，填充是 p。同理，当高度和宽度上的步幅分别为 s_h 和 s_w 时，称为步幅 (s_h, s_w)。当步幅为 $s_h = s_w = s$ 时，步幅为 s。默认情况下，填充为 0，步幅为 1。在实践中，很少使用不一致的步幅或填充，也就是说，通常有 $p_h = p_w$ 和 $s_h = s_w$。

4.4　多输入多输出通道

虽然之前描述了构成每个图像的多个通道和多层卷积层。例如彩色图像具有标准的 RGB 通道来指示红色、绿色和蓝色。但是到目前为止，仅展示了单个输入和单个输出通道的简化例子，这可以将输入、卷积核和输出看作二维张量。

当添加通道时，输入和隐藏的表示都变成了三维张量。例如，每个 RGB 输入图像具有 $3 \times h \times w$ 的形状。将这个大小为 3 的轴称为通道（channel）维度。在本节中，将更深入地研究具有多输入和多输出通道的卷积核。

4.4.1 多输入通道

当输入包含多个通道时，需要构造一个与输入数据具有相同输入通道数目的卷积核，以便与输入数据进行互相关运算。假设输入的通道数为 c_i，那么卷积核的输入通道数也需要为 c_i。如果卷积核的窗口形状是 $k_h \times k_w$，那么当 $c_i = 1$ 时，可以把卷积核看作形状为 $k_h \times k_w$ 的二维张量。

然而，当 $c_i > 1$ 时，卷积核的每个输入通道将包含形状为 $k_h \times k_w$ 的张量。将这些张量 c_i 联结在一起可以得到形状为 $c_i \times k_h \times k_w$ 的卷积核。由于输入和卷积核都有 c_i 个通道，可以对每个通道输入的二维张量和卷积核的二维张量进行互相关运算，再对通道求和（将 c_i 的结果相加）得到二维张量。这是多通道输入和多输入通道卷积核之间进行二维互相关运算的结果。

在图 4-6 中，演示了一个具有两个输入通道的二维互相关运算的示例。阴影部分是第一个输出元素以及用于计算这个输出的输入和核张量元素：$(1 \times 1 + 2 \times 2 + 4 \times 3 + 5 \times 4) + (0 \times 0 + 1 \times 1 + 3 \times 2 + 4 \times 3) = 56$。

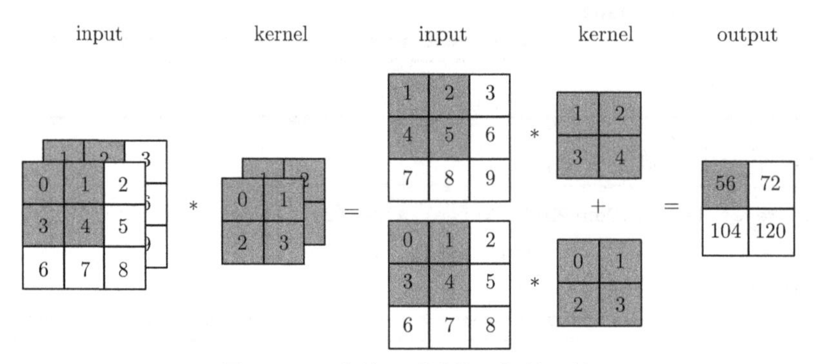

图 4-6　两个输入通道的互相关运算

为了加深理解，将多输入通道互相关运算进行实现。简而言之，所做的就是对每个通道执行互相关操作，然后将结果相加。

```
import tensorflow as tf
from d2l import tensorflow as d2l


def corr2d_multi_in(X, K):
    # 先遍历 "X" 和 "K" 的第 0 个维度（通道维度），再把它们加在一起
    return tf.reduce_sum([d2l.corr2d(x, k) for x, k in zip(X, K)], axis=0)
```

构造与图 4-6 中的值相对应的输入张量 $\boldsymbol{X}$ 和核张量 $\boldsymbol{K}$，以验证互相关运算的输出。

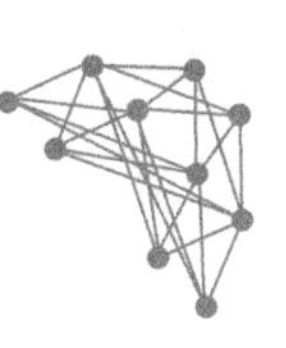

```
X = tf.constant([[[0.0, 1.0, 2.0], [3.0, 4.0, 5.0], [6.0, 7.0, 8.0]],
                 [[1.0, 2.0, 3.0], [4.0, 5.0, 6.0], [7.0, 8.0, 9.0]]])
K = tf.constant([[[0.0, 1.0], [2.0, 3.0]], [[1.0, 2.0], [3.0, 4.0]]])

corr2d_multi_in(X, K)
```

```
<tf.Tensor: shape=(2, 2), dtype=float32, numpy=
array([[ 56.,  72.],
       [104., 120.]], dtype=float32)>
```

4.4.2　多输出通道

到目前为止，不论有多少输入通道，还只有一个输出通道。然而，每一层有多个输出通道是至关重要的。在最流行的神经网络架构中，随着神经网络层数的加深，常会增加输出通道的维数，通过减少空间分辨率以获得更大的通道深度。直观地说，可以将每个通道看作对不同特征的响应。而现实可能更为复杂一些，因为每个通道不是独立学习的，而是为了共同使用而优化的。因此，多输出通道并不仅是学习多个单通道的检测器。

用 c_i 和 c_o 分别表示输入和输出通道的数目，并让 k_h 和 k_w 表示卷积核的高度和宽度。为了获得多个通道的输出，可以为每个输出通道创建一个形状为 $c_i \times k_h \times k_w$ 的卷积核张量，这样的卷积核的形状是 $c_o \times c_i \times k_h \times k_w$。在互相关运算中，每个输出通道先获取所有输入通道，再以对应该输出通道的卷积核计算出结果。

实现计算多个通道输出的互相关函数如下。

```
def corr2d_multi_in_out(X, K):
    # 迭代"K" 的第 0 个维度，每次都对输入"X" 执行互相关运算
    # 最后将所有结果都叠加在一起
    return tf.stack([corr2d_multi_in(X, k) for k in K], 0)
```

通过将核张量 $\boldsymbol{K}$ 与 $\boldsymbol{K}+1$（$\boldsymbol{K}$ 中每个元素加 1）和 $\boldsymbol{K}+2$ 连接起来，构造了一个具有 3 个输出通道的卷积核。

```
K = tf.stack((K, K + 1, K + 2), 0)
K.shape
```

```
TensorShape([3, 2, 2, 2])
```

接下来，对输入张量 $\boldsymbol{X}$ 与卷积核张量 $\boldsymbol{K}$ 执行互相关运算。现在的输出包含 3 个通道，第一个通道的结果与先前输入张量 $\boldsymbol{X}$ 和多输入单输出通道的结果一致。

```
corr2d_multi_in_out(X, K)
```

```
<tf.Tensor: shape=(3, 2, 2), dtype=float32, numpy=
array([[[ 56.,  72.],
        [104., 120.]],

        [[ 76., 100.],
        [148., 172.]],

        [[ 96., 128.],
        [192., 224.]]], dtype=float32)>
```

4.4.3 1×1 卷积层

1×1 卷积，即 $k_h = k_w = 1$，看起来似乎没有多大意义。毕竟，卷积的本质是有效提取相邻像素间的相关特征，而 1×1 卷积显然没有此作用。尽管如此，1×1 仍然十分流行，时常包含在复杂深层网络的设计中。下面详细地解读它的实际作用。

因为使用了最小窗口，1×1 卷积失去了卷积层的特有能力——在高度和宽度维度上，识别相邻元素间相互作用的能力。而 1×1 卷积的唯一计算发生在通道上。

图 4-7 展示了使用 1×1 卷积核与 3 个输入通道和 2 个输出通道的互相关运算。这里输入和输出具有相同的高度和宽度，输出中的每个元素都是从输入图像中同一位置的元素的线性组合。可以将 1×1 卷积层看作在每个像素位置应用的全连接层，以 c_i 个输入值转换为 c_o 个输出值。因为这仍然是一个卷积层，所以跨像素的权重是一致的。同时，1×1 卷积层需要的权重维度为 $c_o \times c_i$，再额外加上一个偏置。

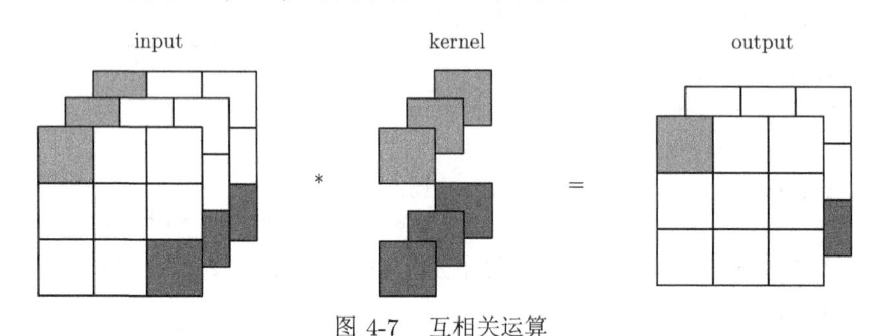

图 4-7　互相关运算

接下来，使用全连接层实现 1×1 卷积。注意，这里需要对输入和输出的数据形状进行微调。

```
def corr2d_multi_in_out_1x1(X, K):
    c_i, h, w = X.shape
    c_o = K.shape[0]
    X = tf.reshape(X, (c_i, h * w))
        K = tf.reshape(K, (c_o, c_i))
        Y = tf.matmul(K, X)  # 全连接层中的矩阵乘法
```

```
        return tf.reshape(Y, (c_o, h, w))
```

当执行 1×1 卷积运算时，上述函数相当于先前实现的互相关函数 corr2d_multi_in_out，可以用一些样本数据来验证这一点。

```
X = tf.random.normal((3, 3, 3), 0, 1)
K = tf.random.normal((2, 3, 1, 1), 0, 1)

Y1 = corr2d_multi_in_out_1x1(X, K)
Y2 = corr2d_multi_in_out(X, K)
assert float(tf.reduce_sum(tf.abs(Y1 - Y2))) < 1e-6
```

4.5　池　化　层

在处理图像时，希望逐渐降低隐藏表示的空间分辨率，聚集信息，随着神经网络中层叠的上升，每个神经元对其敏感的感受野（输入）就越大。

机器学习任务通常会跟全局图像的问题有关（例如，图像是否包含一只猫呢?），所以最后一层的神经元应该对整个输入的全局敏感。通过逐渐聚合信息，生成越来越粗糙的映射，最终实现学习全局表示的目标，同时将卷积图层的所有优势保留在中间层。

此外，当检测较底层的特征时，通常希望这些特征保持某种程度上的平移不变性。例如，如果拍摄黑白之间轮廓清晰的图像 $\boldsymbol{X}$，并将整个图像向右移动 1 像素，即 $\boldsymbol{Z}[i,j]=\boldsymbol{X}[i,j+1]$，则新图像 $\boldsymbol{Z}$ 的输出可能大不相同。而在现实中，随着拍摄角度的移动，任何物体几乎不可能发生在同一像素上。即使用三脚架拍摄一个静止的物体，由于快门的移动而引起的相机振动，可能会使所有物体左右移动 1 像素（除了高端相机配备了特殊功能来解决这个问题）。

本节介绍池化（pooling）层，它具有双重目的：降低卷积层对位置的敏感性，同时降低对空间降采样表示的敏感性。

4.5.1　最大池化层和平均池化层

与卷积层类似，池化层运算符由一个固定形状的窗口组成，该窗口根据其步幅大小在输入的所有区域上滑动，为固定形状窗口（有时称为池化窗口）遍历的每个位置计算一个输出。然而，不同于卷积层中的输入与卷积核之间的互相关运算，池化层不包含参数。相反，池运算符是确定性的，通常计算池化窗口中所有元素的最大值或平均值。这些操作分别称为最大池化层（maximum pooling）和平均池化层（average pooling）。

在这两种情况下，与互相关运算符一样，池化窗口从输入张量的左上角开始，从左到右、从上到下的在输入张量内滑动。在池化窗口到达的每个位置，它计算该窗口中输入子张量的最大值或平均值，具体取决于是使用了最大池化层还是平均池化层。

图 4-8 中的输出张量的高度为 2，宽度为 2。以下 4 个元素为每个池化窗口中的最大值：

$$
\begin{aligned}
\max(0,1,3,4) &= 4 \\
\max(1,2,4,5) &= 5 \\
\max(3,4,6,7) &= 7 \\
\max(4,5,7,8) &= 8
\end{aligned} \tag{4-12}
$$

池化窗口形状为 $p \times q$ 的池化层称为 $p \times q$ 池化层，池化操作称为 $p \times q$ 池化。

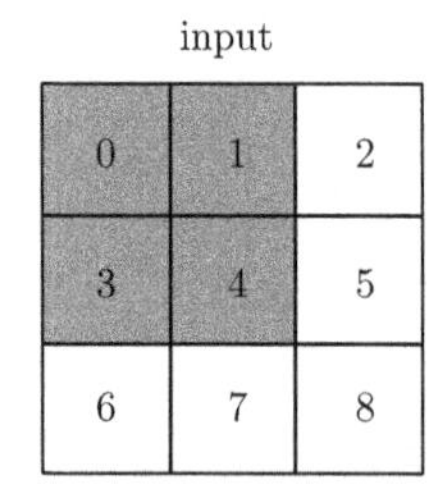

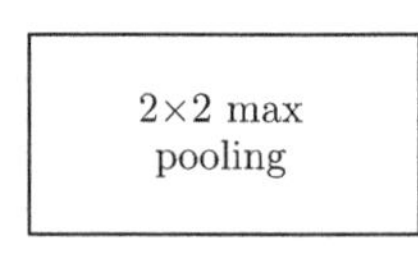

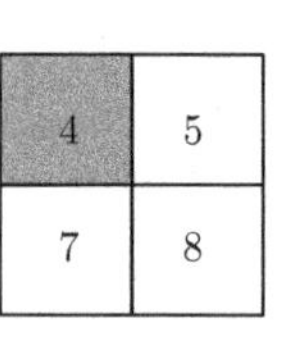

图 4-8 池化窗口形状为 2×2 的最大池化层

回到本节开头提到的对象边缘检测示例，现在使用卷积层的输出作为 2×2 最大池化的输入。设置卷积层输入为 $\boldsymbol{X}$，池化层输出为 $\boldsymbol{Y}$。无论 $\boldsymbol{X}[i,j]$ 和 $\boldsymbol{X}[i,j+1]$ 的值是否不同，或 $\boldsymbol{X}[i,j+1]$ 和 $\boldsymbol{X}[i,j+2]$ 的值是否不同，池化层始终输出 $\boldsymbol{Y}[i,j]=1$。也就是说，使用 2×2 最大池化层，即使在高度或宽度上移动一个元素，卷积层仍然可以识别到模式。

在下面代码中的 pool2d 函数，实现了池化层的正向传播。然而，这里没有卷积核，输出为输入中每个区域的最大值或平均值。

```
import tensorflow as tf

def pool2d(X, pool_size, mode='max'):
        p_h, p_w = pool_size
        Y = tf.Variable(tf.zeros((X.shape[0] - p_h + 1, X.shape[1] - p_w + 1)))
        for i in range(Y.shape[0]):
                for j in range(Y.shape[1]):
                        if mode == 'max':
                                Y[i, j].assign(tf.reduce_max(X[i:i + p_h, j:j +
                                   p_w]))
                        elif mode == 'avg':
                                Y[i, j].assign(tf.reduce_mean(X[i:i + p_h, j:j +
                                   p_w]))
        return Y
```

构建图 4-8 中的输入张量 $\boldsymbol{X}$，验证二维最大池化层的输出。

```
X = tf.constant([[0.0, 1.0, 2.0], [3.0, 4.0, 5.0], [6.0, 7.0, 8.0]])
pool2d(X, (2, 2))
```

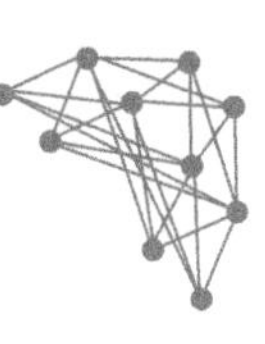

```
<tf.Variable 'Variable:0' shape=(2, 2) dtype=float32, numpy=
array([[4., 5.],
       [7., 8.]], dtype=float32)>
```

此外，还可以验证平均池化层。

```
pool2d(X, (2, 2), 'avg')
```

```
<tf.Variable 'Variable:0' shape=(2, 2) dtype=float32, numpy=
array([[2., 3.],
       [5., 6.]], dtype=float32)>
```

4.5.2　填充和步幅

与卷积层一样，池化层可以改变输出形状。和以前一样，可以通过填充和步幅获得所需的输出形状。下面用深度学习框架中内置的二维最大池化层来演示池化层中填充和步幅的使用。首先构造一个输入张量 $\boldsymbol{X}$，它有 4 个维度，其中样本数和通道数都是 1。

```
X = tf.reshape(tf.range(16, dtype=tf.float32), (1, 4, 4, 1))
X
```

```
<tf.Tensor: shape=(1, 4, 4, 1), dtype=float32, numpy=
array([[[[ 0.],
         [ 1.],
         [ 2.],
         [ 3.]],

        [[ 4.],
         [ 5.],
         [ 6.],
         [ 7.]],

        [[ 8.],
         [ 9.],
         [10.],
         [11.]],

        [[12.],
         [13.],
         [14.],
         [15.]]]], dtype=float32)>
```

默认情况下，深度学习框架中的步幅与池化窗口的大小相同。因此，如果使用形状为 (3, 3) 的池化窗口，那么默认情况下，得到的步幅形状为 (3, 3)。

```
pool2d = tf.keras.layers.MaxPool2D(pool_size=[3, 3])
pool2d(X)
```

```
<tf.Tensor: shape=(1, 1, 1, 1), dtype=float32,numpy=array([[[[10.]]]],
    dtype=float32)>
```

填充和步幅可以手动设定。

```
pool2d = tf.keras.layers.MaxPool2D(pool_size=[3, 3],padding='same',
                                   strides=2)
pool2d(X)
```

```
<tf.Tensor: shape=(1, 2, 2, 1), dtype=float32, numpy=
array([[[[10.],
         [11.]],


        [[14.],
         [15.]]]], dtype=float32)>
```

可以设定一个任意大小的矩形池化窗口，并分别设定填充和步幅的高度和宽度。

```
pool2d = tf.keras.layers.MaxPool2D(pool_size=[2, 3],padding='same',
                                   strides=(2, 3))
pool2d(X)
```

```
<tf.Tensor: shape=(1, 2, 2, 1), dtype=float32, numpy=
array([[[[ 5.],
         [ 7.]],


        [[13.],
         [15.]]]], dtype=float32)>
```

4.5.3 多个通道

在处理多个通道输入数据时，池化层在每个输入通道上单独运算，而不是像卷积层一样在通道上对输入进行汇总。这意味着池化层的输出通道数与输入通道数相同。下面在通道维度上连结张量 $\boldsymbol{X}$ 和 $\boldsymbol{X}+1$，以构建具有 2 个通道的输入。

```
X = tf.reshape(tf.stack([X, X + 1], 0), (1, 2, 4, 4))
```

池化后输出通道的数量仍然是 2，代码如下。

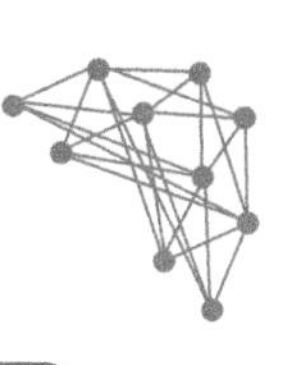

```
pool2d = tf.keras.layers.MaxPool2D(3, padding='same', strides=2)
pool2d(X)
```

```
<tf.Tensor: shape=(1, 1, 2, 4), dtype=float32, numpy=
array([[[[ 9., 10., 11., 12.],
         [13., 14., 15., 16.]]]], dtype=float32)>
```

4.6　卷积神经网络

思政案例

本节介绍 LeNet，它是最早发布的卷积神经网络之一，因其在计算机视觉任务中的高效性能而受到广泛关注。这个模型是由 AT&T 贝尔实验室的研究员 Yann LeCun 在 1989 年提出的（并以其命名），目的是识别图像中的手写数字。当时，Yann LeCun 发表了第一篇通过反向传播成功训练卷积神经网络的研究，这项工作代表了十多年来神经网络研究开发的成果。

当时，LeNet 取得了与支持向量机（support vector machines）性能相媲美的成果，成为监督学习的主流方法。LeNet 被广泛用于自动取款机（ATM）中，帮助识别、处理支票上手写的数字。时至今日，一些自动取款机仍在运行 Yann LeCun 和他的同事 Leon Bottou 在 20 世纪 90 年代写的代码。

4.6.1　LeNet

总体来看，LeNet（LeNet-5）由如下两部分组成。

（1）卷积编码器：由两个卷积层组成。

（2）全连接层密集块：由 3 个全连接层组成。

该结构如图 4-9 所示。

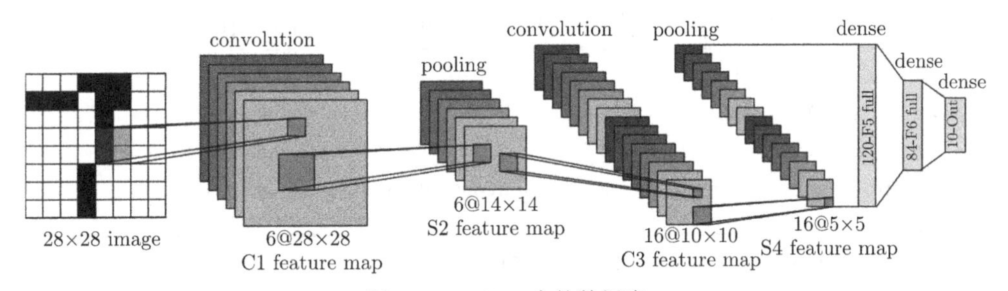

图 4-9　LeNet 中的数据流

每个卷积块中的基本单元是一个卷积层、一个 Sigmoid 激活函数和平均池化层。请注意，虽然 ReLU 和最大池化层更有效，但它们在 20 世纪 90 年代还没有出现。每个卷积层使用 5×5 卷积核，这些层将输入映射到多个二维特征输出，通常同时增加通道的数量。第一个卷积层有 6 个输出通道，而第二个卷积层有 16 个输出通道。每个 2×2 池操作（pooling 层）通过空间下采样将维数减少 1/2。卷积的输出形状由批量大小、通道数、高度、宽度决定。

为了将卷积块的输出传递给稠密块，必须在小批量中展平每个样本。换言之，将这个四维输入转换成全连接层所期望的二维输入。这里的二维表示的第一个维度索引小批量中的样本，第二个维度给出每个样本的平面向量表示。LeNet 的稠密块有 3 个全连接层，分别有 120、84 和 10 个输出。因为仍在执行分类，所以输出层的十维对应于最后输出结果的数量。

通过下面的 LeNet 代码可以发现用深度学习框架实现此类模型非常简单，只需要实例化一个 Sequential 块并将需要的层连接在一起。

```
import tensorflow as tf
from d2l import tensorflow as d2l

def net():
    return tf.keras.models.Sequential([
        tf.keras.layers.Conv2D(filters=6, kernel_size=5, activation='sigmoid',
                               padding='same'),
        tf.keras.layers.AvgPool2D(pool_size=2, strides=2),
        tf.keras.layers.Conv2D(filters=16, kernel_size=5,
                               activation='sigmoid'),
        tf.keras.layers.AvgPool2D(pool_size=2, strides=2),
        tf.keras.layers.Flatten(),
        tf.keras.layers.Dense(120, activation='sigmoid'),
        tf.keras.layers.Dense(84, activation='sigmoid'),
        tf.keras.layers.Dense(10)])
```

对原始模型做一点小改动，去掉最后一层的高斯激活。除此之外，这个网络与最初的 LeNet-5 一致。

将一个大小为 28×28 的单通道（黑白）图像通过 LeNet 实现。通过在每一层打印输出的形状可以检查模型，以确保其操作与期望的效果一致，如图 4-10 所示。

```
X = tf.random.uniform((1, 28, 28, 1))
for layer in net().layers:
        X = layer(X)
        print(layer.__class__.__name__, 'output shape: \t',X.shape)
```

```
Conv2D output shape:          (1, 28, 28, 6)
AveragePooling2D output shape:        (1, 14, 14, 6)
Conv2D output shape:          (1, 10, 10, 16)
AveragePooling2D output shape:        (1, 5, 5, 16)
Flatten output shape:         (1, 400)
Dense output shape:           (1, 120)
Dense output shape:           (1, 84)
Dense output shape:           (1, 10)
```

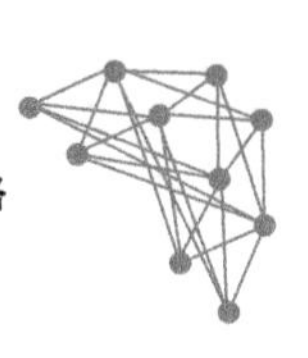

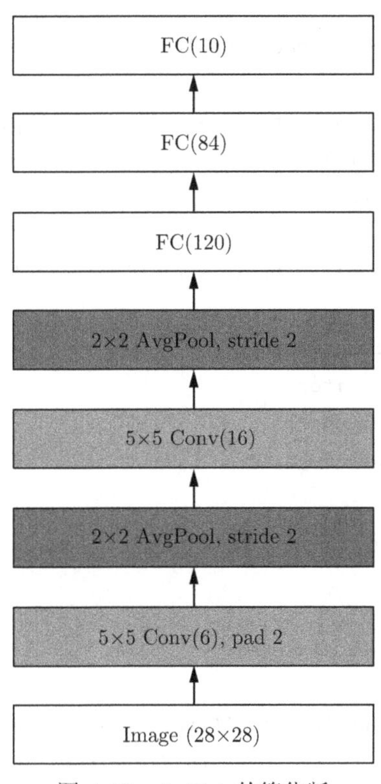

图 4-10　LeNet 的简化版

请注意，在整个卷积块中，与上一层相比，每一层特征的高度和宽度都减小了。第一个卷积层使用 2 像素的填充，来补偿 5×5 卷积核导致的特征减少。相反，第二个卷积层没有填充，因此高度和宽度都减少了 4 像素。随着层叠的上升，通道的数量从输入时的 1 个，增加到第一个卷积层之后的 6 个，再到第二个卷积层之后的 16 个。同时，每个池化层的高度和宽度都减半。最后，每个全连接层减少维数，最终输出一个维数与结果分类数相匹配的输出。

4.6.2　训练 LeNet

现在已经实现了 LeNet ，接下来介绍这个模型在 Fashion-MNIST 数据集上的表现。

```
batch_size = 256
train_iter, test_iter = d2l.load_data_fashion_mnist(batch_size=batch_size)
```

虽然卷积神经网络的参数较少，但与深度的多层感知机相比，它们的计算成本仍然很高，因为每个参数都参与更多的乘法。如果有机会使用 GPU，可以用它加快训练过程。

由于将实现多层神经网络，因此将主要使用高级 API。以下训练函数假定从高级 API 创建的模型作为输入，并进行相应的优化。与全连接层一样，可以使用交叉熵损失函数和小批量随机梯度下降。

```python
class TrainCallback(tf.keras.callbacks.Callback):  #@save
    """ 训练进展可视化"""
    def __init__(self, net, train_iter, test_iter, num_epochs, device_name):
        self.timer = d2l.Timer()
        self.animator = d2l.Animator(
            xlabel='epoch', xlim=[1, num_epochs],
            legend=['train loss', 'train acc', 'test acc'])
        self.net = net
        self.train_iter = train_iter
        self.test_iter = test_iter
        self.num_epochs = num_epochs
        self.device_name = device_name

    def on_epoch_begin(self, epoch, logs=None):
        self.timer.start()

    def on_epoch_end(self, epoch, logs):
        self.timer.stop()
        test_acc = self.net.evaluate(self.test_iter, verbose=0,
                                     return_dict=True)['accuracy']
        metrics = (logs['loss'], logs['accuracy'], test_acc)
        self.animator.add(epoch + 1, metrics)
        if epoch == self.num_epochs - 1:
            batch_size = next(iter(self.train_iter))[0].shape[0]
            num_examples = batch_size * tf.data.experimental.cardinality(
                self.train_iter).numpy()
            print(f'loss {metrics[0]:.3f}, train acc {metrics[1]:.3f}, '
                  f'test acc {metrics[2]:.3f}')
            print(f'{num_examples / self.timer.avg():.1f} examples/sec on '
                  f'{str(self.device_name)}')


#@save
def train_ch6(net_fn, train_iter, test_iter, num_epochs, lr, device):
    """ 用 GPU 训练模型"""
    device_name = device._device_name
    strategy = tf.distribute.OneDeviceStrategy(device_name)
    with strategy.scope():
        optimizer = tf.keras.optimizers.SGD(learning_rate=lr)
        loss = tf.keras.losses.SparseCategoricalCrossentropy(from_logits=True)
        net = net_fn()
        net.compile(optimizer=optimizer, loss=loss, metrics=['accuracy'])
```

```
    callback = TrainCallback(net, train_iter, test_iter, num_epochs,
                             device_name)
    net.fit(train_iter, epochs=num_epochs, verbose=0, callbacks=[callback])
    return net
```

训练和评估 LeNet-5 模型的代码如下，其迭代结果如图 4-11 所示。

```
lr, num_epochs = 0.9, 10
train_ch6(net, train_iter, test_iter, num_epochs, lr, d2l.try_gpu())
```

```
loss 0.462, train acc 0.828, test acc 0.820
70084.0 examples/sec on /GPU:0
```

```
<tensorflow.python.keras.engine.sequential.Sequential at 0x7f20c8cfcdc0>
```

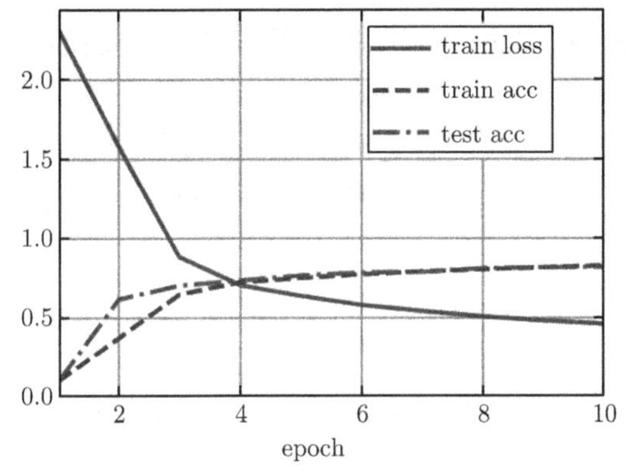

图 4-11　LeNet-5 迭代结果

第 5 章　现代卷积神经网络

第 4 章介绍了卷积神经网络的基本原理，本章介绍现代的卷积神经网络结构，许多现代卷积神经网络的研究都是建立在这一章知识的基础上。本章中的每一个模型都曾一度占据主导地位，其中许多模型都是 ImageNet 竞赛的优胜者。ImageNet 竞赛自 2010 年以来，一直是计算机视觉中监督学习进展的指向标。

这些模型包括如下几种。

（1）深度卷积神经网络（AlexNet）。它是第一个在大规模视觉竞赛中击败传统计算机视觉模型的大型神经网络。

（2）使用重复块的网络（VGG）。它利用许多重复的神经网络块。

（3）网络中的网络（NiN）。它重复使用由卷积层和 1×1 卷积层（用来代替全连接层）来构建深层网络。

（4）含并行连结的网络（GoogLeNet）。它使用并行连结的网络，通过不同窗口大小的卷积层和最大池化层来并行抽取信息。

（5）残差网络（ResNet）。它通过残差块构建跨层的数据通道，是计算机视觉中最流行的体系结构。

（6）稠密连接网络（DenseNet）。它的计算成本很高，但能实现更好的效果。

虽然深度神经网络的概念非常简单——将神经网络堆叠在一起。但由于不同的网络结构和超参数选择，这些神经网络的性能会发生很大变化。本章介绍的神经网络是将人类直觉和相关数学见解结合后，经过大量研究试错后的结晶。本章按时间顺序介绍这些模型，在追寻历史脉络的同时，培养读者对该领域发展的直觉。这有助于读者研究、开发自己的结构。例如，本章介绍的批量归一化（batch normalization）和残差网络为设计和训练深度神经网络提供了重要的思想指导。

5.1　深度卷积神经网络

在 LeNet 提出后，卷积神经网络在计算机视觉和机器学习领域中很有名气。但卷积神经网络并没有主导这些领域。这是因为虽然 LeNet 在小数据集上取得了很好的效果，但是在更大、更真实的数据集上训练卷积神经网络的性能和可行性还有待研究。事实上，在 20 世纪 90 年代初到 2012 年之间的大部分时间里，神经网络往往被其他机器学习方法超越，如支持向量机。

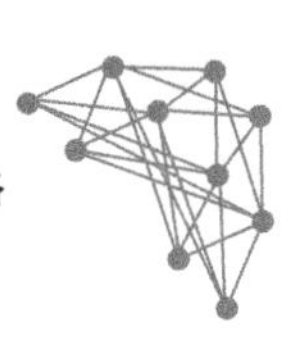

在计算机视觉中，直接将神经网络与其他机器学习方法进行比较也许不公平。这是因为，卷积神经网络的输入是由原始像素值或是经过简单预处理（例如居中、缩放）的像素值组成的。但在使用传统机器学习方法时，从业者永远不会将原始像素作为输入。在传统机器学习方法中，计算机视觉流水线是由经过人的手工精心设计的特征流水线组成的。对于这些传统方法，大部分的进展都来自对特征有了更聪明的想法，并且学习到的算法往往归于事后的解释。

虽然 20 世纪 90 年代就有了一些神经网络加速器，但仅靠它们还不足以开发出有大量参数的深层多通道多层卷积神经网络。此外，当时的数据集仍然相对较小。除了这些障碍，训练神经网络的一些关键技巧仍然缺失，包括启发式参数初始化、随机梯度下降的巧妙变体、非挤压激活函数和有效的正则化技术。

因此，与训练端到端（从像素到分类结果）系统不同，经典机器学习的流水线看起来更像如下这样。

（1）获取一个有趣的数据集。在早期，收集这些数据集需要昂贵的传感器（在当时最先进的图像也就 100 万像素）。

（2）根据光学、几何学、其他知识以及偶然的发现，手工对特征数据集进行预处理。

（3）通过标准的特征提取算法，如 SIFT（尺度不变特征变换）、SURF（加速鲁棒特征）或其他手动调整的流水线来输入数据。

（4）将提取的特征放到最喜欢的分类器中（例如线性模型或其他核方法），以训练分类器。

机器学习研究人员相信机器学习既重要又美丽，他们希望用优雅的理论去证明各种模型的性质，他们相信机器学习是一个正在蓬勃发展、严谨且非常有用的领域。然而，计算机视觉研究人员认为推动领域进步的是数据特征，而不是学习算法。计算机视觉研究人员相信，从对最终模型精度的影响来说，更大或更干净的数据集或是稍微改进的特征提取，比任何学习算法带来的进步要大得多。

5.1.1　学习表征

另一种预测这个领域发展的方法——观察图像特征的提取方法。在 2012 年前，图像特征都是机械地计算出来的。事实上，设计一套新的特征函数、改进结果，并撰写论文是盛极一时的潮流。SIFT、SURF、HOG（定向梯度直方图）、bags of visual words 和类似的特征提取方法占据了主导地位。

另一组研究人员（包括 Yann LeCun、Geoff Hinton、Yoshua Bengio、Andrew Ng、Shun ichi Amari 和 Juergen Schmidhuber）的想法则与众不同：他们认为特征本身应该被学习。此外，他们还认为，在合理的复杂性前提下，特征应该由多个共同学习的神经网络层组成，每个层都有可学习的参数。在机器视觉中，最底层可能检测边缘、颜色和纹理。事实上，Alex Krizhevsky、Ilya Sutskever 和 Geoff Hinton 提出了一种新的卷积神经网络变体——AlexNet。AlexNet 在 2012 年 ImageNet 挑战赛中取得了轰动一时的成绩。AlexNet

以 Alex Krizhevsky 的名字命名，他是论文的第一作者。

有趣的是，在网络的最底层，模型学习到了一些类似于传统滤波器的特征抽取器。图 5-1 描述了底层图像特征。

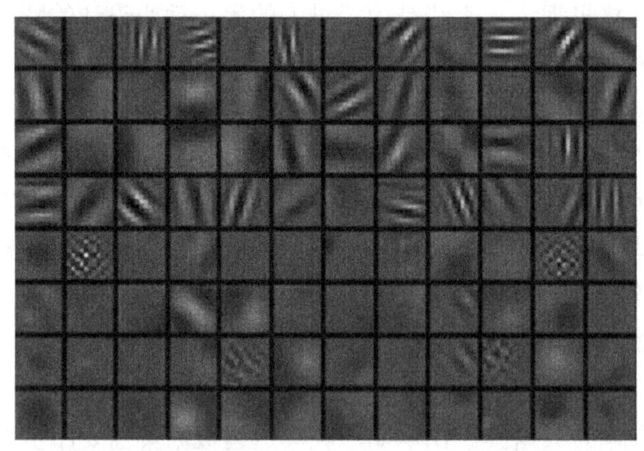

图 5-1　AlexNet 第一层学习到的特征抽取器

AlexNet 的更高层建立在这些底层表示的基础上，以表示更大的特征，如眼睛、鼻子、草叶等。而更高的层可以检测整个物体，如人、飞机、狗或飞盘。最终的隐藏神经元可以学习图像的综合表示，从而使属于不同类别的数据易于区分。尽管一直有一群执着的研究者不断钻研，试图学习视觉数据的逐级表征，然而很长一段时间里这些尝试都未有突破。深度卷积神经网络的突破出现在 2012 年。突破可归因于如下两个关键因素。

1. 缺少的成分：数据

包含许多特征的深度模型需要大量的有标签数据，才能显著优于基于凸优化的传统方法（如线性方法和核方法）。然而，限于早期计算机有限的存储和 20 世纪 90 年代有限的研究预算，大部分研究只基于小的公开数据集。例如，不少研究论文基于加州大学欧文分校（UCI）提供的若干公开数据集，其中许多数据集只有几百至几千张在非自然环境下以低分辨率拍摄的图像。这一状况在 2010 年前后兴起的大数据浪潮中得到改善。2009 年，ImageNet 数据集发布，并发起 ImageNet 挑战赛：要求研究人员从 100 万个样本中训练模型，以区分 1000 个不同类别的对象。ImageNet 数据集由斯坦福大学李飞飞教授小组的研究人员开发，利用谷歌图像搜索（Google image search）对每一类图像进行预筛选，并利用亚马逊众包（Amazon mechanical turk）来标注每张图片的相关类别。这种规模是前所未有的。这项被称为 ImageNet 的挑战赛推动了计算机视觉和机器学习研究的发展，挑战研究人员确定哪些模型能够在更大的数据规模下表现更好。

2. 缺少的成分：硬件

深度学习对计算资源要求很高，训练可能需要数百个迭代周期，每次迭代都需要通过代价高昂的许多线性代数层传递数据。这也是为什么在 20 世纪 90 年代至 21 世纪初，优化凸目标的简单算法是研究人员的首选。然而，用 GPU（Graphics Processing Unit，图形处理器）训练神经网络改变了这一格局。GPU 早年用来加速图形处理，使计算机游戏玩

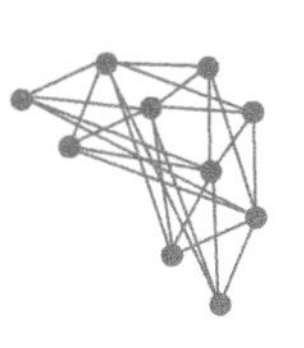

家受益。GPU 可优化高吞吐量的 4×4 矩阵和向量乘法，从而服务于基本的图形任务。幸运的是，这些数学运算与卷积层的计算惊人地相似。由此，英伟达（NVIDIA）和 ATI 已经开始为通用计算操作优化 GPU，甚至把它们作为通用 GPU（General-Purpose GPUs，GPGPU）来销售。

那么 GPU 比 CPU 强在哪里呢？

中央处理器（Central Processing Unit，CPU）的每个核心都拥有高时钟频率的运行能力，和高达数 MB 的三级缓存 (L3 Cache)。它们非常适合执行各种指令，具有分支预测器、深层流水线和其他使 CPU 能够运行各种程序的功能。然而，这种明显的优势也是它的致命弱点：通用核心的制造成本非常高。它们需要大量的芯片面积、复杂的支持结构（内存接口、内核之间的缓存逻辑、高速互连等），而且它们在任何单个任务上的性能都相对较差。现代笔记本电脑一般有 4 核，即使是高端服务器也很少超过 64 核，因为它们的性价比不高。

相比于 CPU，GPU 由 100×1000 个小的处理单元组成（NVIDIA、ATI、ARM 和其他芯片供应商之间的细节稍有不同），通常被分成更大的组（NVIDIA 称为 warps）。虽然每个 GPU 核心都相对较弱，有时甚至以低于 1GHz 的时钟频率运行，但庞大的核心数量使 GPU 比 CPU 快几个数量级。例如，NVIDIA 的 Ampere GPU 架构为每个芯片提供了高达 312 TFlops 的浮点性能，而 CPU 的浮点性能到目前为止还没有超过 1TFlops。之所以有如此大的差距，原因其实很简单：首先，功耗往往会随时钟频率呈二次方增长。对于一个 CPU 核心，假设它的运行速度比 GPU 快 4 倍，就可以使用 16 个 GPU 内核取代，那么 GPU 的综合性能就是 CPU 的 $16 \times 1/4 = 4$ 倍。其次，GPU 内核要简单得多，这使得它们更节能。此外，深度学习中的许多操作需要相对较高的内存带宽，而 GPU 拥有 10 倍于 CPU 的带宽。

回到 2012 年的重大突破，当 Alex Krizhevsky 和 Ilya Sutskever 实现了可以在 GPU 硬件上运行的深度卷积神经网络时，一个重大突破出现了。他们意识到卷积神经网络中的计算瓶颈：卷积和矩阵乘法，都是可以在硬件上并行化的操作。于是，他们使用两个显存为 3GB 的 NVIDIA GTX580 GPU 实现了快速卷积运算。他们的创新成果——cuda-convnet，多年来一直是行业标准，并推动了深度学习热潮的到来。

5.1.2　AlexNet

2012 年，AlexNet 横空出世。它首次证明了学习到的特征可以超越手工设计的特征。它一举打破了计算机视觉研究的现状。AlexNet 使用 8 层卷积神经网络，并以很大的优势赢得了 2012 年 ImageNet 图像识别挑战赛。

AlexNet 和 LeNet 的架构非常相似，如图 5-2 所示。注意，这里提供了一个稍精简版本的 AlexNet，去除了当年需要两个小型 GPU 同时运算的设计特点。

AlexNet 和 LeNet 的设计理念非常相似，但也存在显著差异。首先，AlexNet 比相对较小的 LeNet5 要深得多。AlexNet 由 8 层组成：5 个卷积层、2 个全连接隐藏层和 1 个全连接输出层。其次，AlexNet 使用 ReLU 而不是 Sigmoid 作为其激活函数。接下来深入研究 AlexNet 的细节。

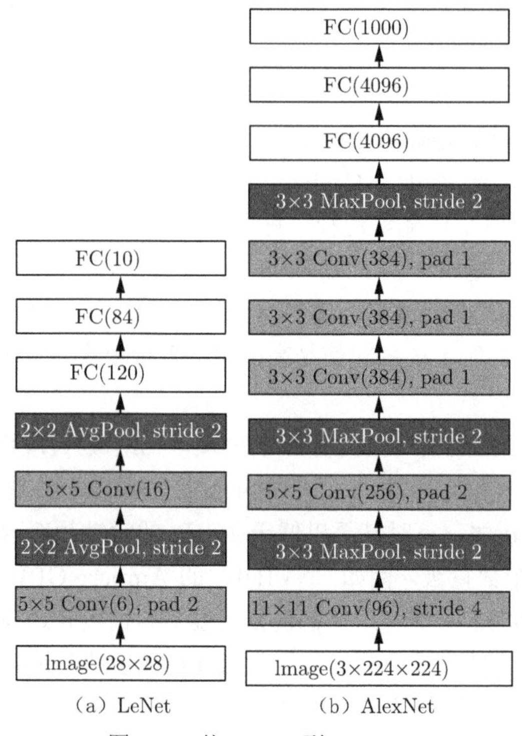

（a）LeNet　（b）AlexNet

图 5-2　从 LeNet 到 AlexNet

1. 模型设计

在 AlexNet 的第一层，卷积窗口的形状是 11×11。由于大多数 ImageNet 中图像的宽和高比 MNIST 图像多 10 倍以上，因此，需要一个更大的卷积窗口来捕获目标。第二层中的卷积窗口形状被缩减为 5×5，然后是 3×3。此外，在第一层、第二层和第五层之后，加入窗口形状为 3×3、步幅为 2 的最大池化层。此外，AlexNet 的卷积通道是 LeNet 的 10 倍。

在最后一个卷积层后有两个全连接隐藏层，分别有 4096 个输出。这两个巨大的全连接隐藏层拥有将近 1GB 的模型参数。由于早期 GPU 显存有限，原版的 AlexNet 采用了双数据流设计，使得每个 GPU 只负责存储和计算模型的一半参数。幸运的是，现在 GPU 显存相对充裕，所以现在很少需要跨 GPU 分解模型。

2. 激活函数

此外，AlexNet 将 Sigmoid 激活函数改为更简单的 ReLU 激活函数。一方面，ReLU 激活函数的计算更简单，它没有如 Sigmoid 激活函数那样复杂的求幂运算。另一方面，当使用不同的参数初始化方法时，ReLU 激活函数使训练模型更加容易。当 Sigmoid 激活函数的输出非常接近于 0 或 1 时，这些区域的梯度几乎为 0，因此反向传播无法继续更新一

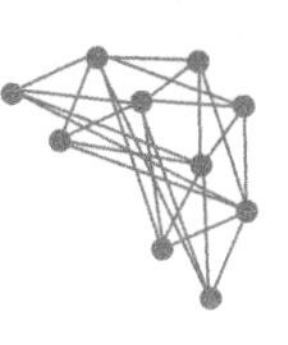

些模型参数。相反，ReLU 激活函数在正区间的梯度总是 1。因此，如果模型参数没有正确初始化，Sigmoid 函数可能在正区间内得到几乎为 0 的梯度，从而使模型无法得到有效的训练。

3. 容量控制和预处理

AlexNet 通过 dropout 控制全连接层的模型复杂度，而 LeNet 只使用了权重衰减。为了进一步扩充数据，AlexNet 在训练时增加了大量的图像增强数据，如翻转、裁切和变色。这使得模型更健壮，更大的样本量有效地减少了过拟合。具体内容将在 sec_image_augmentation 中更详细地讨论数据扩充。

```
import tensorflow as tf
from d2l import tensorflow as d2l

def net():
    return tf.keras.models.Sequential([
        # 这里使用一个 11*11 的更大窗口来捕捉对象
        # 同时，步幅为 4，以减少输出的高度和宽度
        # 另外，输出通道的数目远大于 LeNet
        tf.keras.layers.Conv2D(filters=96, kernel_size=11, strides=4,
                               activation='relu'),
        tf.keras.layers.MaxPool2D(pool_size=3, strides=2),
        # 减小卷积窗口，使用填充为 2 来让输入与输出的高和宽一致，且增大输出通道数
        tf.keras.layers.Conv2D(filters=256, kernel_size=5, padding='same',
                               activation='relu'),
        tf.keras.layers.MaxPool2D(pool_size=3, strides=2),
        # 使用 3 个连续的卷积层和较小的卷积窗口
        # 除了最后的卷积层，输出通道的数量进一步增加
        # 在前两个卷积层之后，池化层不用于减少输入的高度和宽度
        tf.keras.layers.Conv2D(filters=384, kernel_size=3, padding='same',
                               activation='relu'),
        tf.keras.layers.Conv2D(filters=384, kernel_size=3, padding='same',
                               activation='relu'),
        tf.keras.layers.Conv2D(filters=256, kernel_size=3, padding='same',
                               activation='relu'),
        tf.keras.layers.MaxPool2D(pool_size=3, strides=2),
        tf.keras.layers.Flatten(),
        # 这里，全连接层的输出数量是 LeNet 中的几倍，使用 dropout 层来减轻过度拟合
        tf.keras.layers.Dense(4096, activation='relu'),
        tf.keras.layers.Dropout(0.5),
        tf.keras.layers.Dense(4096, activation='relu'),
        tf.keras.layers.Dropout(0.5),
        # 最后是输出层。由于这里使用 Fashion-MNIST，所以用类别数为 10，而非论文中的 1000
        tf.keras.layers.Dense(10)])
```

构造一个高度和宽度都为 224 的单通道数据来观察每一层输出的形状。它与图 5-2 中的 AlexNet 架构相匹配。

```
X = tf.random.uniform((1, 224, 224, 1))
for layer in net().layers:
        X = layer(X)
        print(layer.__class__.__name__, 'Output shape:\t', X.shape)
```

```
Conv2D Output shape:          (1, 54, 54, 96)
MaxPooling2D Output shape:    (1, 26, 26, 96)
Conv2D Output shape:          (1, 26, 26, 256)
MaxPooling2D Output shape:    (1, 12, 12, 256)
Conv2D Output shape:          (1, 12, 12, 384)
Conv2D Output shape:          (1, 12, 12, 384)
Conv2D Output shape:          (1, 12, 12, 256)
MaxPooling2D Output shape:    (1, 5, 5, 256)
Flatten Output shape:         (1, 6400)
Dense Output shape:   (1, 4096)
Dropout Output shape:         (1, 4096)
Dense Output shape:   (1, 4096)
Dropout Output shape:         (1, 4096)
Dense Output shape:   (1, 10)
```

5.1.3 读取数据集

尽管 AlexNet 是在 ImageNet 上进行训练的，但这里使用的是 Fashion-MNIST 数据集。因为即使在现代 GPU 上训练 ImageNet 模型，同时使其收敛可能需要数小时或数天的时间。而将 AlexNet 直接应用于 Fashion-MNIST 的一个问题是，Fashion-MNIST 的图像分辨率（28×28 像素）低于 ImageNet 图像的分辨率。为了解决这个问题，将分辨率增加到 224×224 像素（通常来讲这不是一个明智的做法，但在这里是为了有效使用 AlexNet 结构）。使用 d2l.load_data_fashion_mnist 函数中的 resize 参数执行此调整。

```
batch_size = 128
train_iter, test_iter = d2l.load_data_fashion_mnist(batch_size, resize=224)
```

5.1.4 训练 AlexNet

现在可以开始训练 AlexNet 了。与 LeNet 相比，主要变化是使用更小的学习速率训练，这是因为网络更深、更广，图像分辨率更高，训练卷积神经网络就更昂贵。迭代结果如图 5-3 所示。

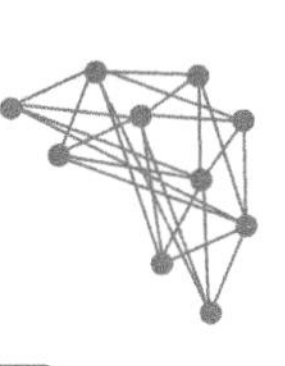

```
lr, num_epochs = 0.01, 10
d2l.train_ch6(net, train_iter, test_iter, num_epochs, lr, d2l.try_gpu())
```

```
loss 0.325, train acc 0.881, test acc 0.871
4700.9 examples/sec on /GPU:0
```

```
<tensorflow.python.keras.engine.sequential.Sequential at 0x7ff809eb3d00>
```

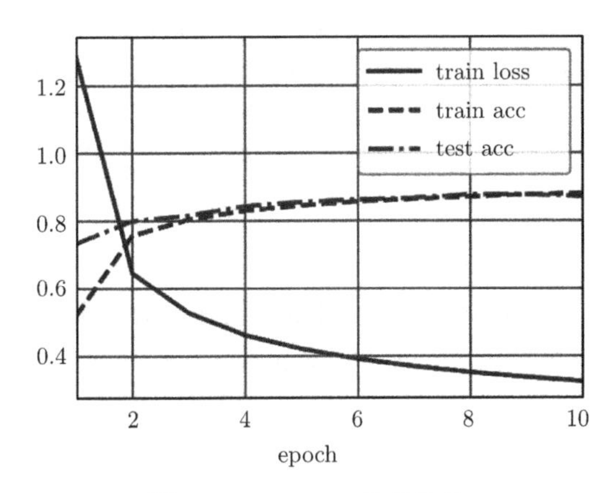

图 5-3　AlexNet 迭代结果

5.2　使用块的网络

虽然 AlexNet 证明深层神经网络卓有成效，但它没有提供一个通用的模板来指导后续的研究人员设计新的网络。本章介绍一些常用于设计深层神经网络的启发式概念。

与芯片设计中的工程师从放置晶体管到逻辑元件再到逻辑块的过程类似，神经网络结构的设计也逐渐变得更加抽象。研究人员开始从单个神经元的角度思考问题，发展到整个层次，现在又转向模块，重复各层的模式。

使用块的想法首先出现在牛津大学的视觉几何组（Visual Geometry Group，VGG）的网络中。通过使用循环和子程序，可以很容易地在任何现代深度学习框架的代码中实现这些重复的结构。

5.2.1　VGG 块

经典卷积神经网络的基本组成部分的序列如下：①带填充以保持分辨率的卷积层；②非线性激活函数，如 ReLU；③池化层，如最大池化层。

而一个 VGG 块与之类似，由一系列卷积层组成，后面再加上用于空间下采样的最大池化层。在最初的 VGG 论文中，作者使用了带有 3×3 卷积核、填充为 1（保持高度和宽度）的卷积层，带有 2×2 池化窗口、步幅为 2（每个块后的分辨率减半）的最大池化层。在下面的代码中，定义了一个名为 vgg_block 的函数来实现 VGG 块。

```
import tensorflow as tf
from d2l import tensorflow as d2l

def vgg_block(num_convs, num_channels):
    blk = tf.keras.models.Sequential()
    for _ in range(num_convs):
        blk.add(
            tf.keras.layers.Conv2D(num_channels, kernel_size=3,
                                   padding='same', activation='relu'))
    blk.add(tf.keras.layers.MaxPool2D(pool_size=2, strides=2))
    return blk
```

5.2.2 VGG 网络

与 AlexNet、LeNet 一样，VGG 网络可以分为两部分：第一部分主要由卷积层和池化层组成，第二部分由全连接层组成，如图 5-4 所示。

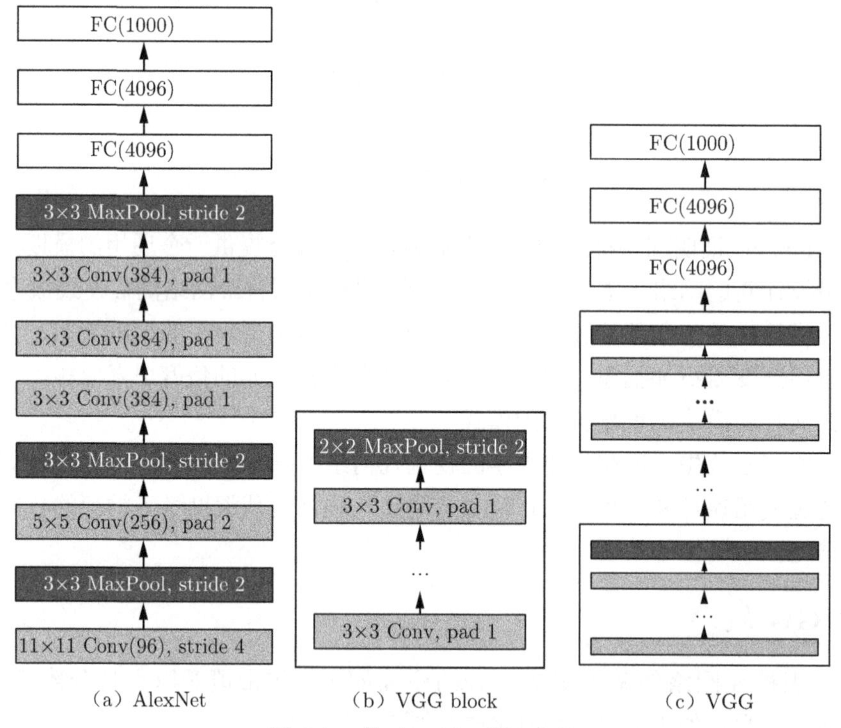

图 5-4　从 AlexNet 到 VGG

VGG 神经网络连续连接图 5-4 的几个 VGG 块（在 vgg_block 函数中定义）。其中有超参数变量 conv_arch。该变量指定了每个 VGG 块里卷积层个数和输出通道数。全连接模块则与 AlexNet 中相同。

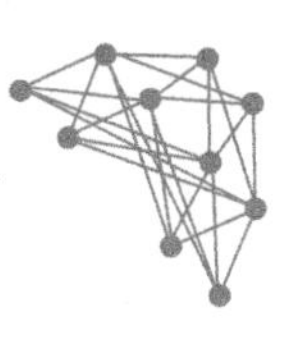

原始 VGG 网络有 5 个卷积块，其中前两个块各有一个卷积层，后三个块各包含两个卷积层。第一个模块有 64 个输出通道，每个后续模块将输出通道数量翻倍，直到该数字达到 512。由于该网络使用 8 个卷积层和 3 个全连接层，因此它通常被称为 VGG-11。

```
conv_arch = ((1, 64), (1, 128), (2, 256), (2, 512), (2, 512))
```

下面的代码实现了 VGG-11，可以通过在 conv_arch 上执行 for 循环来简单实现。

```
def vgg(conv_arch):
    net = tf.keras.models.Sequential()
    # 卷积层部分
    for (num_convs, num_channels) in conv_arch:
        net.add(vgg_block(num_convs, num_channels))
    # 全连接层部分
    net.add(
        tf.keras.models.Sequential([
            tf.keras.layers.Flatten(),
            tf.keras.layers.Dense(4096, activation='relu'),
            tf.keras.layers.Dropout(0.5),
            tf.keras.layers.Dense(4096, activation='relu'),
            tf.keras.layers.Dropout(0.5),
            tf.keras.layers.Dense(10)]))
    return net

net = vgg(conv_arch)
```

接下来，构建一个高度和宽度为 224 的单通道数据样本，以观察每个层输出的形状。

```
X = tf.random.uniform((1, 224, 224, 1))
for blk in net.layers:
        X = blk(X)
        print(blk.__class__.__name__, 'output shape:\t', X.shape)
```

```
Sequential output shape:     (1, 112, 112, 64)
Sequential output shape:     (1, 56, 56, 128)
Sequential output shape:     (1, 28, 28, 256)
Sequential output shape:     (1, 14, 14, 512)
Sequential output shape:     (1, 7, 7, 512)
Sequential output shape:     (1, 10)
```

从上面的代码中可以看到，每个块的高度和宽度减半，最终高度和宽度都为 7。最后再展平表示，送入全连接层处理。

5.2.3 训练 VGG

由于 VGG-11 比 AlexNet 计算量更大，因此构建了一个通道数较少的网络，足够用于训练 Fashion-MNIST 数据集。

```
ratio = 4
small_conv_arch = [(pair[0], pair[1] // ratio) for pair in conv_arch]
# 这必须是一个将被放入 d2l.train_ch6() 的函数，为了利用现有的 CPU/GPU 设备，这样的模型构
# 建/编译需要在 strategy.scope() 中
net = lambda: vgg(small_conv_arch)
```

除了使用略高的学习率外，模型训练过程与 AlexNet 类似。其迭代结果如图 5-5 所示。

```
lr, num_epochs, batch_size = 0.05, 10, 128
train_iter, test_iter = d2l.load_data_fashion_mnist(batch_size, resize=224)
d2l.train_ch6(net, train_iter, test_iter, num_epochs, lr, d2l.try_gpu())
```

```
loss 0.175, train acc 0.935, test acc 0.921
2933.5 examples/sec on /GPU:0
```

```
<tensorflow.python.keras.engine.sequential.Sequential at 0x7f22e0882190>
```

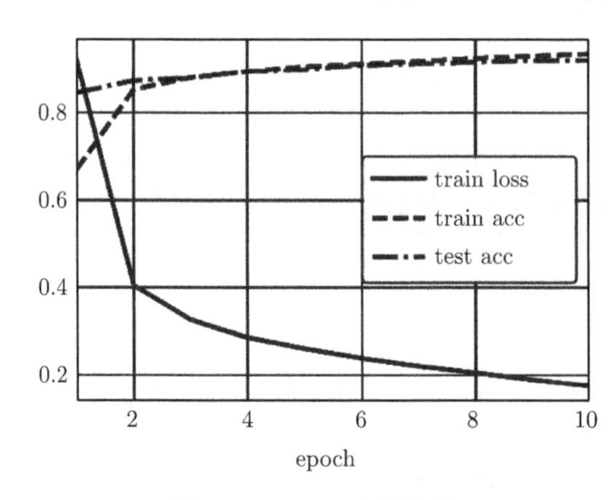

图 5-5　VGG 迭代结果

5.3　网络中的网络

思政案例

LeNet、AlexNet 和 VGG 都有一个共同的设计模式：通过一系列的卷积层与池化层来提取空间结构特征；然后通过全连接层对特征的表征进行处理。AlexNet 和 VGG 对 LeNet 的改进主要在于如何扩大和加深这两个模块。或者，可以想象在这个过程的早期使用全连接层。然而，如果使用稠密层，可能会完全放弃表征的空间结构。网络中的网络（NiN）提供了一个非常简单的解决方案：在每个像素的通道上分别使用多层感知机。

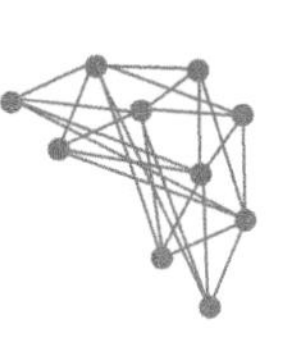

5.3.1 NiN 块

卷积层的输入和输出由四维张量组成，张量的每个轴分别对应样本、通道、高度和宽度。另外，全连接层的输入和输出通常是分别对应于样本和特征的二维张量。NiN 的想法是在每个像素位置（针对每个高度和宽度）应用一个全连接层。如果将权重连接到每个空间位置，可以将其视为 1×1 卷积层，或作为在每个像素位置上独立作用的全连接层。从另一个角度看，即将空间维度中的每个像素视为单个样本，将通道维度视为不同特征（feature）。

图 5-6 说明了 VGG 和 NiN 及它们的块之间的主要结构差异。NiN 块以一个普通卷积层开始，后面是两个 1×1 的卷积层。这两个 1×1 卷积层充当带有 ReLU 激活函数的逐像素全连接层。第一层的卷积窗口形状通常由用户设置，随后的卷积窗口形状固定为 1×1。

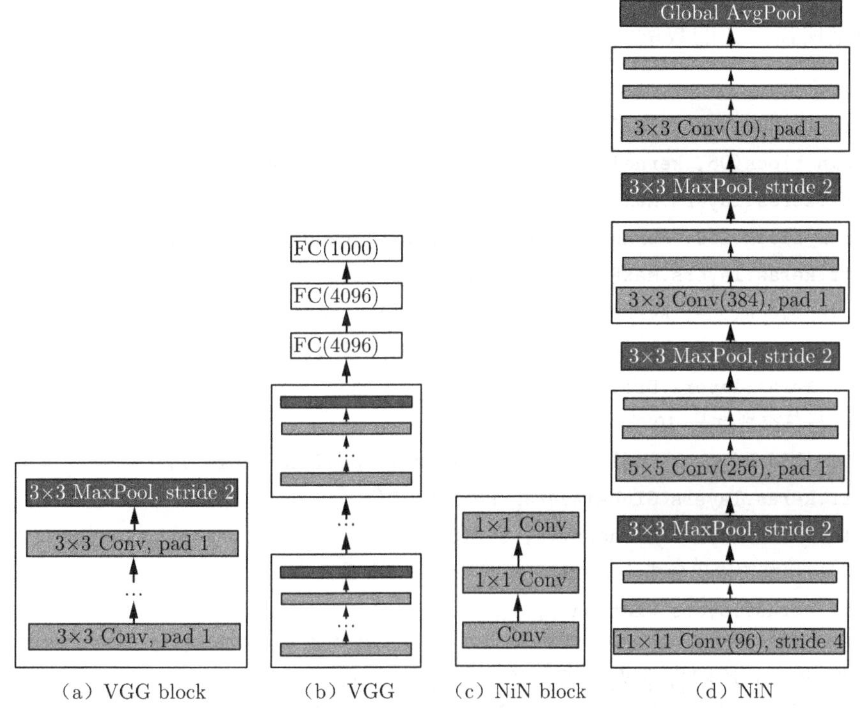

图 5-6　对比 VGG 和 NiN 及它们的块之间的主要结构差异

```
import tensorflow as tf
from d2l import tensorflow as d2l

def nin_block(num_channels, kernel_size, strides, padding):
    return tf.keras.models.Sequential([
        tf.keras.layers.Conv2D(num_channels, kernel_size, strides=strides,
                               padding=padding, activation='relu'),
        tf.keras.layers.Conv2D(num_channels, kernel_size=1,
                               activation='relu'),
```

```
        tf.keras.layers.Conv2D(num_channels, kernel_size=1,
                               activation='relu')])
```

5.3.2 NiN 模型

最初的 NiN 网络是在 AlexNet 后不久提出的，显然从中得到了一些启示。NiN 使用窗口形状为 11×11、5×5 和 3×3 的卷积层，输出通道数量与 AlexNet 中的相同。每个 NiN 块后有一个最大池化层，池化窗口形状为 3×3，步幅为 2。

NiN 和 AlexNet 之间的一个显著区别是 NiN 完全取消了全连接层。相反，NiN 使用一个 NiN 块，其输出通道数等于标签类别的数量。最后放一个全局平均池化层（global average pooling layer），生成一个多元逻辑向量（logits）。NiN 设计的一个优点是，它显著减少了模型所需参数的数量。然而，在实践中，这种设计有时会增加训练模型的时间。

```
def net():
    return tf.keras.models.Sequential([
        nin_block(96, kernel_size=11, strides=4, padding='valid'),
        tf.keras.layers.MaxPool2D(pool_size=3, strides=2),
        nin_block(256, kernel_size=5, strides=1, padding='same'),
        tf.keras.layers.MaxPool2D(pool_size=3, strides=2),
        nin_block(384, kernel_size=3, strides=1, padding='same'),
        tf.keras.layers.MaxPool2D(pool_size=3, strides=2),
        tf.keras.layers.Dropout(0.5),
        # 标签类别数是 10
        nin_block(10, kernel_size=3, strides=1, padding='same'),
        tf.keras.layers.GlobalAveragePooling2D(),
        tf.keras.layers.Reshape((1, 1, 10)),
        # 将四维的输出转成二维的输出，其形状为 (批量大小, 10)
        tf.keras.layers.Flatten(),])
```

可以创建一个数据样本来查看每个块的输出形状。

```
X = tf.random.uniform((1, 224, 224, 1))
for layer in net().layers:
        X = layer(X)
        print(layer.__class__.__name__, 'output shape:\t', X.shape)
```

```
Sequential output shape:     (1, 54, 54, 96)
MaxPooling2D output shape:   (1, 26, 26, 96)
Sequential output shape:     (1, 26, 26, 256)
MaxPooling2D output shape:   (1, 12, 12, 256)
Sequential output shape:     (1, 12, 12, 384)
MaxPooling2D output shape:   (1, 5, 5, 384)
```

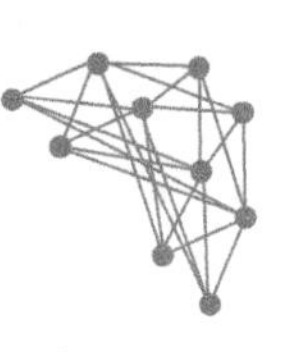

```
Dropout output shape:          (1, 5, 5, 384)
Sequential output shape:       (1, 5, 5, 10)
GlobalAveragePooling2D output shape:         (1, 10)
Reshape output shape:          (1, 1, 1, 10)
Flatten output shape:          (1, 10)
```

5.3.3　训练 NiN

和以前一样，使用 Fashion-MNIST 来训练模型，训练 NiN 与训练 AlexNet、VGG 相似。NiN 迭代结果如图 5-7 所示。

```
lr, num_epochs, batch_size = 0.1, 10, 128
train_iter, test_iter = d2l.load_data_fashion_mnist(batch_size, resize=224)
d2l.train_ch6(net, train_iter, test_iter, num_epochs, lr, d2l.try_gpu())
```

```
loss 0.375, train acc 0.861, test acc 0.865
3455.1 examples/sec on /GPU:0
```

```
<tensorflow.python.keras.engine.sequential.Sequential at 0x7efeed8810a0>
```

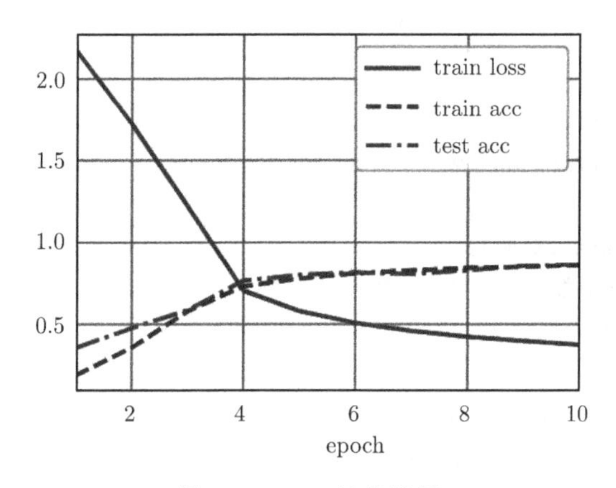

图 5-7　NiN 迭代结果

5.4　含并行连结的网络

在 2014 年的 ImageNet 图像识别挑战赛中，GoogLeNet 网络结构大放异彩。GoogLeNet 吸收了 NiN 中串联网络的思想，并在此基础上做了改进。这篇论文的一个重点是解决了什么样大小的卷积核最合适的问题。毕竟，以前流行的网络使用小到 1×1，大到 11×11 的卷积核。其中的一个观点是，有时使用不同大小的卷积核组合是有利的。本节介绍一个稍简化的 GoogLeNet 版本：省略了一些为稳定训练而添加的特性，因为现在有了更好的训练算法，这些特性就不是必要的。

5.4.1 Inception 块

在 GoogLeNet 中，基本的卷积块被称为 Inception 块（Inception block)。这很可能得名于电影《盗梦空间》(*Inception*)，因为电影中的一句话“我们需要走得更深（We need to go deeper)”。

在图 5-8 中，Inception 块 4 条并行路径组成。前三条路径使用窗口大小为 1×1、3×3 和 5×5 的卷积层，从不同空间中提取信息。中间的两条路径在输入上执行 1×1 卷积，以减少通道数，从而降低模型的复杂性。第四条路径使用 3×3 最大池化层，然后使用 1×1 卷积层来改变通道数。这四条路径都使用合适的填充来使输入与输出的高和宽一致，最后将每条线路的输出在通道维度上连结，并构成 Inception 块的输出。在 Inception 块中，通常调整的超参数是每层输出通道的数量。

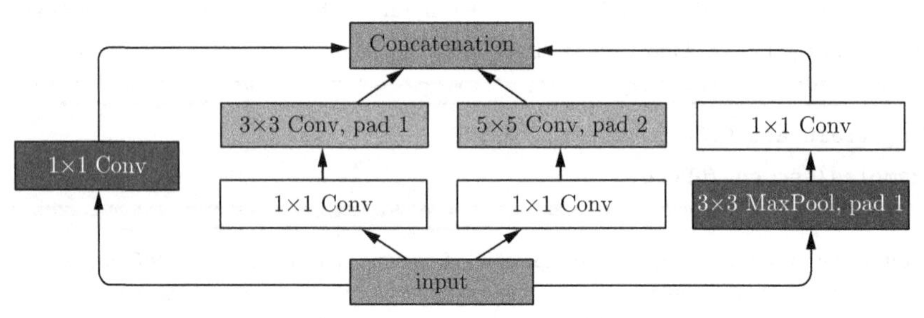

图 5-8 Inception 块的结构

```
import tensorflow as tf
from d2l import tensorflow as d2l

class Inception(tf.keras.Model):
    # 'c1'--'c4' 是每条路径的输出通道数
    def __init__(self, c1, c2, c3, c4):
        super().__init__()
        # 线路 1，单 1 × 1 卷积层
        self.p1_1 = tf.keras.layers.Conv2D(c1, 1, activation='relu')
        # 线路 2，1 × 1 卷积层后接 3 × 3 卷积层
        self.p2_1 = tf.keras.layers.Conv2D(c2[0], 1, activation='relu')
        self.p2_2 = tf.keras.layers.Conv2D(c2[1], 3, padding='same',
                                           activation='relu')
        # 线路 3，1 × 1 卷积层后接 5 × 5 卷积层
        self.p3_1 = tf.keras.layers.Conv2D(c3[0], 1, activation='relu')
        self.p3_2 = tf.keras.layers.Conv2D(c3[1], 5, padding='same',
                                           activation='relu')
        # 线路 4，3 × 3 最大池化层后接 1 × 1 卷积层
        self.p4_1 = tf.keras.layers.MaxPool2D(3, 1, padding='same')
        self.p4_2 = tf.keras.layers.Conv2D(c4, 1, activation='relu')
```

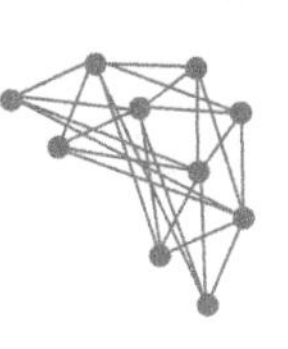

```
    def call(self, x):
        p1 = self.p1_1(x)
        p2 = self.p2_2(self.p2_1(x))
        p3 = self.p3_2(self.p3_1(x))
        p4 = self.p4_2(self.p4_1(x))
        # 在通道维度上连结输出
        return tf.keras.layers.Concatenate()([p1, p2, p3, p4])
```

那么，为什么 GoogLeNet 如此有效呢？首先考虑滤波器（filter）的组合，它们可以用各种滤波器尺寸探索图像，这意味着不同大小的滤波器可以有效地识别不同范围的图像细节。同时，可以为不同的滤波器分配不同数量的参数。

5.4.2 GoogLeNet 模型

在图 5-9 中，GoogLeNet 一共使用 9 个 Inception 块和全局平均池化层的堆叠来生成其估计值。Inception 块之间的最大池化层可降低维度。第一个模块类似于 AlexNet 和 LeNet，Inception 块的栈从 VGG 继承，全局平均池化层避免了在最后使用全连接层。

接下来，逐一实现 GoogLeNet 的每个模块。第一个模块使用 64 个通道、7×7 卷积层。

```
def b1():
        return tf.keras.models.Sequential([
                tf.keras.layers.Conv2D(64, 7, strides=2, padding='same',
                activation='relu'),
                tf.keras.layers.MaxPool2D(pool_size=3, strides=2,
                padding='same')])
```

第二个模块使用两个卷积层：第一个卷积层是 64 个通道、1×1 卷积层；第二个卷积层使用将通道数量增加 3 倍的 3×3 卷积层。这对应于 Inception 块中的第二条路径。

```
def b2():
        return tf.keras.Sequential([
                tf.keras.layers.Conv2D(64, 1, activation='relu'),
                tf.keras.layers.Conv2D(192, 3, padding='same', activation='relu'),
                tf.keras.layers.MaxPool2D(pool_size=3, strides=2,
                padding='same')])
```

第三个模块串联两个完整的 Inception 块。第一个 Inception 块的输出通道数为 $64+128+32+32=256$，4 个路径之间的输出通道数量比为 $64:128:32:32=2:4:1:1$。第二个和第三个路径首先将输入通道的数量分别减少到 $96/192=1/2$ 和 $16/192=1/12$，然后连接第二个卷积层。第二个 Inception 块的输出通道数增加到 $128+192+96+64=480$，4 个路径之间的输出通道数量比为 $128:192:96:64=4:6:3:2$。第二条和第三条路径首先将输入通道的数量分别减少到 $128/256=1/2$ 和 $32/256=1/8$。

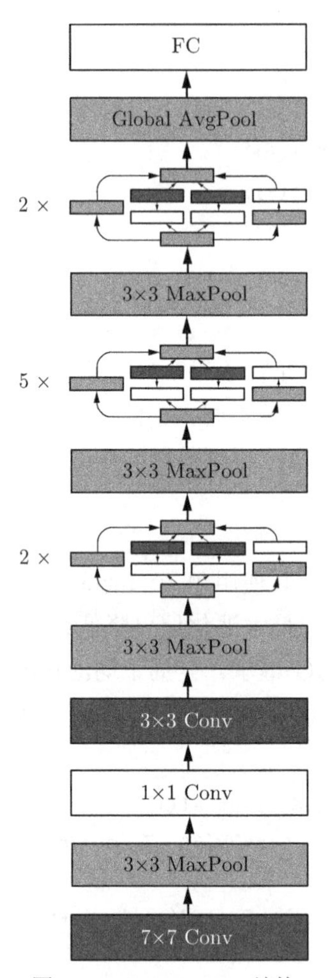

图 5-9　GoogLeNet 结构

```
def b3():
        return tf.keras.models.Sequential([
                Inception(64, (96, 128), (16, 32), 32),
                Inception(128, (128, 192), (32, 96), 64),
                tf.keras.layers.MaxPool2D(pool_size=3, strides=2,
                padding='same')])
```

第四模块更加复杂，它串联了 5 个 Inception 块，其输出通道数分别是 $192+208+48+64=512$、$160+224+64+64=512$ 、$128+256+64+64=512$ 、$112+288+64+64=528$ 和 $256+320+128+128=832$。这些路径的通道数分配和第三模块类似，首先是含 3×3 卷积层的第二条路径输出最多通道，其次是仅含 1×1 卷积层的第一条路径，之后是含 5×5 卷积层的第三条路径和含 3×3 最大池化层的第四条路径。其中第二、第三条路径都会先按比例减小通道数。这些比例在各个 Inception 块中略有不同。

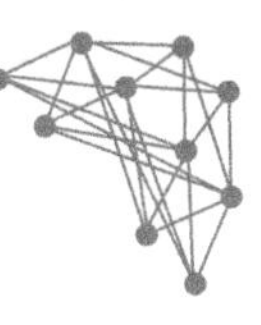

```
def b4():
        return tf.keras.Sequential([
                Inception(192, (96, 208), (16, 48), 64),
                Inception(160, (112, 224), (24, 64), 64),
                Inception(128, (128, 256), (24, 64), 64),
                Inception(112, (144, 288), (32, 64), 64),
                Inception(256, (160, 320), (32, 128), 128),
                tf.keras.layers.MaxPool2D(pool_size=3, strides=2,
                padding='same')])
```

第五模块包含输出通道数为 $256+320+128+128=832$ 和 $384+384+128+128=1024$ 的两个 Inception 块。其中每条路径通道数的分配思路和第三、第四模块中的一致，只是在具体数值上有所不同。需要注意的是，第五模块的后面紧跟输出层，该模块同 NiN 一样使用全局平均池化层，将每个通道的高和宽变成 1。最后将输出变成二维数组，再接上一个输出个数为标签类别数的全连接层。

```
def b5():
    return tf.keras.Sequential([
        Inception(256, (160, 320), (32, 128), 128),
        Inception(384, (192, 384), (48, 128), 128),
        tf.keras.layers.GlobalAvgPool2D(),
        tf.keras.layers.Flatten()])

# net 必须是一个将被传递给 d2l.train_ch6() 的函数。
# 为了利用现有的 CPU/GPU 设备，这样模型构建/编译需要使用 strategy.scope()
def net():
    return tf.keras.Sequential([
        b1(), b2(), b3(),
        b4(), b5(), tf.keras.layers.Dense(10)])
```

GoogLeNet 模型的计算复杂，而且不如 VGG 那样便于修改通道数。为了在 Fashion-MNIST 上有合理的训练时间，将输入的高度和宽度从 224 降低到 96，这简化了计算。下面演示各个模块输出的形状变化。

```
X = tf.random.uniform(shape=(1, 96, 96, 1))
for layer in net().layers:
        X = layer(X)
        print(layer.__class__.__name__, 'output shape:\t', X.shape)
```

```
Sequential output shape:     (1, 24, 24, 64)
Sequential output shape:     (1, 12, 12, 192)
Sequential output shape:     (1, 6, 6, 480)
```

```
Sequential output shape:     (1, 3, 3, 832)
Sequential output shape:     (1, 1024)
Dense output shape:  (1, 10)
```

5.4.3 训练 GoogLeNet

和以前一样，使用 Fashion-MNIST 数据集来训练模型。在训练之前，将图片分辨率转换为 96×96 像素。其迭代结果如图 5-10 所示。

```
lr, num_epochs, batch_size = 0.1, 10, 128
train_iter, test_iter = d2l.load_data_fashion_mnist(batch_size, resize=96)
d2l.train_ch6(net, train_iter, test_iter, num_epochs, lr, d2l.try_gpu())
```

```
loss 0.233, train acc 0.912, test acc 0.902
3830.9 examples/sec on /GPU:0
```

```
<tensorflow.python.keras.engine.sequential.Sequential at 0x7f4a549ece80>
```

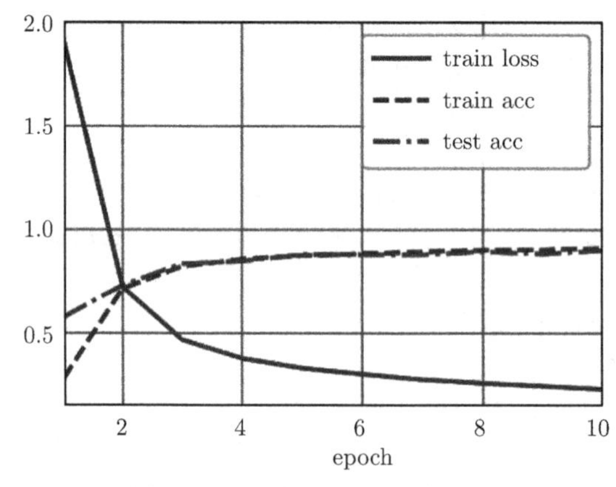

图 5-10　GoogLeNet 迭代结果

5.5 归一化算法

训练深层神经网络是十分困难的，特别是在较短的时间内使它们收敛更加棘手。本节介绍批量归一化，这是一种流行且有效的技术，可持续加速深层网络的收敛速度。结合 5.6 节介绍的残差块，批量归一化使得研究人员能够训练 100 层以上的网络。

5.5.1 训练深层网络

为什么需要批量归一化层呢？先来回顾训练神经网络时出现的一些实际挑战。

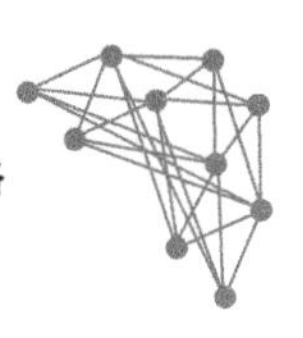

首先，数据预处理的方式通常会对最终结果产生巨大影响。使用真实数据时，第一步是标准化输入特征，使其平均值为 0，方差为 1。直观地说，这种标准化可以很好地与优化器配合使用，因为它可以将参数的量级进行统一。

其次，对于典型的多层感知机或卷积神经网络，在训练时，中间层中的变量（例如，多层感知机中的仿射变换输出）可能具有更广的变化范围：不论是沿着从输入到输出的层，跨同一层中的单元，或是随着时间的推移，模型参数随着训练更新。批量归一化的发明者非正式地假设，这些变量分布中的偏移可能会阻碍网络的收敛。如果一个层的可变值是另一层的 100 倍，就可能需要对学习率进行补偿调整。

第三，更深层的网络很复杂，容易过拟合。这意味着正则化变得更加重要。

批量归一化应用于单个可选层（也可以应用到所有层），其原理如下：在每次训练迭代中，首先归一化输入，即通过减去其均值并除以其标准差，其中两者均基于当前小批量处理。接下来，应用比例系数和比例偏移。正是由于这个基于批量统计的标准化，才有了批量归一化的名称。

如果尝试使用大小为 1 的小批量应用批量归一化，将无法学到任何东西。这是因为在减去均值之后，每个隐藏单元将为 0。所以，只有使用足够大的小批量，批量归一化这种方法才是有效且稳定的。请注意，在应用批量归一化时，批量大小的选择可能比没有批量归一化时更重要。

从形式上来说，$\boldsymbol{x} \in \boldsymbol{\beta}$ 表示一个来自小批量 $\boldsymbol{\beta}$ 的输入，批量归一化 BN 根据以下表达式转换 $\boldsymbol{x}$：

$$\mathrm{BN}(\boldsymbol{x}) = \gamma \odot \frac{\boldsymbol{x} - \hat{\boldsymbol{\mu}}_{\boldsymbol{\beta}}}{\hat{\boldsymbol{\sigma}}_{\boldsymbol{\beta}}} + \boldsymbol{\alpha} \tag{5-1}$$

在式 (5-1) 中，$\hat{\boldsymbol{\mu}}_{\boldsymbol{\beta}}$ 是样本均值，$\hat{\boldsymbol{\sigma}}_{\boldsymbol{\beta}}$ 是小批量 $\boldsymbol{\beta}$ 的样本标准差。应用标准化后，生成的小批量的平均值为 0，单位方差为 1。由于单位方差（与其他一些魔法数）是一个任意的选择，因此通常包含拉伸参数（scale）γ 和偏移参数（shift）$\boldsymbol{\alpha}$，它们的形状与 $\boldsymbol{x}$ 相同。请注意，γ 和 $\boldsymbol{\alpha}$ 是需要与其他模型参数一起学习的参数。

由于在训练过程中，中间层的变化幅度不能过于剧烈，而批量归一化将每一层主动居中，并将它们重新调整为给定的平均值和大小（通过 $\hat{\boldsymbol{\mu}}_{\boldsymbol{\beta}}$ 和 $\hat{\boldsymbol{\sigma}}_{\boldsymbol{\beta}}$ 实现）。

从形式上来看，计算出的式 (5-1) 中的 $\hat{\boldsymbol{\mu}}_{\boldsymbol{\beta}}$ 和 $\hat{\boldsymbol{\sigma}}_{\boldsymbol{\beta}}$ 如下：

$$\begin{aligned}
\hat{\boldsymbol{\mu}}_{\boldsymbol{\beta}} &= \frac{1}{|\boldsymbol{\beta}|} \sum_{\mathrm{x} \in \boldsymbol{\beta}} \boldsymbol{x} \\
\hat{\boldsymbol{\sigma}}_{\boldsymbol{\beta}}^2 &= \frac{1}{|\boldsymbol{\beta}|} \sum_{\mathrm{x} \in \boldsymbol{\beta}} \left(\boldsymbol{x} - \hat{\boldsymbol{\mu}}_{\boldsymbol{\beta}}\right)^2 + \epsilon
\end{aligned} \tag{5-2}$$

注意，在方差估计值中添加一个小常量 $\epsilon > 0$，以确保永远不会尝试除以零，即使在经验方差估计值可能消失的情况下也是如此。估计值 $\hat{\boldsymbol{\mu}}_{\boldsymbol{\beta}}$ 和 $\hat{\boldsymbol{\sigma}}_{\boldsymbol{\beta}}$ 通过使用平均值和方差的噪声（noise）估计来抵消缩放问题。有的人可能会认为这种噪声是一个问题，而事实上它是有益的。

事实证明，这是深度学习中一个反复出现的主题。由于理论上尚未明确表述的原因，优化中的各种噪声源通常会导致更快的训练和较少的过拟合：这种变化似乎是正则化的一种形式。

另外，批量归一化图层在“训练模式”（通过小批量统计数据归一化）和“预测模式”（通过数据集统计归一化）中的功能不同。在训练过程中，无法得知使用整个数据集来估计平均值和方差，所以只能根据每个小批量的平均值和方差不断训练模型。而在预测模式下，可以根据整个数据集精确计算批量归一化所需的平均值和方差。

接下来讲解批量归一化在实践中是如何工作的。

5.5.2 批量归一化层

批量归一化和其他图层之间的一个关键区别是，批量归一化在完整的小批量上运行，因此，不能像以前在引入其他图层时那样忽略批处理的尺寸大小。全连接层和卷积层的批量归一化实现略有不同。

1. 全连接层

批量归一化层通常置于全连接层中的仿射变换和激活函数之间。设全连接层的输入为 u，权重参数和偏置参数分别为 $\boldsymbol{W}$ 和 $\boldsymbol{b}$，激活函数为 ϕ，批量归一化的运算符为 BN。那么，使用批量归一化的全连接层的输出的计算如下：

$$\boldsymbol{h} = \phi(\mathrm{BN}(\boldsymbol{Wx} + \boldsymbol{b})) \tag{5-3}$$

2. 卷积层

对于卷积层同样可以在卷积层之后和非线性激活函数之前应用批量归一化。当卷积有多个输出通道时，需要对这些通道的“每个”输出执行批量归一化，每个通道都有自己的拉伸（scale）和偏移（shift）参数，这两个参数都是标量。假设小批量包含 m 个样本，并且对于每个通道，卷积的输出具有高度 p 和宽度 q。那么，对于卷积层，在每个输出通道的 $m \cdot p \cdot q$ 个元素上同时执行每个批量归一化。因此，在计算平均值和方差时，会收集所有空间位置的值，然后在给定通道内应用相同的均值和方差，以便在每个空间位置对值进行归一化。

3. 预测过程中的批量归一化

批量归一化在训练模式和预测模式下的行为通常不同。首先，将训练好的模型用于预测时，不再需要样本均值中的噪声以及在微批量上估计每个小批量产生的样本方差。其次，假如使用模型对逐个样本进行预测，一种常用的方法是通过移动平均估算整个训练数据集的样本均值和方差，并在预测时使用它们得到确定的输出。可见，和 dropout 一样，批量归一化层在训练模式和预测模式下的计算结果是不一样的。

5.5.3 从零实现批量归一化层

下面，从零开始实现一个具有张量的批量归一化层。

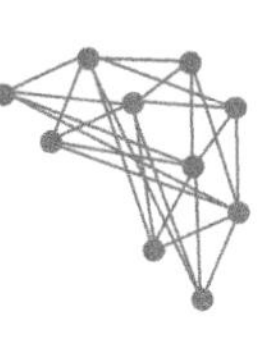

```
import tensorflow as tf
from d2l import tensorflow as d2l

def batch_norm(X, gamma, beta, moving_mean, moving_var, eps):
        # 计算移动方差元平方根的倒数
        inv = tf.cast(tf.math.rsqrt(moving_var + eps), X.dtype)
        # 缩放和移位
        inv *= gamma
        Y = X * inv + (beta - moving_mean * inv)
        return Y
```

现在可以创建一个正确的 BatchNorm 图层。这个层将保持适当的参数：拉伸 gamma 和偏移 beta，这两个参数在训练过程中更新。此外，图层将保存均值和方差的移动平均值，以便在模型预测期间随时使用。

撇开算法细节，注意实现图层的基础设计模式。通常情况下，用一个单独的函数定义其数学原理，如 batch_norm。然后，将此功能集成到一个自定义层中，其代码可用来处理将数据移动到训练设备（如 GPU）、分配和初始化任何必需的变量、跟踪移动平均线（此处为均值和方差）等问题。当自动推断输入形状，因此需要指定整个特征的数量时，深度学习框架中的批量归一化 API 会解决自己推断输入形状的问题，稍后将说明这一点。

```
class BatchNorm(tf.keras.layers.Layer):
    def __init__(self, **kwargs):
        super(BatchNorm, self).__init__(**kwargs)

    def build(self, input_shape):
        weight_shape = [input_shape[-1],]
        # 参与求梯度和迭代的拉伸和偏移参数，分别初始化成 1 和 0
        self.gamma = self.add_weight(name='gamma', shape=weight_shape,
                                     initializer=tf.initializers.ones,
                                     trainable=True)
        self.beta = self.add_weight(name='beta', shape=weight_shape,
                                    initializer=tf.initializers.zeros,
                                    trainable=True)
        # 非模型参数的变量初始化为 0 和 1
        self.moving_mean = self.add_weight(name='moving_mean',
                                           shape=weight_shape,
                                           initializer=tf.initializers.zeros,
                                           trainable=False)
        self.moving_variance = self.add_weight(
            name='moving_variance', shape=weight_shape,
            initializer=tf.initializers.ones, trainable=False)
```

```
        super(BatchNorm, self).build(input_shape)

    def assign_moving_average(self, variable, value):
        momentum = 0.9
        delta = variable * momentum + value * (1 - momentum)
        return variable.assign(delta)

    @tf.function
    def call(self, inputs, training):
        if training:
            axes = list(range(len(inputs.shape) - 1))
            batch_mean = tf.reduce_mean(inputs, axes, keepdims=True)
            batch_variance = tf.reduce_mean(
                tf.math.squared_difference(inputs,
                                           tf.stop_gradient(batch_mean)),
                axes, keepdims=True)
            batch_mean = tf.squeeze(batch_mean, axes)
            batch_variance = tf.squeeze(batch_variance, axes)
            mean_update = self.assign_moving_average(self.moving_mean,
                                                      batch_mean)
            variance_update = self.assign_moving_average(
                self.moving_variance, batch_variance)
            self.add_update(mean_update)
            self.add_update(variance_update)
            mean, variance = batch_mean, batch_variance
        else:
            mean, variance = self.moving_mean, self.moving_variance
        output = batch_norm(inputs, moving_mean=mean, moving_var=variance,
                            beta=self.beta, gamma=self.gamma, eps=1e-5)
        return output
```

5.5.4 使用批量归一化层的 LeNet

为了更好地理解如何应用 BatchNorm，下面将其应用于 LeNet 模型。批量归一化是在卷积层或全连接层之后、相应的激活函数之前应用的。

```
# 这个函数必须传递给 'd2l.train_ch6'
# 或者说为了利用现有的 CPU/GPU 设备，需要在'strategy.scope()'建立模型
def net():
    return tf.keras.models.Sequential([
        tf.keras.layers.Conv2D(filters=6, kernel_size=5,
                               input_shape=(28, 28, 1)),
```

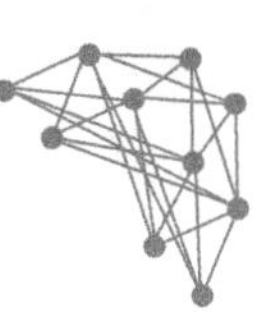

```
        BatchNorm(),
        tf.keras.layers.Activation('sigmoid'),
        tf.keras.layers.MaxPool2D(pool_size=2, strides=2),
        tf.keras.layers.Conv2D(filters=16, kernel_size=5),
        BatchNorm(),
        tf.keras.layers.Activation('sigmoid'),
        tf.keras.layers.MaxPool2D(pool_size=2, strides=2),
        tf.keras.layers.Flatten(),
        tf.keras.layers.Dense(120),
        BatchNorm(),
        tf.keras.layers.Activation('sigmoid'),
        tf.keras.layers.Dense(84),
        BatchNorm(),
        tf.keras.layers.Activation('sigmoid'),
        tf.keras.layers.Dense(10)])
```

和之前一样，在 Fashion-MNIST 数据集训练此网络。这次的代码与第一次训练 LeNet 时几乎完全相同，主要区别在于学习率大得多。其迭代结果如图 5-11 所示。

```
lr, num_epochs, batch_size = 1.0, 10, 256
train_iter, test_iter = d2l.load_data_fashion_mnist(batch_size)
net = d2l.train_ch6(net, train_iter, test_iter, num_epochs, lr,
    d2l.try_gpu())
```

```
loss 0.249, train acc 0.908, test acc 0.837
35527.8 examples/sec on /GPU:0
```

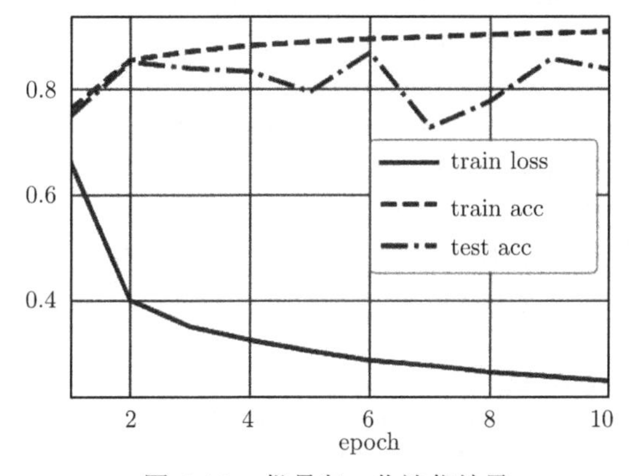

图 5-11　批量归一化迭代结果

再来观察从第一个批量归一化层中学到的拉伸参数 gamma 和偏移参数 beta。

```
tf.reshape(net.layers[1].gamma, (-1,)), tf.reshape(net.layers[1].beta, (-1,))
```

```
(<tf.Tensor: shape=(6,), dtype=float32, numpy=
 array([1.3807293, 1.5532115, 1.9084839, 1.5570848, 2.940859 , 1.8218455],
       dtype=float32)>,
 <tf.Tensor: shape=(6,), dtype=float32, numpy=
 array([ 0.25047466,  0.40561646,  1.6082121 , -1.8042402 ,  0.25936452,
        -0.58702224], dtype=float32)>)
```

5.5.5 简明实现

除了使用刚刚定义的BatchNorm，也可以直接使用深度学习框架中定义的BatchNorm。该代码几乎与上面的代码相同。

```
def net():
        return tf.keras.models.Sequential([
                tf.keras.layers.Conv2D(filters=6, kernel_size=5,
                input_shape=(28, 28, 1)),
                tf.keras.layers.BatchNormalization(),
                tf.keras.layers.Activation('sigmoid'),
                tf.keras.layers.MaxPool2D(pool_size=2, strides=2),
                tf.keras.layers.Conv2D(filters=16, kernel_size=5),
                tf.keras.layers.BatchNormalization(),
                tf.keras.layers.Activation('sigmoid'),
                tf.keras.layers.MaxPool2D(pool_size=2, strides=2),
                tf.keras.layers.Flatten(),
                tf.keras.layers.Dense(120),
                tf.keras.layers.BatchNormalization(),
                tf.keras.layers.Activation('sigmoid'),
                tf.keras.layers.Dense(84),
                tf.keras.layers.BatchNormalization(),
                tf.keras.layers.Activation('sigmoid'),
                tf.keras.layers.Dense(10),])
```

下面，使用相同的超参数来训练模型。请注意，高级 API 变体运行速度通常快得多，因为它的代码已编译为 C++ 或 CUDA，而自定义代码由 Python 实现。其迭代结果如图 5-12 所示。

```
d2l.train_ch6(net, train_iter, test_iter, num_epochs, lr, d2l.try_gpu())
```

```
loss 0.243, train acc 0.911, test acc 0.859
54481.3 examples/sec on /GPU:0
```

```
<tensorflow.python.keras.engine.sequential.Sequential at 0x7f0decd3c0d0>
```

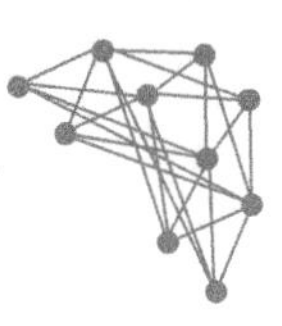

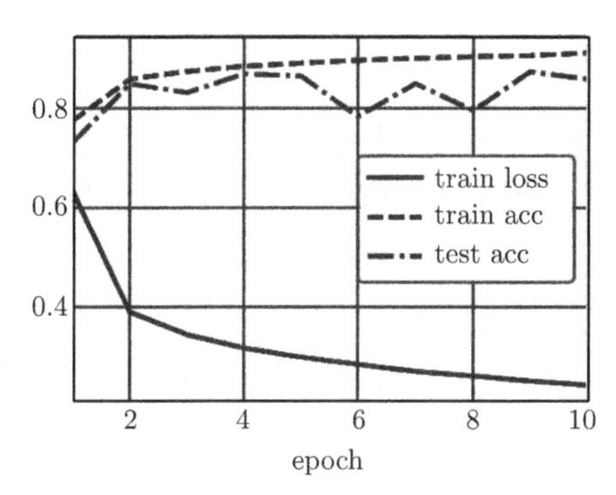

图 5-12　BatchNorm 迭代结果

5.5.6　争议

批量归一化被认为可以使优化更加平滑。然而，必须小心区分投机直觉和对观察到的现象的真实解释。有时甚至不知道为什么简单的神经网络（多层感知机和传统的卷积神经网络）如此有效。即使在 dropout 和权重衰减的情况下，它们仍然非常灵活，因此无法通过传统的学习理论泛化保证来解释它们是否能够概括到看不见的数据。

在提出批量归一化的论文中，作者除了介绍了其应用，还解释了其原理：通过减少内部协变量偏移（internal covariate shift）。据推测，作者所说的“内部协变量偏移”类似于上述的投机直觉，即变量值的分布在训练过程中会发生变化。然而，这种解释有两个问题：一是这种偏移与严格定义的协变量偏移（covariate shift）非常不同，所以这个名称并不妥当。二是这种解释只提供了一种不明确的直觉，但留下了一个有待后续挖掘的问题：为什么这项技术如此有效？本书旨在传达实践者用来发展深层神经网络的直觉。然而，重要的是将这些指导性直觉与既定的科学事实区分开来。最终，在掌握了这些方法，并开始撰写自己的研究论文时，你会希望清楚地区分技术和直觉。

随着批量归一化的普及，“内部协变量偏移”的解释反复出现在技术文献的辩论中，特别是关于“如何展示机器学习研究”的更广泛的讨论中。Ali Rahimi 在接受 2017 年 NeurIPS 大会的“接受时间考验奖”（Test of Time Award）时发表了一次令人难忘的演讲。他将“内部协变量偏移”作为焦点，将现代深度学习的实践比作炼金术。

然而，与技术机器学习文献中成千上万类似模糊的声明相比，内部协变量偏移没有什么更值得批评。很可能，它作为这些辩论的焦点而产生共鸣，要归功于它对目标受众的广泛认可。批量归一化已经证明是一种不可或缺的方法，适用于几乎所有图像分类器，在学术界获得了较多引用。

5.6　残差网络

随着网络设计越来越深，深刻理解“新添加的层如何提升神经网络的性能”变得至关重要。添加层会使网络更具表现力，为了取得质的突破，需要掌握一些数学基础知识。

5.6.1 函数类

首先，假设有一类特定的神经网络结构 F，它包括学习速率和其他超参数设置。对于所有 $f \in F$，存在一些参数集（例如权重和偏置），这些参数可以通过在合适的数据集上进行训练而获得。现在假设 f^* 是真正想要找到的函数，如果 $f^* \in F$，那么可以轻而易举地通过训练得到它，但通常不会那么幸运。相反，尝试找到一个函数 f^*_F，这是在 F 中的最佳选择。例如，给定一个具有 $\boldsymbol{X}$ 特性和 $\boldsymbol{y}$ 标签的数据集，可以尝试通过解决以下优化问题来找到它：

$$f^*_F := \underset{f}{\operatorname{argmin}}\, L(\boldsymbol{X}, \boldsymbol{y}, f) \text{ subject to } f \in F \tag{5-4}$$

那么，怎样得到更近似真正 f^* 的函数呢？唯一合理的可能性是，需要设计一个更强大的结构 F'。换句话说，预计 $f^*_{F'}$ 比 f^*_F “更近似”。然而，如果 $F \not\subseteq F'$，则无法保证新的体系“更近似”。事实上，$f^*_{F'}$ 可能更糟：如图 5-13 所示，对于非嵌套函数（non-nested function）类，较复杂的函数类并不总是向“真”函数 f^* 靠拢（复杂度由 F_1 向 F_6 递增）。如图 5-13（a）所示，虽然 F_3 比 f^* 更接近 f^*，但 F_6 却离得更远了。相反，对于如图 5-13（b）所示的嵌套函数（nested function）类 $F_1 \subseteq \cdots \subseteq F_6$，就可以避免上述问题。

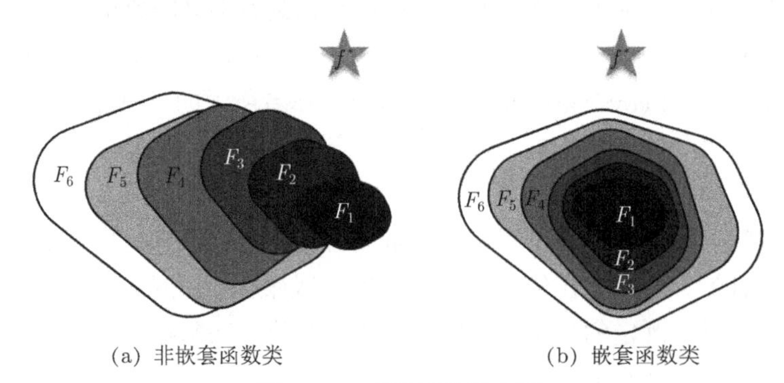

(a) 非嵌套函数类　　(b) 嵌套函数类

图 5-13　两类函数示意图

因此，只有当较复杂的函数类包含较小的函数类时，才能确保提高它们的性能。对于深度神经网络，如果能将新添加的层训练成恒等映射（identity function）$f(\boldsymbol{x}) = \boldsymbol{x}$，新模型和原模型将同样有效。同时，由于新模型可能得出更优的解来拟合训练数据集，因此添加层似乎更容易降低训练误差。

针对这一问题，何恺明等提出了残差网络（ResNet）。ResNet 在 2015 年的 ImageNet 图像识别挑战赛夺魁，并深刻影响了后来的深度神经网络的设计。残差网络的核心思想：每个附加层都应该更容易地包含原始函数作为其元素之一。于是，残差块（residual blocks）便诞生了，这个设计对如何建立深层神经网络产生了深远的影响。

5.6.2 残差块

接下来聚焦于神经网络局部：如图 5-14 所示，假设原始输入为 $\boldsymbol{x}$，而希望输出的理想映射为 $f(\boldsymbol{x})$（作为图 5-14 上方激活函数的输入）。图 5-14（a）虚线框中的部分需要直

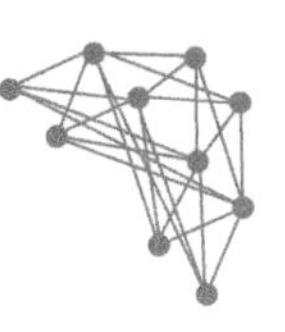

接拟合出该映射 $f(\boldsymbol{x})$，而图 5-14（b）虚线框中的部分则需要拟合出残差映射 $f(\boldsymbol{x})-\boldsymbol{x}$。残差映射在现实中往往更容易优化。以本节开头提到的恒等映射作为希望输出的理想映射 $f(\boldsymbol{x})$，只需将图 5-14（b）虚线框内上方的加权运算（如仿射）的权重和偏置参数设成 0，那么 $f(\boldsymbol{x})$ 即恒等映射。在实际中，当理想映射 $f(\boldsymbol{x})$ 极接近于恒等映射时，残差映射也易于捕捉恒等映射的细微波动。图 5-14（b）是 ResNet 的基础结构——残差块（residual block）。在残差块中，输入可以通过跨层数据线路更快地向前传播。

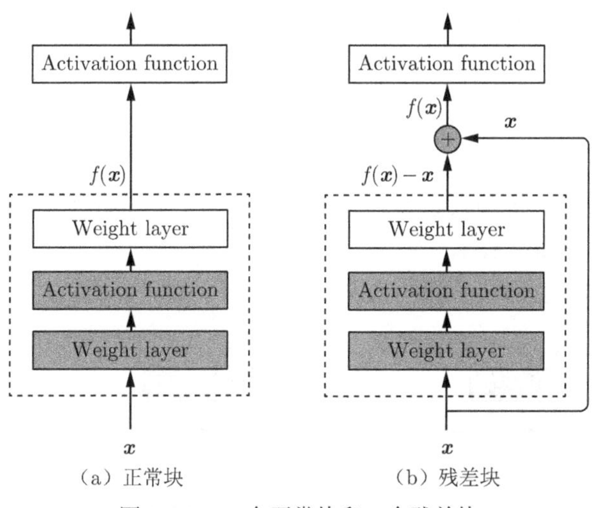

图 5-14 一个正常块和一个残差块

ResNet 沿用了 VGG 完整的 3×3 卷积层设计。残差块里首先有两个有相同输出通道数的 3×3 卷积层。每个卷积层后接一个批量归一化层和 ReLU 激活函数。然后通过跨层数据通路，跳过这两个卷积运算，将输入直接加在最后的 ReLU 激活函数前。这样的设计要求两个卷积层的输出与输入形状一样，从而可以相加。如果想改变通道数，就需要引入一个额外的 1×1 卷积层来将输入变换成需要的形状后再做相加运算。残差块的实现如下。

```
import tensorflow as tf
from d2l import tensorflow as d2l

class Residual(tf.keras.Model):  #@save
    def __init__(self, num_channels, use_1x1conv=False, strides=1):
        super().__init__()
        self.conv1 = tf.keras.layers.Conv2D(num_channels, padding='same',
                                            kernel_size=3, strides=strides)
        self.conv2 = tf.keras.layers.Conv2D(num_channels, kernel_size=3,
                                            padding='same')
        self.conv3 = None
        if use_1x1conv:
            self.conv3 = tf.keras.layers.Conv2D(num_channels, kernel_size=1,
                                                strides=strides)
```

```
        self.bn1 = tf.keras.layers.BatchNormalization()
        self.bn2 = tf.keras.layers.BatchNormalization()

    def call(self, X):
        Y = tf.keras.activations.relu(self.bn1(self.conv1(X)))
        Y = self.bn2(self.conv2(Y))
        if self.conv3 is not None:
            X = self.conv3(X)
        Y += X
        return tf.keras.activations.relu(Y)
```

如图 5-15 所示，此代码生成两种类型的网络：一种是在 use_1x1conv=False、应用 ReLU 非线性函数之前，将输入添加到输出。另一种是在 use_1x1conv=True 时，添加通过 1×1 卷积调整通道和分辨率。

下面查看输入和输出形状一致的情况。

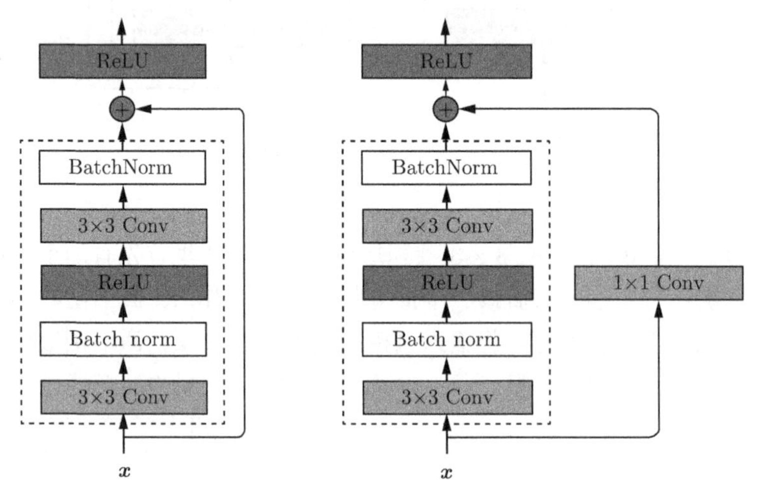

图 5-15　包含以及不包含 1×1 卷积层的残差块

```
blk = Residual(3)
X = tf.random.uniform((4, 6, 6, 3))
Y = blk(X)
Y.shape
```

```
TensorShape([4, 6, 6, 3])
```

也可以在增加输出通道数的同时减半输出的高度和宽度。

```
blk = Residual(6, use_1x1conv=True, strides=2)
blk(X).shape
```

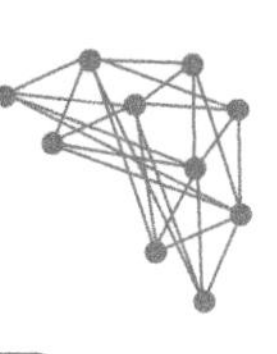

```
TensorShape([4, 3, 3, 6])
```

5.6.3 ResNet 模型

ResNet 的前两层跟之前介绍的 GoogLeNet 中的一样：在输出通道数为 64、步幅为 2 的 7×7 卷积层后，接步幅为 2 的 3×3 的最大池化层。不同之处在于，ResNet 每个卷积层后增加了批量归一化层。

```
b1 = tf.keras.models.Sequential([
        tf.keras.layers.Conv2D(64, kernel_size=7, strides=2, padding='same'),
        tf.keras.layers.BatchNormalization(),
        tf.keras.layers.Activation('relu'),
        tf.keras.layers.MaxPool2D(pool_size=3, strides=2, padding='same')])
```

GoogLeNet 在后面接了 4 个由 Inception 块组成的模块。ResNet 则使用 4 个由残差块组成的模块，每个模块使用若干同样输出通道数的残差块。第一个模块的通道数同输入通道数一致。由于之前已经使用了步幅为 2 的最大池化层，所以无须减小高度和宽度。之后的每个模块在第一个残差块里将上一个模块的通道数翻倍，并将高度和宽度减半。

下面来实现这个模块。注意，这里对第一个模块做了特别处理。

```
class ResnetBlock(tf.keras.layers.Layer):
    def __init__(self, num_channels, num_residuals, first_block=False,
                 **kwargs):
        super(ResnetBlock, self).__init__(**kwargs)
        self.residual_layers = []
        for i in range(num_residuals):
            if i == 0 and not first_block:
                self.residual_layers.append(
                    Residual(num_channels, use_1x1conv=True, strides=2))
            else:
                self.residual_layers.append(Residual(num_channels))

    def call(self, X):
        for layer in self.residual_layers.layers:
            X = layer(X)
        return X
```

接着在 ResNet 中加入所有残差块，这里每个模块使用两个残差块。

```
b2 = ResnetBlock(64, 2, first_block=True)
b3 = ResnetBlock(128, 2)
b4 = ResnetBlock(256, 2)
b5 = ResnetBlock(512, 2)
```

最后，与 GoogLeNet 一样，在 ResNet 中加入全局平均池化层，以及全连接层输出。

```
# 之前定义一个函数，用它在 'tf.distribute.MirroredStrategy'的范围
# 来利用各种计算资源，例如 GPU。另外，尽管已经创建了 b1、b2、b3、b4、b5,
# 但是将在这个函数的作用域内重新创建它们
def net():
    return tf.keras.Sequential([
        # 以下各层与之前创建的 b1 层相同
        tf.keras.layers.Conv2D(64, kernel_size=7, strides=2, padding='same'),
        tf.keras.layers.BatchNormalization(),
        tf.keras.layers.Activation('relu'),
        tf.keras.layers.MaxPool2D(pool_size=3, strides=2, padding='same'),
        # 以下各层与之前创建的 b2、b3、b4 和 b5 相同
        ResnetBlock(64, 2, first_block=True),
        ResnetBlock(128, 2),
        ResnetBlock(256, 2),
        ResnetBlock(512, 2),
        tf.keras.layers.GlobalAvgPool2D(),
        tf.keras.layers.Dense(units=10)])
```

每个模块有 4 个卷积层（不包括恒等映射的 1×1 卷积层）。加上第一个 7×7 卷积层和最后一个全连接层，共有 18 层。因此，这种模型通常被称为 ResNet-18。通过配置不同的通道数和模块里的残差块数可以得到不同的 ResNet 模型，例如更深的含 152 层的 ResNet-152。虽然 ResNet 的主体结构跟 GoogLeNet 类似，但 ResNet 结构更简单，修改也更方便。这些因素都促使了 ResNet 迅速被广泛使用。图 5-16 描述了完整的 ResNet-18 架构。

在训练 ResNet 之前，先观察 ResNet 中不同模块的输入形状是如何变化的。在之前所有的架构中，分辨率降低，通道数量增加，直到全局平均池化层聚集所有特征。

```
X = tf.random.uniform(shape=(1, 224, 224, 1))
for layer in net().layers:
        X = layer(X)
        print(layer.__class__.__name__, 'output shape:\t', X.shape)
```

```
Conv2D output shape:         (1, 112, 112, 64)
BatchNormalization output shape:     (1, 112, 112, 64)
Activation output shape:     (1, 112, 112, 64)
MaxPooling2D output shape:   (1, 56, 56, 64)
ResnetBlock output shape:    (1, 56, 56, 64)
ResnetBlock output shape:    (1, 28, 28, 128)
ResnetBlock output shape:    (1, 14, 14, 256)
```

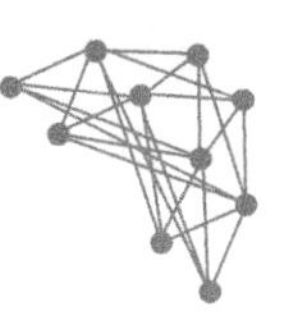

```
ResnetBlock output shape:     (1, 7, 7, 512)
GlobalAveragePooling2D output shape:          (1, 512)
Dense output shape:  (1, 10)
```

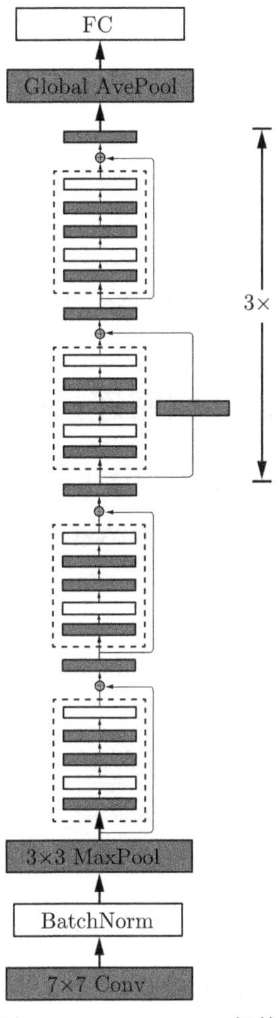

图 5-16　ResNet-18 架构

5.6.4　训练 ResNet

同之前一样，在 Fashion-MNIST 数据集上训练 ResNet。其迭代结果如图 5-17 所示。

```
lr, num_epochs, batch_size = 0.05, 10, 256
train_iter, test_iter = d2l.load_data_fashion_mnist(batch_size, resize=96)
d2l.train_ch6(net, train_iter, test_iter, num_epochs, lr, d2l.try_gpu())
```

```
loss 0.005, train acc 0.999, test acc 0.924
5246.6 examples/sec on /GPU:0
```

```
<tensorflow.python.keras.engine.sequential.Sequential at 0x7f0ee60d0340>
```

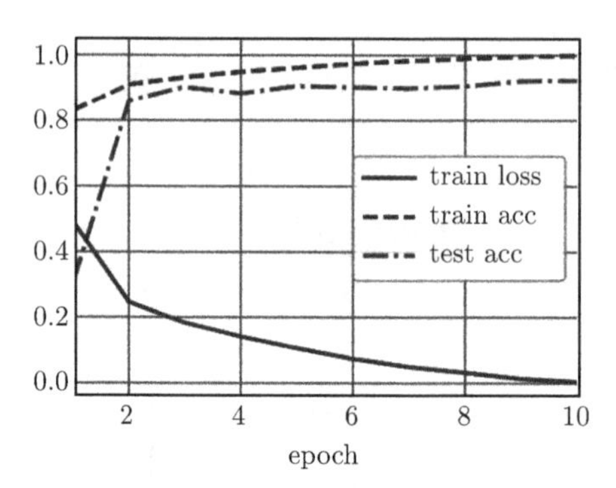

图 5-17　ResNet 迭代结果

5.7　稠密连接网络

ResNet 极大地改变了如何参数化深层网络中函数的观点。稠密连接网络 (DenseNet）在某种程度上是对 ResNet 的逻辑扩展。首先从数学方面了解 DenseNet。

5.7.1　从 ResNet 到 DenseNet

回想任意函数的泰勒展开式（Taylor expansion），它把这个函数分解成越来越高阶的项。在 $\boldsymbol{x}$ 接近 0 时，

$$f(\boldsymbol{x}) = f(0) + f'(0)\boldsymbol{x} + \frac{f''(0)}{2!}\boldsymbol{x}^2 + \frac{f'''(0)}{3!}\boldsymbol{x}^3 + \cdots \tag{5-5}$$

同样，ResNet 将函数展开为

$$f(\boldsymbol{x}) = \boldsymbol{x} + g(\boldsymbol{x}) \tag{5-6}$$

也就是说，ResNet 将 f 分解为两部分：一个简单的线性项和一个更复杂的非线性项。那么，再向前拓展一步，如果想将 f 拓展成超过两部分的信息呢？其中一种方案便是 DenseNet。

如图 5-18 所示，ResNet 和 DenseNet 的关键区别在于，DenseNet 输出是连接（用图中的 [,] 表示）而不是如 ResNet 的简单相加。因此，在应用越来越复杂的函数序列后，执行从 $\boldsymbol{x}$ 到其展开式的映射如下：

$$\boldsymbol{x} \to [\boldsymbol{x}, f_1(\boldsymbol{x}), f_2([\boldsymbol{x}, f_1(\boldsymbol{x})]), f_3([\boldsymbol{x}, f_1(\boldsymbol{x}), f_2([\boldsymbol{x}, f_1(\boldsymbol{x})])]), \cdots] \tag{5-7}$$

最后，将这些展开式结合到多层感知机中，并再次减少特征的数量。这实现起来非常简单：不需要添加术语，而是将它们连接起来。DenseNet 这个名字由变量之间的“稠密连接”而得来，最后一层与之前的所有层紧密相连。稠密连接如图 5-19 所示。

稠密网络主要由两部分构成：稠密块（dense block）和过渡层（transition layer）。前者定义如何连接输入和输出，后者则控制通道数量，使其不会太复杂。

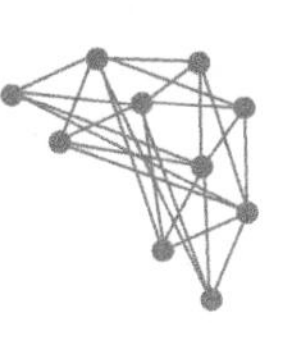

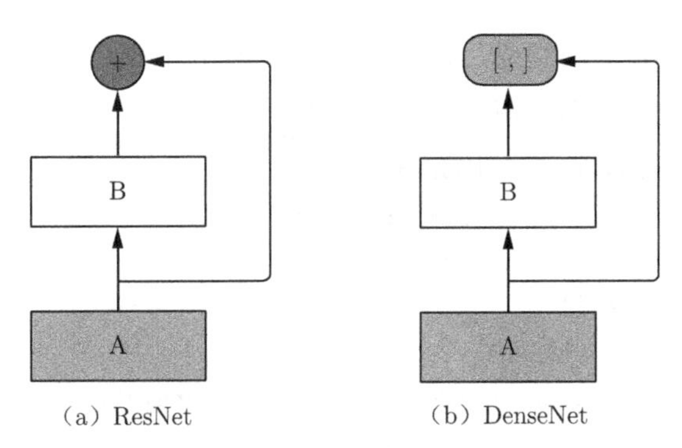

（a）ResNet　　（b）DenseNet

图 5-18　ResNet 与 DenseNet

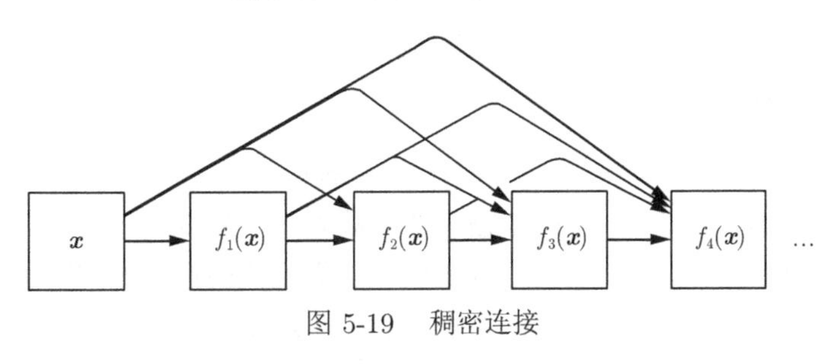

图 5-19　稠密连接

5.7.2　稠密块体

DenseNet 使用了 ResNet 改良版的“批量归一化、激活和卷积”结构。首先来实现这个结构。

```
import tensorflow as tf
from d2l import tensorflow as d2l

class ConvBlock(tf.keras.layers.Layer):
    def __init__(self, num_channels):
        super(ConvBlock, self).__init__()
        self.bn = tf.keras.layers.BatchNormalization()
        self.relu = tf.keras.layers.ReLU()
        self.conv = tf.keras.layers.Conv2D(filters=num_channels,
                                           kernel_size=(3, 3), padding='same')

        self.listLayers = [self.bn, self.relu, self.conv]

    def call(self, x):
        y = x
        for layer in self.listLayers.layers:
            y = layer(y)
        y = tf.keras.layers.concatenate([x, y], axis=-1)
        return y
```

一个稠密块由多个卷积块组成，每个卷积块使用相同数量的输出信道。然而，在前向传播中，将每个卷积块的输入和输出在通道维上连接。

```
class DenseBlock(tf.keras.layers.Layer):
    def __init__(self, num_convs, num_channels):
        super(DenseBlock, self).__init__()
        self.listLayers = []
        for _ in range(num_convs):
            self.listLayers.append(ConvBlock(num_channels))

    def call(self, x):
        for layer in self.listLayers.layers:
            x = layer(x)
        return x
```

在下面的例子中，定义一个有两个输出通道数为 10 的 DenseBlock。使用通道数为 3 的输入时，得到通道数为 $3+2\times10=23$ 的输出。卷积块的通道数控制了输出通道数相对于输入通道数的增长，因此，它也被称为增长率（growth rate）。

```
blk = DenseBlock(2, 10)
X = tf.random.uniform((4, 8, 8, 3))
Y = blk(X)
Y.shape
```

```
TensorShape([4, 8, 8, 23])
```

5.7.3 过渡层

由于每个稠密块都会带来通道数的增加，使用过多，模型过于复杂。而过渡层可以用来控制模型复杂度。它通过 1×1 卷积层来减小通道数，并使用步幅为 2 的平均池化层来减半高度和宽度，从而进一步降低模型复杂度。

```
class TransitionBlock(tf.keras.layers.Layer):
    def __init__(self, num_channels, **kwargs):
        super(TransitionBlock, self).__init__(**kwargs)
        self.batch_norm = tf.keras.layers.BatchNormalization()
        self.relu = tf.keras.layers.ReLU()
        self.conv = tf.keras.layers.Conv2D(num_channels, kernel_size=1)
        self.avg_pool = tf.keras.layers.AvgPool2D(pool_size=2, strides=2)

    def call(self, x):
        x = self.batch_norm(x)
        x = self.relu(x)
```

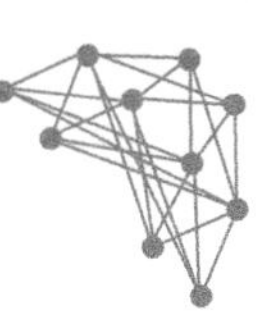

```
        x = self.conv(x)
        return self.avg_pool(x)
```

对上一个例子中稠密块的输出使用通道数为 10 的过渡层，此时输出的通道数减少为 10，高度和宽度均减半。

```
blk = TransitionBlock(10)
blk(Y).shape
```

```
TensorShape([4, 4, 4, 10])
```

5.7.4 DenseNet 模型

本节构造 DenseNet 模型。DenseNet 首先使用同 ResNet 一样的单卷积层和最大池化层。

```
def block_1():
        return tf.keras.Sequential([
                tf.keras.layers.Conv2D(64, kernel_size=7, strides=2, padding='same'),
                tf.keras.layers.BatchNormalization(),
                tf.keras.layers.ReLU(),
                tf.keras.layers.MaxPool2D(pool_size=3, strides=2, padding='same')])
```

接下来，类似于 ResNet 使用的 4 个残差块，DenseNet 使用的是 4 个稠密块。与 ResNet 类似，可以设置每个稠密块使用多少个卷积层。这里设成 4，从而与 ResNet-18 保持一致。稠密块里的卷积层通道数（即增长率）设为 32，所以每个稠密块将增加 128 个通道。

在每个模块之间，ResNet 通过步幅为 2 的残差块减小高度和宽度，DenseNet 则使用过渡层来减半高度和宽度，并减半通道数。

```
def block_2():
    net = block_1()
    # 'num_channels'为当前的通道数
    num_channels, growth_rate = 64, 32
    num_convs_in_dense_blocks = [4, 4, 4, 4]

    for i, num_convs in enumerate(num_convs_in_dense_blocks):
        net.add(DenseBlock(num_convs, growth_rate))
        # 上一个稠密块的输出通道数
        num_channels += num_convs * growth_rate
        # 在稠密块之间添加一个转换层，使通道数量减半
        if i != len(num_convs_in_dense_blocks) - 1:
            num_channels //= 2
            net.add(TransitionBlock(num_channels))
```

```
    return net
```

与 ResNet 类似，最后接上全局池化层和全连接层来输出结果。

```
def net():
        net = block_2()
        net.add(tf.keras.layers.BatchNormalization())
        net.add(tf.keras.layers.ReLU())
        net.add(tf.keras.layers.GlobalAvgPool2D())
        net.add(tf.keras.layers.Flatten())
        net.add(tf.keras.layers.Dense(10))
        return net
```

5.7.5 训练 DenseNet

由于这里使用了比较深的网络，本节将输入的高度和宽度从 224 减少到 96 来简化计算。其迭代结果如图 5-20 所示。

```
lr, num_epochs, batch_size = 0.1, 10, 256
train_iter, test_iter = d2l.load_data_fashion_mnist(batch_size, resize=96)
d2l.train_ch6(net, train_iter, test_iter, num_epochs, lr, d2l.try_gpu())
```

```
loss 0.132, train acc 0.953, test acc 0.908
6366.7 examples/sec on /GPU:0
```

```
<tensorflow.python.keras.engine.sequential.Sequential at 0x7fd1e48671f0>
```

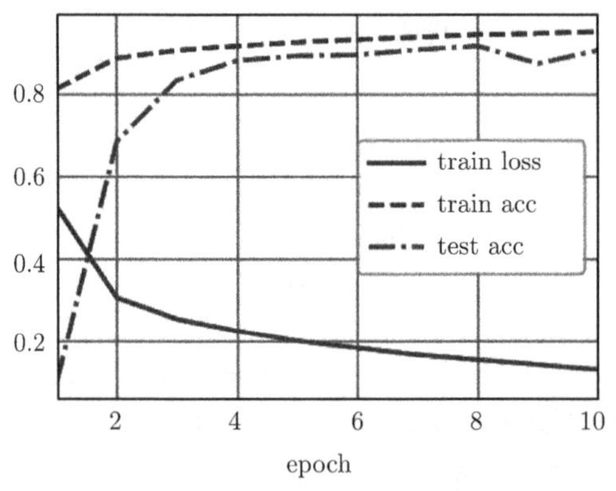

图 5-20　DenseNet 迭代结果

第 6 章　循环神经网络

到目前为止，遇到了两种类型的数据：表格数据和图像数据。对于后者，设计了专门的层来利用其中的规律。换句话说，如果对图像中的像素进行调换，就很难对其内容进行推理。这些内容看起来很像模拟电视时代的雪花屏。

最重要的是，到目前为止，默认数据都来自某种分布，并且所有样本都是独立同分布的。不幸的是，大多数的数据并非如此。例如，文章中的单词是按顺序写的，如果打乱它们的顺序，就很难理解它们组成的意思。同样，视频中的图像帧、对话的音频信号以及网站上的浏览行为都是有顺序的。因此，可以合理地假设，针对这类数据的专门模型能更好地描述它们。

有时希望不仅可以接收一个序列作为输入，而是可以期望继续猜测该序列。例如，任务可以是继续预测 2，4，6，8，10，$\cdots$。这在时间序列分析中是相当常见的，可以用来预测股市、患者的体温曲线或赛车所需的加速度。同样，需要能够处理这些数据的模型。

简而言之，卷积神经网络可以有效地处理空间信息，循环神经网络（RNN）的设计可以更好地处理序列信息。循环神经网络引入状态变量来存储过去的信息以及当前的输入，以确定当前的输出。

许多使用循环网络的例子都是基于文本数据的。因此，本章重点介绍语言模型。在对序列模型进行正式的回顾之后，将介绍文本预处理的实用技术。接下来，讨论语言模型的基本概念，并将此讨论作为循环神经网络设计的基础。最后，描述循环神经网络的梯度计算方法，以探讨训练此类网络时可能遇到的问题。

6.1　序列模型

思政案例

假设你正在看 Netflix（一个国外的视频网站）上的电影，并决定对每一部看过的电影都给出评价。随着时间的推移，人们对电影的看法会发生很大的变化。事实上，心理学家甚至对某些效应有了命名。

（1）根据别人的意见，有“锚定”词。例如，奥斯卡颁奖后，相应电影的评分上升，尽管它仍然是同一部电影。这种影响持续几个月，直到奖项被遗忘。结果表明，这种效应使评分提高了半个百分点以上。

（2）有一种“享乐适应”，即人类迅速适应，接受一种改善或恶化的情况作为新的常态。例如，在看了很多好电影之后，人们对下一部电影同样好或更好的期望很高。因此，即使是一部并不糟糕的电影，在看过许多精彩的电影之后，也可能被认为是糟糕的。

（3）季节性。很少有观众喜欢在八月看圣诞老人的电影。

（4）在某些情况下，由于导演或演员在制作中的不当行为，使电影变得不受欢迎。

（5）有些电影在小圈子内被支持者喜爱及推崇，这是因为它们几乎滑稽可笑。

简而言之，电影评分绝不是固定不变的。因此，使用时间动力学可以得到更准确的电影推荐。当然，序列模型不仅是关于电影评分的。下面给出了更多的场景。

（1）在使用应用程序时，许多用户都有较强的特定习惯。例如，社交媒体应用程序在学生放学后更受欢迎，股市交易应用程序在市场开放时更常被使用。

（2）预测明天的股价比填补昨天错过股价的空白困难得多，尽管两者都只是估计一个数字。毕竟，先见之明比事后诸葛亮难得多。在统计学中，前者（超出已知观测值的预测）称为外推（extrapolation），而后者（在现有观测值之间进行估计）称为内插（interpolation）。

（3）音乐、语音、文本和视频在本质上都是连续的。如果对它们进行置换，它们就没什么意义了。文本标题“狗咬人”远没有“人咬狗”那么令人惊讶，尽管两句话中词的组成完全相同。

（4）地震具有很强的相关性，即大地震发生后，很可能会有几次较小的余震，这种可能性比没有强震的余震要大得多。事实上，地震是时空相关的，也就是说，余震通常发生在很短的时间跨度和很近的距离内。

（5）人类之间的互动是连续的，这可以从推特上的争吵和辩论中看出。

6.1.1 统计工具

人们需要统计工具和新的深层神经网络结构来处理序列数据。接下来，以图 6-1 所示的股票价格（富时 100 指数）为例。

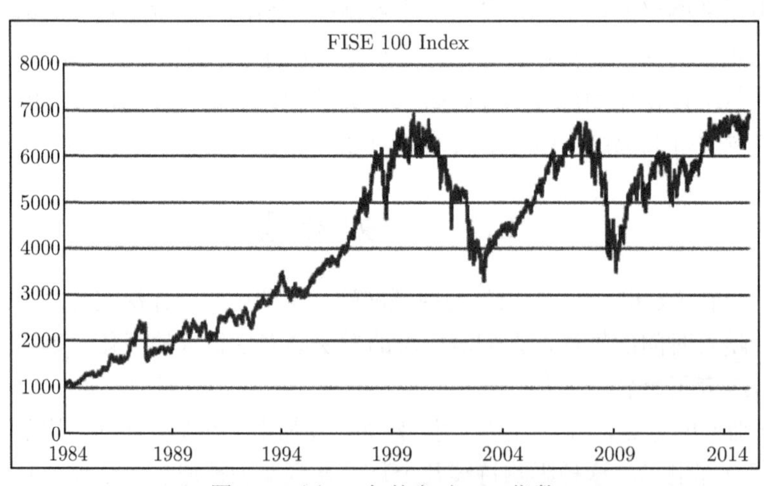

图 6-1　近 30 年的富时 100 指数

用 x_t 表示价格。即在时间步（time step）$t \in \mathbb{Z}^+$ 时，观察到的价格为 x_t。注意，对于本书中的序列，t 通常是离散的，并随整数或其子集而变化。假设一个交易员想在 t 日股

市表现良好时通过以下途径预测了 x_t：

$$x_t \sim P(x_t \mid x_{t-1}, x_{t-2}, \cdots, x_1) \tag{6-1}$$

1. 自回归模型

为了实现这一点,交易员可以使用回归模型。只有一个主要问题:输入 $x_{t-1}, x_{t-2}, \cdots, x_1$ 的数量因 t 而异。也就是说，这个数字随着遇到的数据量的增加而增加，需要一个近似值来使这个计算变得容易处理。本章后面的大部分内容将围绕如何有效估计 $P(x_t \mid x_{t-1}, x_{t-2}, \cdots, x_1)$ 展开。简单地说，它归结为以下两种策略。

第一种策略，假设相当长的序列 $x_{t-1}, x_{t-2}, \cdots, x_1$ 实际上不是必需的。在这种情况下，可能会满足于长度为 τ 的一些时间跨度，并且只使用 $x_{t-1}, x_{t-2}, \cdots, x_{t-\tau}$ 个观测。直接的好处是，现在参数的数量总是相同的，至少对于 $t > \tau$，如上所述，这能够训练一个深层网络，这种模型将被称为“自回归模型”（autoregressive models），因为它们实际上是在同一模型执行回归。

第二种策略，如图 6-2 所示，是保留一些过去观测的总结 h_t，同时除了预测 h_t 之外还更新 $\hat{x}_t$。这就产生了估计 x_t 和 $\hat{x}_t = P(x_t \mid h_t)$ 的模型，并且更新了 $h_t = g(h_{t-1}, x_{t-1})$。由于 h_t 从未被观测到，这类模型被称为隐变量自回归模型（latent autoregressive models）。

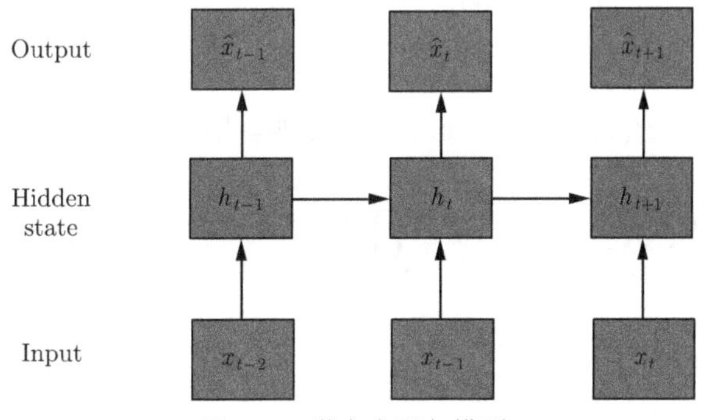

图 6-2　潜在自回归模型

这两种情况都有一个显而易见的问题，即如何生成训练数据。一个经典方法是使用历史观测来预测下一次的观测。显然时间不会停滞不前。然而，一个常见的假设是，虽然特定值 x_t 可能会改变，但至少序列本身的动力学不会改变。统计学家称不变的动力学为“静止的”。因此，无论做什么，都将通过以下方式获得整个序列的估计值：

$$P(x_1, x_2, \cdots, x_T) = \prod_{t=1}^{T} P(x_t \mid x_{t-1}, x_{t-2}, \cdots, x_1) \tag{6-2}$$

注意，如果处理离散的对象（如单词），而不是连续的数字，则上述考虑因素仍然有效。唯一的区别是，在这种情况下，需要使用分类器而不是回归模型来估计 $P(x_t \mid x_{t-1}, x_{t-2}, \cdots, x_1)$。

2. 马尔可夫模型

在自回归模型中，只使用 $x_{t-1}, x_{t-2}, \cdots, x_{t-\tau}$ 而不是 $x_{t-1}, x_{t-2}, \cdots, x_1$ 来估计 x_t。只要这种近似是准确的，就可以说序列满足马尔可夫条件（Markov condition）。特别地，如果 $\tau = 1$，则为一个一阶马尔可夫模型（first-order Markov model），$P(x)$ 由式 (6-3) 给出：

$$P(x_1, x_2, \cdots, x_T) = \prod_{t=1}^{T} P(x_t \mid x_{t-1}) \text{ where } P(x_1 \mid x_0) = P(x_1) \tag{6-3}$$

当 x_t 只假设离散值时，这样的模型特别好，因为在这种情况下，动态规划可以用来沿着马尔可夫链精确地计算值。例如，可以高效地计算 $P(x_{t+1} \mid x_{t-1})$：

$$\begin{aligned} P\left(x_{t+1} \mid x_{t-1}\right) &= \frac{\sum_{x_t} P\left(x_{t+1}, x_t, x_{t-1}\right)}{P\left(x_{t-1}\right)} \\ &= \frac{\sum_{x_t} P\left(x_{t+1} \mid x_t, x_{t-1}\right) P\left(x_t, x_{t-1}\right)}{P\left(x_{t-1}\right)} \\ &= \sum_{x_t} P\left(x_{t+1} \mid x_t\right) P\left(x_t \mid x_{t-1}\right) \end{aligned} \tag{6-4}$$

利用这一事实，只需要考虑过去观察到的非常短的历史：$P(x_{t+1} \mid x_t, x_{t-1}) = P(x_{t+1} \mid x_t)$。详细介绍动态规划超出了本节的范围。控制和强化学习算法广泛使用这些工具。

3. 因果关系

原则上，倒序展开 $P(x_1, x_2, \cdots, x_T)$ 无可厚非。毕竟，通过条件作用，总是可以写出：

$$P(x_1, x_2, \cdots, x_T) = \prod_{t=T}^{1} P(x_t \mid x_{t+1}, x_{t+2}, \cdots, x_T) \tag{6-5}$$

事实上，如果有一个马尔可夫模型，可以得到一个反向条件概率分布。然而，在许多情况下，数据存在自然的方向，即在时间上前进。很明显，未来的事件不能影响过去。因此，如果改变 x_t，可能能够影响 x_{t+1} 未来发生的事情，但不能影响相反的情况。也就是说，如果改变 x_t，过去事件的分布不会改变。因此，解释 $P(x_{t+1} \mid x_t)$ 应该比解释 $P(x_t \mid x_{t+1})$ 更容易。例如，已经表明，在某些情况下，对于某些加性噪声 ϵ，可以找到 $x_{t+1} = f(x_t) + \epsilon$，而反之则不是真的。

6.1.2 序列模型的训练

在回顾了这么多统计工具之后，可以在实践中尝试。首先生成一些数据。为了简单起见，使用正弦函数和一些加性噪声来生成序列数据，时间步为 $1, 2, \cdots, 1000$。训练结果如图 6-3 所示。

```
% matplotlib inline
import tensorflow as tf
```

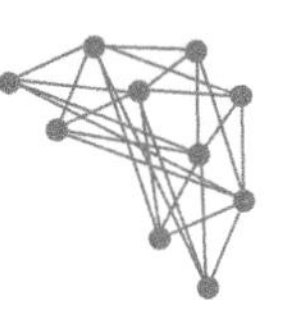

```
from d2l import tensorflow as d2l


T = 1000  # 总共产生 1000 个点
time = tf.range(1, T + 1, dtype=tf.float32)
x = tf.sin(0.01 * time) + tf.random.normal([T], 0, 0.2)
d2l.plot(time, [x], 'time', 'x', xlim=[1, 1000], figsize=(6, 3))
```

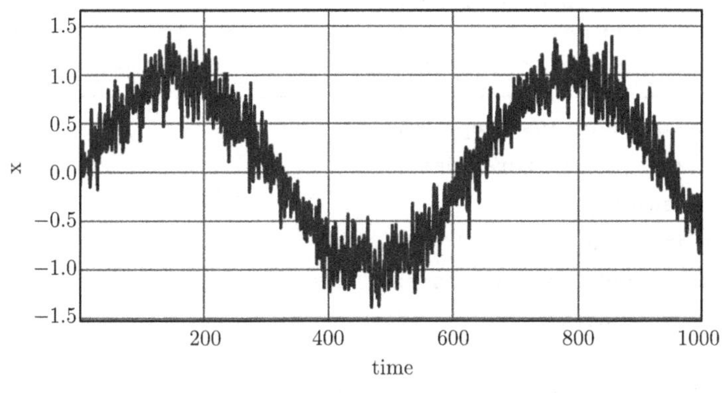

图 6-3 训练结果

接下来，需要将这样的序列转换为模型可以训练的特征和标签。基于嵌入维度 τ，将数据映射为 $y_t = x_t$ 和 $\boldsymbol{x}_t = [x_{t-\tau}, x_{t-\tau+1}, \cdots, x_{t-1}]$。有些读者可能已经注意到，这提供的数据样本少了 τ 个，因为没有足够的历史记录来记录前 τ 个数据样本。一个简单的解决办法，特别是如果序列很长时，就丢弃这几项。或者可以用零填充序列。在这里，仅使用前 600 个特征-标签对此模型进行训练。

```
tau = 4
features = tf.Variable(tf.zeros((T - tau, tau)))
for i in range(tau):
features[:, i].assign(x[i:T - tau + i])
labels = tf.reshape(x[tau:], (-1, 1))

batch_size, n_train = 16, 600
# 只有前'n_train'个样本用于训练
train_iter = d2l.load_array((features[:n_train], labels[:n_train]),
batch_size, is_train=True)
```

这里的结构相当简单：只有一个多层感知机，有两个全连接层、ReLU 激活函数和平方损失。

```
# 普通的多层感知机模型
def get_net():
```

```
    net = tf.keras.Sequential([
        tf.keras.layers.Dense(10, activation='relu'),
        tf.keras.layers.Dense(1)])
    return net

# 最小均方损失
# 注：L2 损失 =1/2*MSE 损失。TensorFlow 的 MSE 损失与 MXNet 的 L2Loss 相差 2 倍。
# 因此，将损失值减半，得到 TF 中的 L2Loss
loss = tf.keras.losses.MeanSquaredError()
```

至此已经准备好训练模型了。下面的代码与前面几节中的训练代码基本相同。

```
def train(net, train_iter, loss, epochs, lr):
    trainer = tf.keras.optimizers.Adam()
    for epoch in range(epochs):
        for X, y in train_iter:
            with tf.GradientTape() as g:
                out = net(X)
                l = loss(y, out) / 2
                params = net.trainable_variables
                grads = g.gradient(l, params)
            trainer.apply_gradients(zip(grads, params))
        print(f'epoch {epoch + 1}, '
              f'loss: {d2l.evaluate_loss(net, train_iter, loss):f}')

net = get_net()
train(net, train_iter, loss, 5, 0.01)
```

```
epoch 1, loss: 0.380490
epoch 2, loss: 0.195109
epoch 3, loss: 0.105507
epoch 4, loss: 0.070506
epoch 5, loss: 0.061869
```

6.1.3 序列模型的预测

由于训练损失很小，模型能够很好地工作，那么这在实践中意味着什么呢？首先要检查的是模型预测下一时间步发生事情的能力有多好，也就是“单步预测”（one-step-ahead prediction）。

```
onestep_preds = net(features)
d2l.plot([time, time[tau:]], [x.numpy(), onestep_preds.numpy()], 'time', 'x',
         legend=['data', '1-step preds'], xlim=[1, 1000], figsize=(6, 3))
```

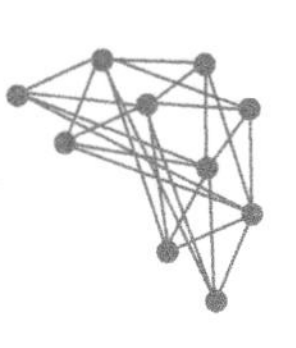

单步预测看起来不错，即使超过了 604（n_train + tau）的观测，这些预测看起来仍然是可信的。然而，这有一个小问题：如果只观察序列数据到时间步 604，不能期望接收到所有未来提前一步预测的输入。相反，需要一步一步向前迈进。预测结果如图 6-4 所示。

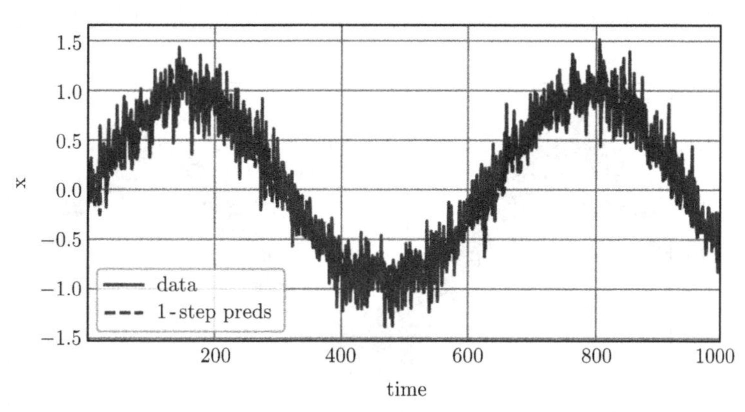

图 6-4　预测结果

$$
\begin{cases}
\hat{x}_{605} = f(x_{601}, x_{602}, x_{603}, x_{604}) \\
\hat{x}_{606} = f(x_{602}, x_{603}, x_{604}, \hat{x}_{605}) \\
\hat{x}_{607} = f(x_{603}, x_{604}, \hat{x}_{605}, \hat{x}_{606}) \\
\hat{x}_{608} = f(x_{604}, \hat{x}_{605}, \hat{x}_{606}, \hat{x}_{607}) \\
\hat{x}_{609} = f(\hat{x}_{605}, \hat{x}_{606}, \hat{x}_{607}, \hat{x}_{608}) \\
\qquad \vdots
\end{cases}
\tag{6-6}
$$

通常，对于直到 x_t 的观测序列，其在时间步长 $\hat{x}_{t+k}$ 处的预测输出 $t+k$ 被称为“k 步预测”。由于已经观察到了 x_{604}，它领先 k 步的预测是 $\hat{x}_{604+k}$。换句话说，不得不使用自己的预测来进行多步预测。

```
multistep_preds = tf.Variable(tf.zeros(T))
multistep_preds[:n_train + tau].assign(x[:n_train + tau])
for i in range(n_train + tau, T):
    multistep_preds[i].assign(
        tf.reshape(net(tf.reshape(multistep_preds[i - tau:i], (1, -1))), ()))

d2l.plot([time, time[tau:], time[n_train + tau:]], [
    x.numpy(),
    onestep_preds.numpy(), multistep_preds[n_train + tau:].numpy()], 'time',
        'x', legend=['data', '1-step preds',
                    'multistep preds'], xlim=[1, 1000], figsize=(6, 3))
```

从上面的例子可以发现，在几个预测步骤之后，预测很快就会衰减到一个常数。为什么这个算法效果这么差呢？这是因为错误累积的事实。假设在第一次预测之后，积累了一些错

误 $\epsilon_1 = \bar{\epsilon}$。于是，第二次预测输入被扰动了的 ϵ_1，结果积累的误差是依照次序的 $\epsilon_2 = \bar{\epsilon} + c\epsilon_1$，其中 c 为某个常数，后面的预测误差依此类推。误差可能会相当快地偏离真实的观测结果，如图 6-5 所示。这是一个普遍的现象。例如，未来 24 小时的天气预报往往相当准确，但超过这一点，准确率会迅速下降。本章及以后章节会讨论改进这一问题的方法。

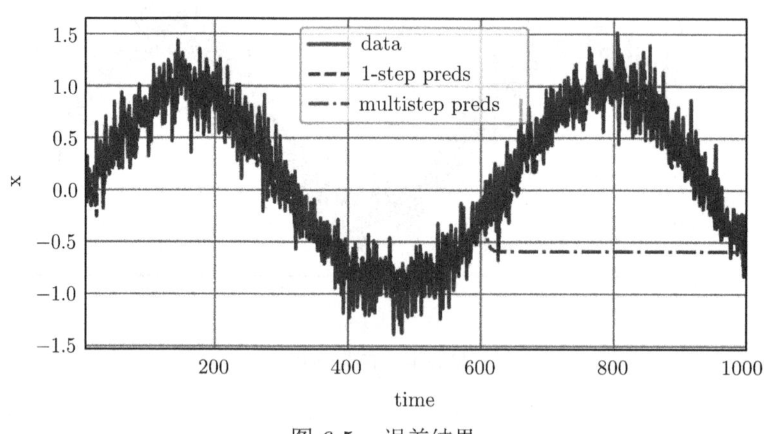

图 6-5　误差结果

接下来通过计算 $k = 1, 4, 16, 64$ 的整个序列的预测来更仔细地了解 k 步预测的困难，其预测结果如图 6-6 所示。

```
max_steps = 64

features = tf.Variable(tf.zeros((T - tau - max_steps + 1, tau + max_steps)))
# 列'i' ('i' < 'tau') 是来自'x'的观测
# 其时间步从'i + 1'到'i + T - tau - max_steps + 1'
for i in range(tau):
    features[:, i].assign(x[i:i + T - tau - max_steps + 1].numpy())

# 列'i' ('i' >= 'tau') 是 ('i - tau + 1') 步预测
# 其时间步从'i + 1'到'i + T - tau - max_steps + 1'
for i in range(tau, tau + max_steps):
    features[:, i].assign(tf.reshape(net((features[:, i - tau:i])), -1))

steps = (1, 4, 16, 64)
d2l.plot([time[tau + i - 1:T - max_steps + i] for i in steps],
         [features[:, (tau + i - 1)].numpy() for i in steps], 'time', 'x',
         legend=[f'{i}-step preds'
                 for i in steps], xlim=[5, 1000], figsize=(6, 3))
```

这清楚地说明了试图进一步预测未来时，预测的质量是如何变化的。虽然 4 步预测看起来仍然不错，但超过这一点的任何预测几乎都是无用的。

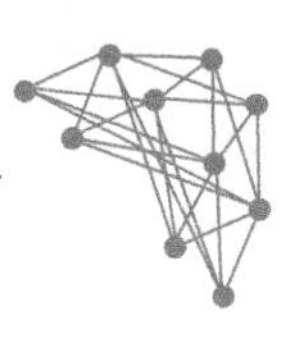

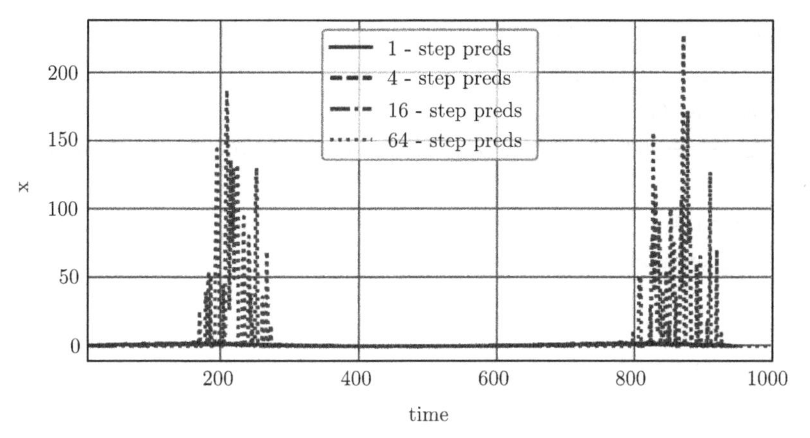

图 6-6　k 步预测结果

6.2　文本预处理

在 6.1 节中回顾和评估了序列数据的统计工具和预测时面临的挑战。这些数据可以有多种形式，具体来说，正如在本书的许多章节中重点介绍的那样，文本是序列数据最常见的例子。例如，一篇文章可以简单地看作是一个单词序列，甚至是一个字符序列。为了方便对序列数据的实验，本节介绍文本的常见预处理步骤。这些步骤通常包括：

（1）将文本作为字符串加载到内存中；

（2）将字符串拆分为标记（如，单词和字符）；

（3）建立一个词汇表，将拆分的标记映射到数字索引；

（4）将文本转换为数字索引序列，以便模型可以轻松地对其进行操作。

```
import collections
import re
from d2l import tensorflow as d2l
```

6.2.1　读取数据集

以从 H. G. Well 的时光机器中加载文本为例，这是一个相当小的语料库，只有 30000 多个单词，但对于想要说明的目标来说，这足够了。现实中的文档集合可能包含数十亿个单词。下面的函数将数据集读取到文本行组成的列表中，其中每行都是一个字符串。为简单起见，这里忽略标点符号和大写字母。

```
#@save
d2l.DATA_HUB['time_machine'] = (d2l.DATA_URL + 'timemachine.txt',
                                '090b5e7e70c295757f55df93cb0a180b9691891a')


def read_time_machine():  #@save
```

```
    """ 将时光机器数据集加载到文本行的列表中"""
    with open(d2l.download('time_machine'), 'r') as f:
        lines = f.readlines()
    return [re.sub('[^A-Za-z]+', ' ', line).strip().lower() for line in lines]

lines = read_time_machine()
print(f'# text lines: {len(lines)}')
print(lines[0])
print(lines[10])
```

```
# text lines: 3221
the time machine by h g wells
twinkled and his usually pale face was flushed and animated the
```

6.2.2 标记化

以下 tokenize 函数将文本行列表作为输入，列表中的每个元素是文本序列（如文本行）。每个文本序列被拆分成一个标记列表。标记（token）是文本的基本单位。最后返回一个标记列表，其中每个标记都是一个字符串（string）。

```
def tokenize(lines, token='word'):  #@save
    """ 将文本行拆分为单词或字符标记"""
    if token == 'word':
        return [line.split() for line in lines]
    elif token == 'char':
        return [list(line) for line in lines]
    else:
        print('错误：未知令牌类型：' + token)

tokens = tokenize(lines)
for i in range(11):
    print(tokens[i])
```

```
['the', 'time', 'machine', 'by', 'h', 'g', 'wells']
[]
[]
[]
[]
['i']
[]
[]
```

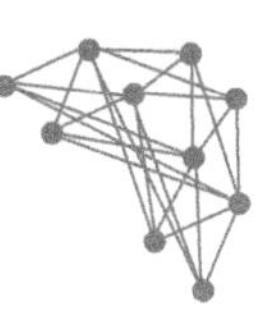

```
['the', 'time', 'traveller', 'for', 'so', 'it', 'will', 'be', 'convenient', 'to',
    'speak', 'of', 'him']
['was', 'expounding', 'a', 'recondite', 'matter', 'to', 'us', 'his', 'grey', 'eyes',
    'shone', 'and']
['twinkled', 'and', 'his', 'usually', 'pale', 'face', 'was', 'flushed', 'and',
    'animated', 'the']
```

6.2.3 词汇

标记的字符串类型不方便模型使用，因为模型需要输入数字。现在构建一个字典，通常叫作词表（vocabulary），来将字符串标记映射到从 0 开始的数字索引中。为此，首先统计训练集中所有文档中的唯一标记，即语料（corpus），然后根据每个唯一标记的出现频率为其分配一个数字索引。很少出现的标记通常被移除，这可以降低复杂性。语料库中不存在或已删除的任何标记都将映射到一个特殊的未知标记 <unk>。可以选择添加保留令牌的列表，例如 <pad> 表示填充；<bos> 表示序列的开始；<eos> 表示序列的结束。

```
class Vocab:  #@save
    """ 文本词表"""
    def __init__(self, tokens=None, min_freq=0, reserved_tokens=None):
        if tokens is None:
            tokens = []
        if reserved_tokens is None:
            reserved_tokens = []
        # 按出现频率排序
        counter = count_corpus(tokens)
        self.token_freqs = sorted(counter.items(), key=lambda x: x[1],
                                  reverse=True)
        # 未知标记的索引为 0
        self.unk, uniq_tokens = 0, ['<unk>'] + reserved_tokens
        uniq_tokens += [
            token for token, freq in self.token_freqs
            if freq >= min_freq and token not in uniq_tokens]
        self.idx_to_token, self.token_to_idx = [], dict()
        for token in uniq_tokens:
            self.idx_to_token.append(token)
            self.token_to_idx[token] = len(self.idx_to_token) - 1

    def __len__(self):
        return len(self.idx_to_token)

    def __getitem__(self, tokens):
```

```
        if not isinstance(tokens, (list, tuple)):
            return self.token_to_idx.get(tokens, self.unk)
        return [self.__getitem__(token) for token in tokens]

    def to_tokens(self, indices):
        if not isinstance(indices, (list, tuple)):
            return self.idx_to_token[indices]
        return [self.idx_to_token[index] for index in indices]

def count_corpus(tokens):  #@save
    """Count token frequencies."""
    # 这里的 'tokens' 是 1D 列表或 2D 列表
    if len(tokens) == 0 or isinstance(tokens[0], list):
        # 将令牌列表展平
        tokens = [token for line in tokens for token in line]
    return collections.Counter(tokens)
```

使用时光机器数据集作为语料库来构建词汇表。然后，打印前几个常见标记及其索引。

```
vocab = Vocab(tokens)
print(list(vocab.token_to_idx.items())[:10])
```

```
[('<unk>', 0), ('the', 1), ('i', 2), ('and', 3), ('of', 4), ('a', 5), ('to', 6),
    ('was', 7), ('in', 8), ('that', 9)]
```

现在可以将每一行文本转换成一个数字索引列表。

```
for i in [0, 10]:
        print('words:', tokens[i])
        print('indices:', vocab[tokens[i]])
```

```
words: ['the', 'time', 'machine', 'by', 'h', 'g', 'wells']
indices: [1, 19, 50, 40, 2183, 2184, 400]
words: ['twinkled', 'and', 'his', 'usually', 'pale', 'face', 'was', 'flushed', 'and',
    'animated', 'the']
indices: [2186, 3, 25, 1044, 362, 113, 7, 1421, 3, 1045, 1]
```

6.2.4 把所有的东西放在一起

使用上述函数，将所有内容打包到 load_corpus_time_machine 函数中，该函数返回 corpus（标记索引列表）和 vocab（时光机器语料库的词汇表）。在这里的修改如下。

（1）将文本标记化为字符，而不是单词，以简化后面的训练。

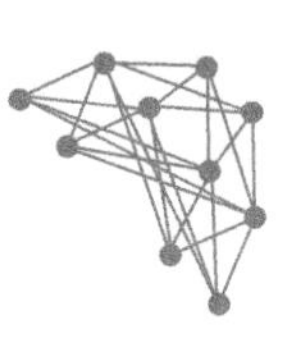

（2）corpus 是单个列表，而不是标记列表嵌套，因为时光机器数据集中的每个文本行不一定是句子或段落。

```
def load_corpus_time_machine(max_tokens=-1):  #@save
    """ 返回时光机器数据集的令牌索引和词汇表"""
    lines = read_time_machine()
    tokens = tokenize(lines, 'char')
    vocab = Vocab(tokens)
    # 因为时光机器数据集中的每一个文本行不一定是一个句子或段落，
    # 所以将所有文本行展平到一个列表中
    corpus = [vocab[token] for line in tokens for token in line]
    if max_tokens > 0:
        corpus = corpus[:max_tokens]
    return corpus, vocab

corpus, vocab = load_corpus_time_machine()
len(corpus), len(vocab)
```

```
(170580, 28)
```

6.3　语言模型和数据集

如何将文本数据映射为词元是值得研究的问题之一。其中，词元可以被视为一系列离散的观测，例如单词或字符。假设长度为 T 的文本序列中的标记依次为 $x_1, x_2, \cdots, x_T$。然后，在文本序列中，

$$x_t(1 \leqslant t \leqslant T)$$

可以被认为是时间步 t 处的观测或标签。给定这样的文本序列，语言模型（language model）的目标是估计序列的联合概率：

$$P(x_1, x_2, \cdots, x_T) \tag{6-7}$$

语言模型非常有用。例如，一个理想的语言模型能够自己生成自然文本，只需一次给出一个标记 $x_t \sim P(x_t \mid x_{t-1}, x_{t-2}, \cdots, x_1)$。与猴子使用打字机非常不同的是，从这样的模型中出现的所有文本都将作为自然语言来传递，例如英语文本。此外，只需将文本限制在前面的对话片断上，就足以生成一个有意义的对话。显然，我们离设计这样的系统还很远，因为它需要“理解”文本，而不仅是生成在语法上合理的内容。

尽管如此，语言模型即使在有限的形式下也是非常有用的。例如，在文档摘要生成算法中，“狗咬人”比“人咬狗”频繁得多，或者“我想吃奶奶”是一个相当令人不安的语句，而“我想吃，奶奶”要温和得多。

6.3.1 学习语言模型

如何建模一个文档，或者一串标记是十分重要的问题。假设在单词级别对文本数据进行标记化，可以从应用基本概率规则开始：

$$P(x_1, x_2, \cdots, x_T) = \prod_{t=1}^{T} P(x_t \mid x_1, x_2, \cdots, x_{t-1}) \tag{6-8}$$

例如，文本序列包含 4 个单词的概率将被给出：

$$\begin{aligned} P(\text{deep}, \text{learning}, \text{is}, \text{fun}) = & P(\text{deep})P(\text{learning} \mid \text{deep}) \\ & \times P(\text{is} \mid \text{deep}, \text{learning})P(\text{fun} \mid \text{deep}, \text{learning}, \text{is}) \end{aligned} \tag{6-9}$$

为了计算语言模型，需要计算单词的概率和给定前面几个单词时出现该单词的条件概率。这样的概率本质上是语言模型参数。

这里假设训练数据集是一个大型文本语料库，如所有维基百科条目，古登堡计划，以及发布在网络上的所有文本。可以根据训练数据集中给定词的相对词频来计算词的概率。例如，可以将估计值 $\hat{P}(\text{deep})$ 计算为任何以单词 deep 开头的句子的概率。一种稍微不太准确的方法是统计单词 deep 的所有出现次数，然后将其除以语料库中的单词总数。这很有效，特别是对于频繁出现的单词。接下来，尝试估计

$$\hat{P}(\text{learning} \mid \text{deep}) = \frac{n(\text{deep, learning})}{n(\text{deep})} \tag{6-10}$$

其中，$n(x)$ 和 $n(x, x')$ 分别是单个单词和连续单词对的出现次数。不幸的是，由于“深度学习”的出现频率要低得多，所以估计词对的概率要困难得多。特别是，对于一些不寻常的单词组合，可能很难找到足够的出现次数来获得准确的估计。对于 3 个字的组合和以后的情况就更糟糕：将会有许多可能在数据集中看不到的，但又看似合理的三字组合。除非提供一些解决方案来将这些单词组合指定为非零计数，否则将无法在语言模型中使用它们。如果数据集很小，或者如果单词非常罕见，可能甚至找不到一次出现。

一种常见的策略是执行某种形式的拉普拉斯平滑（Laplace smoothing）。解决方案是在所有计数中添加一个小常量，用 n 表示训练集中的单词总数，用 m 表示唯一单词的数量。此解决方案有助于处理个例问题，例如：

$$\begin{cases} \hat{P}(x) = \dfrac{n(x) + \epsilon_1/m}{n + \epsilon_1} \\ \hat{P}(x' \mid x) = \dfrac{n(x, x') + \epsilon_2 \hat{P}(x')}{n(x) + \epsilon_2} \\ \hat{P}(x'' \mid x, x') = \dfrac{n(x, x', x'') + \epsilon_3 \hat{P}(x'')}{n(x, x') + \epsilon_3} \end{cases} \tag{6-11}$$

其中，ϵ_1, ϵ_2 和 ϵ_3 是超参数。以 ϵ_1 为例：当 $\epsilon_1 = 0$ 时，不应用平滑；当 ϵ_1 接近正无穷大时，$\hat{P}(x)$ 接近均匀概率 $1/m$。以上是其他技术可以实现的一个相当原始的变体。

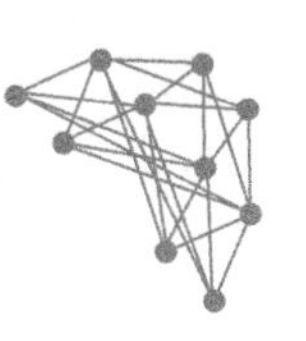

不幸的是，像这样的模型很快就会变得笨拙，原因如下。首先，需要存储的是所有计数。其次，这完全忽略了单词的意思。例如，“猫”和“猫科动物”应该出现在相关的上下文中。很难将这些模型调整到额外的上下文中，而基于深度学习的语言模型很适合考虑到这一点。最后，长单词序列几乎肯定是新出现的，因此简单地统计过往看到单词序列频率的模型肯定表现不佳。

6.3.2 马尔可夫模型与 n 元语法

在讨论基于深度学习的解决方案之前，需要更多的术语和概念。序列上的分布满足一阶马尔可夫性质 $P(x_{t+1} \mid x_t, x_{t-1}, \cdots, x_1) = P(x_{t+1} \mid x_t)$ 的。阶数越高，对应的依赖关系就越长。这导致可以应用于序列建模的许多近似：

$$\begin{cases} P(x_1, x_2, x_3, x_4) = P(x_1)P(x_2)P(x_3)P(x_4) \\ P(x_1, x_2, x_3, x_4) = P(x_1)P(x_2 \mid x_1)P(x_3 \mid x_2)P(x_4 \mid x_3) \\ P(x_1, x_2, x_3, x_4) = P(x_1)P(x_2 \mid x_1)P(x_3 \mid x_1, x_2)P(x_4 \mid x_2, x_3) \end{cases} \tag{6-12}$$

涉及一个、两个和三个变量的概率公式通常分别称为“单变量模型”（unigram）、“双变量模型”（bigram）和“三变量模型”（trigram）。接下来介绍如何设计更好的模型。

6.3.3 自然语言统计

根据前面介绍的时光机器数据集构建词汇表，并打印最常用的 10 个单词。

```
import random
import tensorflow as tf
from d2l import tensorflow as d2l

tokens = d2l.tokenize(d2l.read_time_machine())
# 因为每个文本行不一定是一个句子或一个段落，
# 连接所有文本行
corpus = [token for line in tokens for token in line]
vocab = d2l.Vocab(corpus)
vocab.token_freqs[:10]
```

```
[('the', 2261),
('i', 1267),
('and', 1245),
('of', 1155),
('a', 816),
('to', 695),
('was', 552),
('in', 541),
```

```
('that', 443),
('my', 440)]
```

正如我们所看到的,最流行的词似乎没有用,但它们通常被称为“停用词”(stop words),在模型中,它们仍要被使用。此外,很明显,词频衰减得相当快。第 10 个最常用单词的词频还不到最流行单词词频的 1/5。为了得到一个更好的概念,可以画出词频图,如图 6-7 所示。

```
freqs = [freq for token, freq in vocab.token_freqs]
d2l.plot(freqs, xlabel='token: x', ylabel='frequency: n(x)', xscale='log',
yscale='log')
```

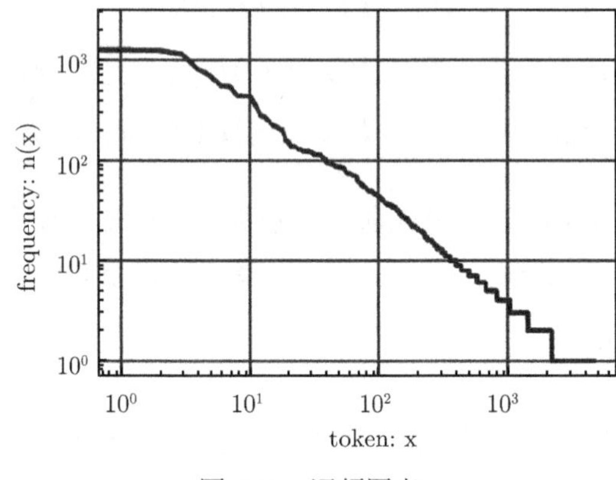

图 6-7　词频图表

从图 6-7 可以发现:词频以一种明确的方式迅速衰减。将前几个单词作为例外处理后,所有剩余的单词大致沿着对数曲线上的一条直线。这意味着单词符合齐普夫定律(Zipf's law),即第 i 个最常用单词的频率 n_i 为

$$n_i \propto \frac{1}{i^\alpha} \tag{6-13}$$

这相当于

$$\log n_i = -\alpha \log i + \mathrm{c} \tag{6-14}$$

其中,α 是表征分布的指数,c 是常数。如果想要通过计数统计和平滑来建模单词,这是不能实现的。这会大大高估尾部的频率,也就是所谓的不常用单词。但是其他的单词组合,如二元语法、三元语法等呢?双字频率是否与单字频率的行为方式相同呢?

```
bigram_tokens = [pair for pair in zip(corpus[:-1], corpus[1:])]
bigram_vocab = d2l.Vocab(bigram_tokens)
bigram_vocab.token_freqs[:10]
```

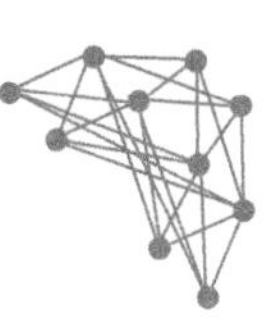

```
[(('of', 'the'), 309),
(('in', 'the'), 169),
(('i', 'had'), 130),
(('i', 'was'), 112),
(('and', 'the'), 109),
(('the', 'time'), 102),
(('it', 'was'), 99),
(('to', 'the'), 85),
(('as', 'i'), 78),
(('of', 'a'), 73)]
```

这里有一件事值得注意。在 10 个最频繁的词对中，有 9 个是由两个停用词组成的，只有一个与实际的书——《时间》有关。此外，三元频率是否以相同的方式运行呢？

```
trigram_tokens = [
    triple for triple in zip(corpus[:-2], corpus[1:-1], corpus[2:])]
trigram_vocab = d2l.Vocab(trigram_tokens)
trigram_vocab.token_freqs[:10]
```

```
[(('the', 'time', 'traveller'), 59),
(('the', 'time', 'machine'), 30),
(('the', 'medical', 'man'), 24),
(('it', 'seemed', 'to'), 16),
(('here', 'and', 'there'), 15),
(('it', 'was', 'a'), 15),
(('i', 'did', 'not'), 14),
(('seemed', 'to', 'me'), 14),
(('i', 'began', 'to'), 13),
(('i', 'saw', 'the'), 13)]
```

直观地观察这 3 种模型中的标记频率：单字、双字和三字，如图 6-8 所示。

```
bigram_freqs = [freq for token, freq in bigram_vocab.token_freqs]
trigram_freqs = [freq for token, freq in trigram_vocab.token_freqs]
d2l.plot([freqs, bigram_freqs, trigram_freqs], xlabel='token: x',
         ylabel='frequency: n(x)', xscale='log', yscale='log',
         legend=['unigram', 'bigram', 'trigram'])
```

图 6-8 相当令人兴奋，原因有很多。首先，除了单字词，单词序列似乎也遵循齐普夫定律，尽管式 (6-13) 中的指数 α 更小，这取决于序列长度。其次，词表中 n 元组的数量并没有那么大，这说明语言中存在相当多的结构。这些结构给了人们应用模型的希望。第三，很多 n 元组很少出现，这使得拉普拉斯平滑非常不适合语言建模。作为替代，可以使用基于深度学习的模型。

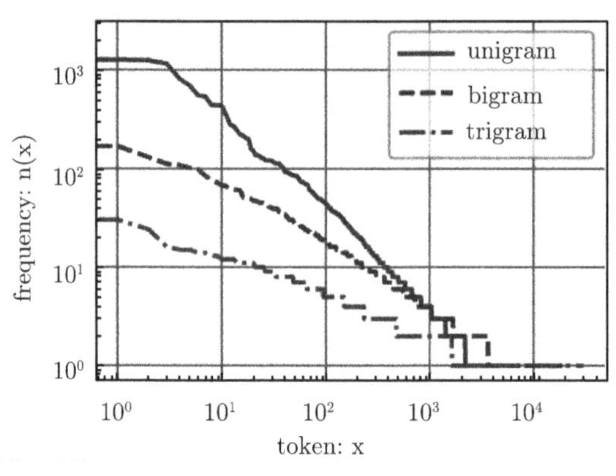

图 6-8　3 种模型的标记频率

6.3.4　读取长序列数据

由于序列数据本质上是连续的，需要处理它带来的问题。当序列变得太长而不能被模型一次全部处理时，可以拆分为子序列以供阅读。现在来描述总体策略。在介绍该模型之前，假设使用神经网络来训练语言模型，其中该网络一次处理具有预定义长度的一小批序列，例如 n 个时间步。现在的问题是如何随机读取小批量的特征和标签。

首先，由于文本序列可以是任意长度的，例如整个“时光机器”书，可以将这样长的序列划分为具有相同时间步数的子序列。当训练神经网络时，子序列的小批量将被输入模型中。假设网络一次处理 n 个时间步的子序列。图 6-9 画出了从原始文本序列获得子序列的所有不同方式，其中 $n = 5$ 和每个时间步的标记对应于一个字符。请注意，这里有相当大的自由度，因为可以选择指示初始位置的任意偏移量。

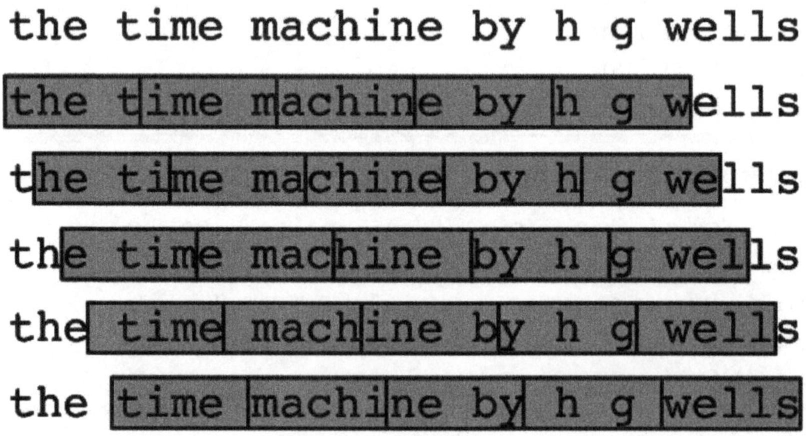

the time machine by h g wells

the time machine by h g wells

the time machine by h g wells

the time machine by h g wells

the time machine by h g wells

the time machine by h g wells

图 6-9　分割文本时，不同的偏移量会导致不同的子序列

从图 6-9 中选择哪一个策略呢？其实，它们都一样好。然而，如果只选择一个偏移量，那么用于训练网络的所有可能子序列的覆盖范围都是有限的。因此，可以从随机偏移量开始划分序列，以获得覆盖（coverage）和随机性（randomness）。接下来，描述如何实现随

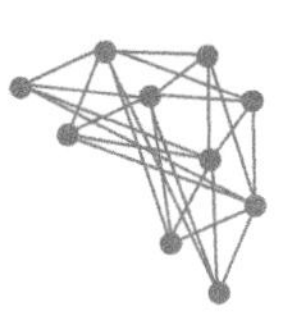

机采样和顺序分区策略。

1. 随机采样

在随机采样中，每个样本都是在原始长序列上任意捕获的子序列。迭代期间来自两个相邻随机小批量的子序列不一定在原始序列上相邻。对于语言建模，目标是根据到目前为止看到的标记来预测下一个标记，因此标签是原始序列移位了一个标记。

下面的代码每次从数据随机生成一个小批量。这里，参数 batch_size 指定每个小批量中的子序列样本数目，num_steps 是每个子序列中预定义的时间步数。

```
def seq_data_iter_random(corpus, batch_size, num_steps):  #@save
    """ 使用随机抽样生成一小批子序列"""
    # 从随机偏移量（包括'num_steps - 1'）开始对序列进行分区
    corpus = corpus[random.randint(0, num_steps - 1):]
    # 减去 1，因为需要考虑标签
    num_subseqs = (len(corpus) - 1) // num_steps
    # 长度为'num_steps'的子序列的起始索引
    initial_indices = list(range(0, num_subseqs * num_steps, num_steps))
    # 在随机抽样中，迭代过程中两个相邻随机小批量的子序列不一定在原始序列上相邻
    random.shuffle(initial_indices)

    def data(pos):
        # 返回从'pos'开始的长度为'num_steps'的序列
        return corpus[pos:pos + num_steps]

    num_batches = num_subseqs // batch_size
    for i in range(0, batch_size * num_batches, batch_size):
        # 这里，'initial_indices'包含子序列的随机起始索引
        initial_indices_per_batch = initial_indices[i:i + batch_size]
        X = [data(j) for j in initial_indices_per_batch]
        Y = [data(j + 1) for j in initial_indices_per_batch]
        yield tf.constant(X), tf.constant(Y)
```

手动生成一个从 0 到 34 的序列，设批量大小和时间步数分别为 2 和 5。这意味着可以生成 $\lfloor(35-1)/5\rfloor = 6$ 个特征标签子序列对。小批量大小为 2 时，只能得到 3 个小批量。

```
my_seq = list(range(35))
for X, Y in seq_data_iter_random(my_seq, batch_size=2, num_steps=5):
        print('X: ', X, '\nY:', Y)
```

```
X:  tf.Tensor(
[[ 0  1  2  3  4]
[15 16 17 18 19]], shape=(2, 5), dtype=int32)
Y: tf.Tensor(
```

```
[[ 1  2  3  4  5]
[16 17 18 19 20]], shape=(2, 5), dtype=int32)
X:  tf.Tensor(
[[25 26 27 28 29]
[ 5  6  7  8  9]], shape=(2, 5), dtype=int32)
Y: tf.Tensor(
[[26 27 28 29 30]
[ 6  7  8  9 10]], shape=(2, 5), dtype=int32)
X:  tf.Tensor(
[[10 11 12 13 14]
[20 21 22 23 24]], shape=(2, 5), dtype=int32)
Y: tf.Tensor(
[[11 12 13 14 15]
[21 22 23 24 25]], shape=(2, 5), dtype=int32)
```

2. 顺序分区

除了对原始序列进行随机抽样外，还可以保证迭代过程中两个相邻小批量的子序列在原始序列上是相邻的。这种策略在对小批量进行迭代时保留了拆分子序列的顺序，因此称为顺序分区。

```
def seq_data_iter_sequential(corpus, batch_size, num_steps):  #@save
    """ 使用顺序分区生成一小批子序列"""
    # 从随机偏移量开始划分序列
    offset = random.randint(0, num_steps)
    num_tokens = ((len(corpus) - offset - 1) // batch_size) * batch_size
    Xs = tf.constant(corpus[offset:offset + num_tokens])
    Ys = tf.constant(corpus[offset + 1:offset + 1 + num_tokens])
    Xs = tf.reshape(Xs, (batch_size, -1))
    Ys = tf.reshape(Ys, (batch_size, -1))
    num_batches = Xs.shape[1] // num_steps
    for i in range(0, num_batches * num_steps, num_steps):
        X = Xs[:, i:i + num_steps]
        Y = Ys[:, i:i + num_steps]
        yield X, Y
```

使用相同的设置为通过顺序分区读取的每个小批量的子序列打印特征 X 和标签 Y。注意，迭代期间来自两个相邻小批量的子序列实际上在原始序列上是相邻的。

```
for X, Y in seq_data_iter_sequential(my_seq, batch_size=2, num_steps=5):
        print('X: ', X, '\nY:', Y)
```

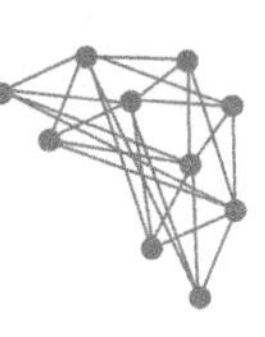

```
X:  tf.Tensor(
[[ 3  4  5  6  7]
[18 19 20 21 22]], shape=(2, 5), dtype=int32)
Y: tf.Tensor(
[[ 4  5  6  7  8]
[19 20 21 22 23]], shape=(2, 5), dtype=int32)
X:  tf.Tensor(
[[ 8  9 10 11 12]
[23 24 25 26 27]], shape=(2, 5), dtype=int32)
Y: tf.Tensor(
[[ 9 10 11 12 13]
[24 25 26 27 28]], shape=(2, 5), dtype=int32)
X:  tf.Tensor(
[[13 14 15 16 17]
[28 29 30 31 32]], shape=(2, 5), dtype=int32)
Y: tf.Tensor(
[[14 15 16 17 18]
[29 30 31 32 33]], shape=(2, 5), dtype=int32)
```

现在将上述两个采样函数包装到一个类中，以便稍后可以将其用作数据迭代器。

```
class SeqDataLoader:  #@save
    """加载序列数据的迭代器"""
    def __init__(self, batch_size, num_steps, use_random_iter, max_tokens):
        if use_random_iter:
            self.data_iter_fn = d2l.seq_data_iter_random
        else:
            self.data_iter_fn = d2l.seq_data_iter_sequential
        self.corpus, self.vocab = d2l.load_corpus_time_machine(max_tokens)
        self.batch_size, self.num_steps = batch_size, num_steps

    def __iter__(self):
        return self.data_iter_fn(self.corpus, self.batch_size, self.num_steps)
```

最后，定义函数 load_data_time_machine，它同时返回数据迭代器和词表，因此可以与其他带有 load_data 前缀的函数类似地使用它。

```
def load_data_time_machine(batch_size, num_steps,  #@save
                           use_random_iter=False, max_tokens=10000):
    """返回时光机器数据集的迭代器和词表"""
    data_iter = SeqDataLoader(batch_size, num_steps, use_random_iter, max_tokens)
    return data_iter, data_iter.vocab
```

6.4 循环神经网络

本章之前介绍了 n 元语法模型，其中单词 x_t 在时间步 t 的条件概率仅取决于前面 $n-1$ 个单词。如果想将时间步 $t-(n-1)$ 之前的单词的可能影响合并到 x_t 上，需要增加 n。但是，模型参数的数量也会随之呈指数增长，因为需要为词表 $\mathcal{V}$ 存储 $|\mathcal{V}|^n$ 个数字。因此，与其建模 $P(x_t \mid x_{t-1}, x_{t-2}, \cdots, x_{t-n+1})$，不如使用隐变量模型：

$$P(x_t \mid x_{t-1}, x_{t-2}, \cdots, x_1) \approx P(x_t \mid h_{t-1}) \tag{6-15}$$

其中 h_{t-1} 是隐藏状态（也称为隐藏变量），其存储了到时间步 $t-1$ 的序列信息。通常，可以基于当前输入 x_t 和先前隐藏状态 h_{t-1} 来计算时间步 t 处的任何时间的隐藏状态：

$$h_t = f(x_t, h_{t-1}) \tag{6-16}$$

对于足够强大的函数 f，隐变量模型不是近似值。毕竟，h_t 可能只是存储到目前为止观察到的所有数据。然而，它可能会使计算和存储都变得昂贵。

在 4.1 节讨论过具有隐藏单元的隐藏层。值得注意的是，隐藏层和隐藏状态是两个截然不同的概念。隐藏层是在从输入到输出的路径上从视图中隐藏的层。从技术上讲，隐藏状态是在给定步骤所做的任何事情的“输入”。隐藏状态只能通过查看先前时间点的数据来计算。

循环神经网络（Recurrent neural networks，RNNs）是具有隐藏状态的神经网络。在介绍 RNN 模型之前，首先回顾多层感知机模型。

6.4.1 无隐藏状态的神经网络

让我们来看一看只有单隐藏层的多层感知机。设隐藏层的激活函数为 ϕ，给定小批量样本 $\boldsymbol{X} \in \mathbb{R}^{n\times d}$，其中批量大小为 n，输入为 d 维。隐藏层的输出 $\boldsymbol{H} \in \mathbb{R}^{n\times h}$ 通过式 (6-17) 计算：

$$\boldsymbol{H} = \phi(\boldsymbol{X}\boldsymbol{W}_{xh} + \boldsymbol{b}_h) \tag{6-17}$$

式中，有用于隐藏层的权重参数 $\boldsymbol{W}_{xh} \in \mathbb{R}^{d\times h}$、偏置参数 $\boldsymbol{b}_h \in \mathbb{R}^{1\times h}$，其中隐藏单元的数目为 h。接下来，将隐藏变量 $\boldsymbol{H}$ 用作输出层的输入，输出层由式 (6-18) 给出：

$$\boldsymbol{O} = \boldsymbol{H}\boldsymbol{W}_{hq} + \boldsymbol{b}_q \tag{6-18}$$

其中，$\boldsymbol{O} \in \mathbb{R}^{n\times q}$ 是输出变量，$\boldsymbol{W}_{hq} \in \mathbb{R}^{h\times q}$ 是权重参数，$\boldsymbol{b}_q \in \mathbb{R}^{1\times q}$ 是输出层的偏置参数。如果是分类问题，可以用 softmax($\boldsymbol{O}$) 来计算输出类别的概率分布。

因此，可以随机选择特征-标签对，并通过自动微分和随机梯度下降来学习网络参数。

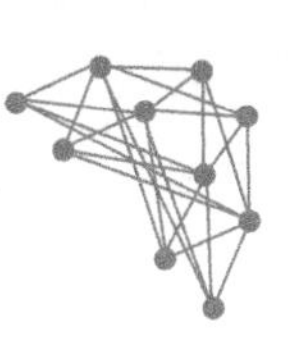

6.4.2　具有隐藏状态的循环神经网络

当我们有隐藏状态时，情况就完全不同了。让我们更详细地看看这个结构。

假设在时间步 t 有小批量输入 $\boldsymbol{X}_t \in \mathbb{R}^{n\times d}$。换言之，对于 n 个序列样本的小批量，$\boldsymbol{X}_t$ 的每行对应于来自该序列的时间步 t 处的一个样本。接下来，用 $\boldsymbol{H}_t \in \mathbb{R}^{n\times h}$ 表示时间步 t 的隐藏变量。与最大似然算法不同的是，这里保存了前一个时间步的隐藏变量 $\boldsymbol{H}_{t-1}$，并引入了一个新的权重参数 $\boldsymbol{W}_{hh} \in \mathbb{R}^{h\times h}$ 来描述如何在当前时间步中使用前一个时间步的隐藏变量。具体地，当前时间步的隐藏变量计算由当前时间步的输入与前一个时间步的隐藏变量一起确定：

$$\boldsymbol{H}_t = \phi(\boldsymbol{X}_t\boldsymbol{W}_{xh} + \boldsymbol{H}_{t-1}\boldsymbol{W}_{hh} + \boldsymbol{b}_h) \tag{6-19}$$

与式 (6-17) 相比，式 (6-19) 多添加了一项 $\boldsymbol{H}_{t-1}\boldsymbol{W}_{hh}$，从而实例化了式 (6-16)。从相邻时间步的隐藏变量 $\boldsymbol{H}_t$ 和 $\boldsymbol{H}_{t-1}$ 之间的关系可知，这些变量捕获并保留了序列直到其当前时间步的历史信息，就像神经网络的当前时间步的状态或记忆一样。因此，这样的隐藏变量被称为“隐藏状态”（hidden state）。由于隐藏状态使用与当前时间步中的前一个时间步相同的定义，因此式 (6-19) 的计算是循环的（recurrent）。因此，基于循环计算的隐藏状态神经网络被命名为循环神经网络（recurrent neural networks）。在循环神经网络中执行式 (6-19) 计算的层称为“循环层”（recurrent layers）。

构建循环神经网络有许多不同的方法。具有由式 (6-19) 定义的隐藏状态的循环神经网络非常常见。对于时间步 t，输出层的输出类似于多层感知机中的计算：

$$\boldsymbol{O}_t = \boldsymbol{H}_t\boldsymbol{W}_{hq} + \boldsymbol{b}_q \tag{6-20}$$

循环神经网络的参数包括隐藏层的权重 $\boldsymbol{W}_{xh} \in \mathbb{R}^{d\times h}, \boldsymbol{W}_{hh} \in \mathbb{R}^{h\times h}$ 和偏置 $\boldsymbol{b}_h \in \mathbb{R}^{1\times h}$，以及输出层的权重 $\boldsymbol{W}_{hq} \in \mathbb{R}^{h\times q}$ 和偏置 $\boldsymbol{b}_q \in \mathbb{R}^{1\times q}$。值得一提的是，即使在不同的时间步，循环神经网络也总是使用这些模型参数。因此，循环神经网络的参数开销不会随着时间步的增加而增加。

图 6-10 表明了在 3 个相邻时间步的循环神经网络计算逻辑。在任意时间步 t，隐藏状态的计算可以被视为：

① 将当前时间步 t 的输入 $\boldsymbol{X}_t$ 和前一时间步 t–1 的隐藏状态 $\boldsymbol{H}_{t-1}$ 连结；

② 将连结结果送入带有激活函数 ϕ 的全连接层。全连接层的输出是当前时间步 t 的隐藏状态 $\boldsymbol{H}_t$。

在本例中，模型参数是 $\boldsymbol{W}_{xh}$ 和 $\boldsymbol{W}_{hh}$ 的连结，以及 $\boldsymbol{b}_h$ 的偏置，所有这些参数都来自式 (6-19)。当前时间步 t、$\boldsymbol{H}_t$ 的隐藏状态将参与计算下一时间步 $t+1$ 的隐藏状态 $\boldsymbol{H}_{t+1}$。此外，还将 $\boldsymbol{H}_t$ 送入全连接输出层，以计算当前时间步 t 的输出 $\boldsymbol{O}_t$。

隐藏状态的计算 $\boldsymbol{X}_t\boldsymbol{W}_{xh} + \boldsymbol{H}_{t-1}\boldsymbol{W}_{hh}$，相当于 $\boldsymbol{X}_t$ 和 $\boldsymbol{H}_{t-1}$ 连结和 $\boldsymbol{W}_{xh}$ 和 $\boldsymbol{W}_{hh}$ 连结的矩阵乘法。虽然可以在数学上证明这一点，但也可以只使用一个简单的代码片段来说明这一点。首先，定义矩阵 ***X***、***W_xh***、***H*** 和 ***W_hh***，它们的形状分别为 (3，1)、(1，4)、

(3，4) 和 (4，4)。分别将 $\boldsymbol{X}$ 乘以 $\boldsymbol{W\_xh}$，将 $\boldsymbol{H}$ 乘以 $\boldsymbol{W\_hh}$，然后将这两个乘法相加，可以得到一个形状为 (3，4) 的矩阵。

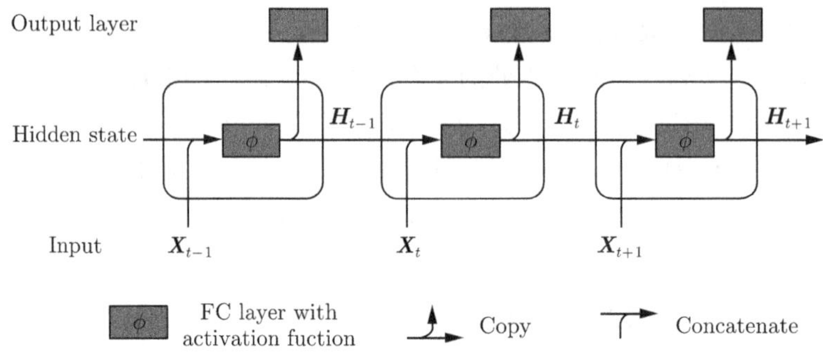

图 6-10　具有隐藏状态的循环神经网络

```
import tensorflow as tf
from d2l import tensorflow as d2l

X, W_xh = tf.random.normal((3, 1), 0, 1), tf.random.normal((1, 4), 0, 1)
H, W_hh = tf.random.normal((3, 4), 0, 1), tf.random.normal((4, 4), 0, 1)
tf.matmul(X, W_xh) + tf.matmul(H, W_hh)
```

```
<tf.Tensor: shape=(3, 4), dtype=float32, numpy=
array([[ 1.4463716 , -0.67555004,  1.0758603 ,  0.4117514 ],
       [-2.181213  ,  4.5448103 , -4.060483  , -1.7705092 ],
       [ 1.7361684 ,  0.8248675 , -0.7596235 , -0.1441674 ]],
      dtype=float32)>
```

现在，沿列（轴 1）连结矩阵 $\boldsymbol{X}$ 和 $\boldsymbol{H}$，沿行（轴 0）连结矩阵 $\boldsymbol{W\_xh}$ 和 $\boldsymbol{W\_hh}$。这两个连结分别产生形状 (3，5) 和形状 (5，4) 的矩阵。将这两个连结的矩阵相乘，可以得到与上面相同形状 (3，4) 的输出矩阵。

```
tf.matmul(tf.concat((X, H), 1), tf.concat((W_xh, W_hh), 0))
```

```
<tf.Tensor: shape=(3, 4), dtype=float32, numpy=
array([[ 1.4463716 , -0.67555004,  1.0758603 ,  0.41175136],
       [-2.1812131 ,  4.5448103 , -4.060483  , -1.7705092 ],
       [ 1.7361685 ,  0.82486755, -0.7596236 , -0.1441674 ]],
      dtype=float32)>
```

6.4.3　基于循环神经网络的字符级语言模型

对于语言模型，目标是根据当前和过去的标记预测下一个标记，因此将原始序列移位一个标记作为标签。Bengio 等人首先提出使用神经网络进行语言建模。接下来，说明如何

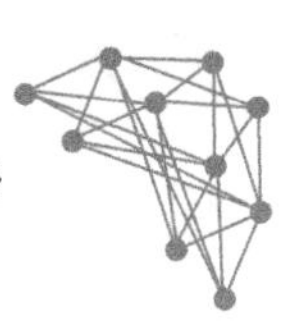

使用循环神经网络来构建语言模型。设小批量大小为 1，文本序列为 machine。为了简化后续部分的训练，将文本标记化为字符而不是单词，并考虑使用字符级语言模型（character-level language model）。图 6-11 演示了如何通过用于字符级语言建模的循环神经网络，基于当前字符和先前字符预测下一个字符。

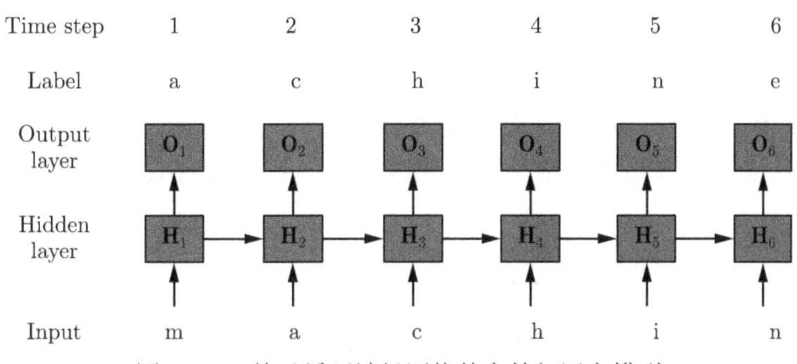

图 6-11 基于循环神经网络的字符级语言模型

在训练过程中，对每个时间步长的输出层的输出进行 Softmax 操作，然后利用交叉熵损失计算模型输出和标签之间的误差。由于隐藏层中隐藏状态的循环计算，图 6-11 中的时间步骤 3 的输出 O_3 由文本序列 m、a 和 c 确定。由于训练数据中序列的下一个字符是 h，因此时间步 3 的损失将取决于基于该时间步的特征序列 m、a、c 生成的下一个字符概率分布和标签 h。

实际上，每个标记都可以由一个 d 维向量表示，使用批量大小 $n > 1$。因此，输入 $\boldsymbol{X}_t$ 在时间步 t 将是 $n \times d$ 矩阵。

6.4.4 困惑度

最后，讨论如何度量语言模型质量，这将在后续部分中用于评估基于循环神经网络的模型。一种方法是检查文本有多令人惊讶。一个好的语言模型能够用高精度的标记来预测接下来会看到什么。考虑不同语言模型对短语 It is raining 提出以下续写：

（1）It is raining outside;

（2）It is raining banana tree;

（3）It is raining piouw;kcj pwepoiut。

就质量而言，例（1）显然是最好的。这些词是明智的，逻辑上是连贯的。虽然这个模型可能没有很准确地反映出后续词的语义，但该模型能够捕捉到跟在后面的是哪种单词。例（2）产生了一个无意义的续写，这要糟糕得多。尽管如此，至少该模型已经学会了如何拼写单词以及单词之间的某种程度的相关性。最后，例（3）指出训练不足的模型不能很好地拟合数据。

可以通过计算序列的似然概率来衡量模型的质量。不幸的是，这是一个很难理解和难以比较的数字。毕竟，较短的序列比较长的序列更有可能出现，因此在托尔斯泰的巨著《战争与和平》上对该模型进行评估不可避免地会比圣埃克苏佩里的中篇小说《小王子》产生的可能性要小得多。缺少的相当于平均数。

如果想压缩文本，可以询问在给定当前标记集的情况下预测下一个标记。一个更好的语言模型应该能更准确地预测下一个标记。因此，它应该允许在压缩序列时花费更少的比特。所以可以通过一个序列中所有 n 个标记的平均交叉熵损失来衡量：

$$\frac{1}{n}\sum_{t=1}^{n}[-\log P(x_t \mid x_{t-1}, x_{t-2}, \cdots, x_1)] \tag{6-21}$$

其中，P 由语言模型给出，x_t 是在时间步 t 从该序列观察到的实际标记。这使得在不同长度的文档上的性能具有可比性。由于历史原因，自然语言处理式 (6-21) 的指数如下：

$$\exp\left(-\frac{1}{n}\sum_{t=1}^{n}\log P(x_t \mid x_{t-1}, x_{t-2}, \cdots, x_1)\right) \tag{6-22}$$

困惑度（perplexity）可以最好地理解为当决定下一个选择哪个标记时，实际选择数的调和平均数。来看一些案例。

（1）在最好的情况下，模型总是完美地估计标签标记的概率为 1。在这种情况下，模型的困惑度为 1。

（2）在最坏的情况下，模型总是预测标签标记的概率为 0。在这种情况下，困惑度是正无穷大。

（3）在基线上，该模型预测词汇表的所有可用标记上的均匀分布。在这种情况下，困惑程度等于词表中唯一标记的数量。事实上，如果在没有任何压缩的情况下存储序列，这将是能做的最好的编码。因此，这提供了一个重要的上限，任何实际模型都必须超越这个上限。

在接下来的几节中，将为字符级语言模型实现循环神经网络，并使用困惑度来评估这些模型。

6.5 循环神经网络的从零开始实现

在本节中，根据 6.4 节中的描述，从头开始为字符级语言模型实现循环神经网络。这样的模型将在时光机器数据集上训练。首先读取数据集。

```
%matplotlib inline
import math
import numpy as np
import tensorflow as tf
from d2l import tensorflow as d2l



batch_size, num_steps = 32, 35
train_iter, vocab = d2l.load_data_time_machine(batch_size, num_steps)
```

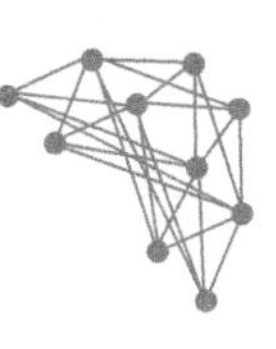

```
正在从 http://d2l-data.s3-accelerate.amazonaws.com/timemachine.txt 下
载../data/timemachine.txt...
```

```
train_random_iter, vocab_random_iter = d2l.load_data_time_machine(batch_size,
    num_steps, use_random_iter=True)
```

6.5.1　独热编码

在 train_iter 中，每个标记都表示为一个数字索引。将这些数字直接输入神经网络可能会使学习变得困难。通常，将每个标记表示为更具表现力的特征向量。最简单的表示称为“独热编码”（one-hot encoding）。

简言之，将每个索引映射到一个不同的单位向量：假设词表中不同的标记数为 N（len(vocab)），标记索引的范围为 0 到 $N-1$。如果标记的索引是整数 i，那么创建一个长度为 N 的全 0 向量，并将 i 处的元素设置为 1。此向量是原始标记的一个独热向量。索引为 0 和 2 的独热向量如下。

```
tf.one_hot(tf.constant([0, 2]), len(vocab))
```

```
<tf.Tensor: shape=(2, 28), dtype=float32, numpy=
array([[1., 0., 0., 0., 0., 0., 0., 0., 0., 0., 0., 0., 0., 0., 0., 0.,
        0., 0., 0., 0., 0., 0., 0., 0., 0., 0., 0., 0.],
       [0., 0., 1., 0., 0., 0., 0., 0., 0., 0., 0., 0., 0., 0., 0., 0.,
        0., 0., 0., 0., 0., 0., 0., 0., 0., 0., 0., 0.]], dtype=float32)>
```

每次采样的小批量形状是（批量大小，时间步数）。one_hot 函数将这样一个小批量转换成三维张量，最后一个维度等于词表大小（len(vocab)）。可以经常置换输入的维度，以便获得形状 (时间步数，批量大小，词汇表大小) 的输出。这能够更方便地通过最外层的维度，一步一步地更新小批量的隐藏状态。

```
X = tf.reshape(tf.range(10), (2, 5))
tf.one_hot(tf.transpose(X), 28).shape
```

```
TensorShape([5, 2, 28])
```

6.5.2　初始化模型参数

接下来，初始化循环神经网络模型的模型参数。隐藏单元数 num_hiddens 是一个可调的超参数。当训练语言模型时，输入和输出来自相同的词表。因此，它们具有相同的维度，即等于词表的大小。

```
def get_params(vocab_size, num_hiddens):
        num_inputs = num_outputs = vocab_size

        def normal(shape):
        return tf.random.normal(shape=shape, stddev=0.01, mean=0,
        dtype=tf.float32)

        # 隐藏层参数
        W_xh = tf.Variable(normal((num_inputs, num_hiddens)), dtype=tf.float32)
        W_hh = tf.Variable(normal((num_hiddens, num_hiddens)), dtype=tf.float32)
        b_h = tf.Variable(tf.zeros(num_hiddens), dtype=tf.float32)
        # 输出层参数
        W_hq = tf.Variable(normal((num_hiddens, num_outputs)), dtype=tf.float32)
        b_q = tf.Variable(tf.zeros(num_outputs), dtype=tf.float32)
        params = [W_xh, W_hh, b_h, W_hq, b_q]
        return params
```

6.5.3 循环神经网络模型

为了定义循环神经网络模型，首先需要一个 init_rnn_state 函数在初始化时返回隐藏状态。它返回一个张量，全用 0 填充，形状为（批量大小，隐藏单元数）。使用元组可以更容易地处理隐藏状态包含多个变量的情况。

```
def init_rnn_state(batch_size, num_hiddens):
        return (tf.zeros((batch_size, num_hiddens)),)
```

下面的 rnn 函数定义了如何在一个时间步计算隐藏状态和输出。注意，循环神经网络模型通过最外层维度 inputs 循环，以便逐时间步更新小批量的隐藏状态 $\boldsymbol{H}$。此外，这里的激活函数使用 Tanh 函数。

```
def rnn(inputs, state, params):
    # 'inputs'的形状：('时间步数量', '批量大小', '词表大小')
    W_xh, W_hh, b_h, W_hq, b_q = params
    H, = state
    outputs = []
    # 'X'的形状：('批量大小', '词表大小')
    for X in inputs:
        X = tf.reshape(X, [-1, W_xh.shape[0]])
        H = tf.tanh(tf.matmul(X, W_xh) + tf.matmul(H, W_hh) + b_h)
        Y = tf.matmul(H, W_hq) + b_q
        outputs.append(Y)
    return tf.concat(outputs, axis=0), (H,)
```

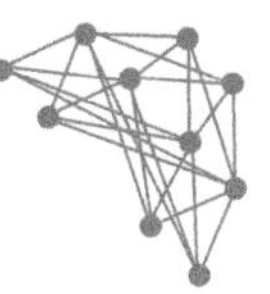

定义了所有需要的函数之后，接下来创建一个类来包装这些函数，并存储从零开始实现的循环神经网络模型的参数。

```
class RNNModelScratch:  #@save
    """ 从零开始实现的循环神经网络模型"""
    def __init__(self, vocab_size, num_hiddens, init_state, forward_fn):
        self.vocab_size, self.num_hiddens = vocab_size, num_hiddens
        self.init_state, self.forward_fn = init_state, forward_fn

    def __call__(self, X, state, params):
        X = tf.one_hot(tf.transpose(X), self.vocab_size)
        X = tf.cast(X, tf.float32)
        return self.forward_fn(X, state, params)

    def begin_state(self, batch_size):
        return self.init_state(batch_size, self.num_hiddens)
```

检查输出是否具有正确的形状，例如，确保隐藏状态的维数保持不变。

```
# 定义 tensorflow 训练策略
device_name = d2l.try_gpu()._device_name
strategy = tf.distribute.OneDeviceStrategy(device_name)

num_hiddens = 512
with strategy.scope():
        net = RNNModelScratch(len(vocab), num_hiddens, init_rnn_state, rnn)
state = net.begin_state(X.shape[0])
params = get_params(len(vocab), num_hiddens)
Y, new_state = net(X, state, params)
Y.shape, len(new_state), new_state[0].shape
```

```
(TensorShape([10, 28]), 1, TensorShape([2, 512]))
```

可以看到输出形状是（时间步数 × 批量大小，词汇表大小），而隐藏状态形状保持不变，即（批量大小，隐藏单元数）。

6.5.4　循环神经网络模型的预测

首先定义预测函数来生成用户提供的 prefix 之后的新字符，prefix 是一个包含多个字符的字符串。在 prefix 中循环遍历这些开始字符时，不断地将隐藏状态传递到下一个时间步，而不生成任何输出。这被称为“预热”（warm-up）期，在此期间模型会自我更新（如更新隐藏状态），但不会进行预测。预热期过后，隐藏状态通常比开始时的初始值好。

```
def predict_ch8(prefix, num_preds, net, vocab, params):  #@save
    """ 在'prefix'后面生成新字符"""
    state = net.begin_state(batch_size=1)
    outputs = [vocab[prefix[0]]]
    get_input = lambda: tf.reshape(tf.constant([outputs[-1]]), (1, 1)).numpy()
    for y in prefix[1:]:  # 预热期
        _, state = net(get_input(), state, params)
        outputs.append(vocab[y])
    for _ in range(num_preds):  # 预测'num_preds'步
        y, state = net(get_input(), state, params)
        outputs.append(int(y.numpy().argmax(axis=1).reshape(1)))
    return ''.join([vocab.idx_to_token[i] for i in outputs])
```

现在可以测试 predict_ch8 函数。将前缀指定为 time traveller，并让它生成 10 个后续字符。鉴于没有训练网络，它会产生荒谬的预测。

```
predict_ch8('time traveller ', 10, net, vocab, params)
```

```
'time traveller osjmlepw o'
```

6.5.5 梯度裁剪

对于长度为 T 的序列，在迭代中计算这些 T 个时间步上的梯度，从而在反向传播过程中产生长度为 $\mathcal{O}(T)$ 的矩阵乘法链。当 T 较大时，它可能导致数值不稳定，例如可能梯度爆炸或梯度消失。因此，循环神经网络模型往往需要额外的帮助来稳定训练。

一般来说，在解决优化问题时，对模型参数采取更新步骤，例如在向量形式的 $\boldsymbol{x}$ 中，在小批量的负梯度 $\boldsymbol{g}$ 方向上。例如，使用 $\eta > 0$ 作为学习率，在一次迭代中，将 $\boldsymbol{x}$ 更新为 $\boldsymbol{x} - \eta\boldsymbol{g}$。进一步假设目标函数 f 表现良好，例如，李卜希兹连续（Lipschitz continuous）常数 L。也就是说，对于任意 $\boldsymbol{x}$ 和 $\boldsymbol{y}$ 有：

$$|f(\boldsymbol{x}) - f(\boldsymbol{y})| \leqslant L\|\boldsymbol{x} - \boldsymbol{y}\| \tag{6-23}$$

在这种情况下，可以合理地假设，如果将参数向量通过 $\eta\boldsymbol{g}$ 更新，那么：

$$|f(\boldsymbol{x}) - f(\boldsymbol{x} - \eta\boldsymbol{g})| \leqslant \mathrm{L}\eta\|\boldsymbol{g}\| \tag{6-24}$$

这意味着不会观察到超过 $\mathrm{L}\eta\|\boldsymbol{g}\|$ 的变化。这既是诅咒也是祝福。在诅咒的一面，它限制了进步的速度；而在祝福的一面，它限制了朝着错误的方向前进，事情会出错的程度降低。

有时梯度可能很大，优化算法可能无法收敛。可以通过降低 η 的学习率来解决这个问题。但是如果很少得到大的梯度呢？在这种情况下，这种做法似乎完全没有根据。一个流

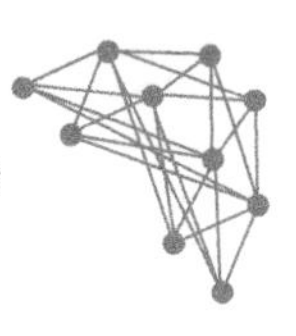

行的替代方法是通过将梯度 $\boldsymbol{g}$ 投影回给定半径的球（例如 θ）来裁剪梯度 $\boldsymbol{g}$，见式：

$$\boldsymbol{g} \leftarrow \min\left(1, \frac{\theta}{\|\boldsymbol{g}\|}\right)\boldsymbol{g} \tag{6-25}$$

通过这样做，可以知道梯度范数永远不会超过 θ，并且更新后的梯度完全与 $\boldsymbol{g}$ 的原始方向对齐。它还有一个理想的副作用，即限制任何给定的小批量（以及其中任何给定的样本）对参数向量的影响。这赋予了模型一定程度的鲁棒性。梯度裁剪提供了一个快速修复梯度爆炸的方法。虽然它并不能完全解决问题，但它是众多缓解问题的技术之一。

下面定义一个函数来裁剪从零开始实现的模型或由高级 API 构建的模型的梯度。如下代码计算了所有模型参数的梯度范数。

```
def grad_clipping(grads, theta):  #@save
    """ 裁剪梯度"""
    theta = tf.constant(theta, dtype=tf.float32)
    norm = tf.math.sqrt(
        sum((tf.reduce_sum(grad**2)).numpy() for grad in grads))
    norm = tf.cast(norm, tf.float32)
    new_grad = []
    if tf.greater(norm, theta):
        for grad in grads:
            new_grad.append(grad * theta / norm)
    else:
        for grad in grads:
            new_grad.append(grad)
    return new_grad
```

6.5.6　循环神经网络模型的训练

在训练模型之前，定义一个函数来训练只有一个迭代周期的模型。它与训练线性神经网络模型的方式有如下 3 个不同之处。

（1）顺序数据的不同采样方法（随机采样和顺序分区）将导致隐藏状态初始化的差异。

（2）在更新模型参数之前裁剪梯度。这确保了即使在训练过程中的某个点上梯度爆炸，模型也不会发散。

（3）用困惑度来评价模型。这确保了不同长度的序列具有可比性。

具体地说，当使用顺序分区时，只在每个迭代周期的开始处初始化隐藏状态。由于下一个小批量中的 i^{th} 子序列样本与当前 i^{th} 子序列样本相邻，因此当前小批量末尾的隐藏状态将用于初始化下一个小批量开头的隐藏状态。这样，存储在隐藏状态中的序列历史信息可以在一个迭代周期内流过相邻的子序列。然而，任何一点隐藏状态计算都依赖于同一迭代周期中所有的前一个小批量，这使得梯度计算变得复杂。为了降低计算量，在处理任何一个小批量之前先分离梯度，使得隐藏状态的梯度计算总是限制在一个小批量的时间步内。

当使用随机抽样时，需要为每个迭代周期重新初始化隐藏状态，因为每个样本都是在一个随机位置抽样的。与线性神经网络中的 train_epoch_ch3 函数相同，updater 是更新模型参数的常用函数。它既可以是从头开始实现的 d2l.sgd 函数，也可以是深度学习框架中的内置优化函数。

```
#@save
def train_epoch_ch8(net, train_iter, loss, updater, params, use_random_iter):
    """训练模型一个迭代周期"""
    state, timer = None, d2l.Timer()
    metric = d2l.Accumulator(2)  # 训练损失之和, 标记数量
    for X, Y in train_iter:
        if state is None or use_random_iter:
            # 在第一次迭代或使用随机抽样时初始化'state'
            state = net.begin_state(batch_size=X.shape[0])
        with tf.GradientTape(persistent=True) as g:
            g.watch(params)
            y_hat, state = net(X, state, params)
            y = tf.reshape(tf.transpose(Y), (-1))
            l = loss(y, y_hat)
        grads = g.gradient(l, params)
        grads = grad_clipping(grads, 1)
        updater.apply_gradients(zip(grads, params))

        # Keras 默认返回一个批量中的平均损失
        # l_sum = l * float(tf.size(y).numpy()) if isinstance(
        #     loss, tf.keras.losses.Loss) else tf.reduce_sum(l)
        metric.add(l * tf.size(y).numpy(), tf.size(y).numpy())
    return math.exp(metric[0] / metric[1]), metric[1] / timer.stop()
```

训练函数支持从零开始或使用高级 API 实现的循环神经网络模型。

```
#@save
def train_ch8(net, train_iter, vocab, num_hiddens, lr, num_epochs, strategy,
              use_random_iter=False):
    with strategy.scope():
        params = get_params(len(vocab), num_hiddens)
        loss = tf.keras.losses.SparseCategoricalCrossentropy(from_logits=True)
        updater = tf.keras.optimizers.SGD(lr)
    animator = d2l.Animator(xlabel='epoch', ylabel='perplexity',
                            legend=['train'], xlim=[10, num_epochs])
    predict = lambda prefix: predict_ch8(prefix, 50, net, vocab, params)
    # 训练和预测
    for epoch in range(num_epochs):
```

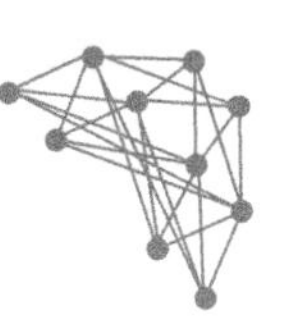


```
        ppl, speed = train_epoch_ch8(net, train_iter, loss, updater, params,
                                      use_random_iter)
        if (epoch + 1) % 10 == 0:
            print(predict('time traveller'))
            animator.add(epoch + 1, [ppl])
    device = d2l.try_gpu()._device_name
    print(f'困惑度 {ppl:.1f}, {speed:.1f} 标记/秒 {str(device)}')
    print(predict('time traveller'))
    print(predict('traveller'))
```

现在可以训练循环神经网络模型。因为在数据集中只使用 10000 个标记，所以模型需要更多的迭代周期来更好地收敛。结果如图 6-12 所示。

```
num_epochs, lr = 500, 1
train_ch8(net, train_iter, vocab, num_hiddens, lr, num_epochs, strategy)
```

```
困惑度 1.1, 14455.3 标记/秒 /GPU:0
time traveller wot said the pscco lesveditylo i ou tan ofrep sim
traveller you can show black is white by argument said filby
```

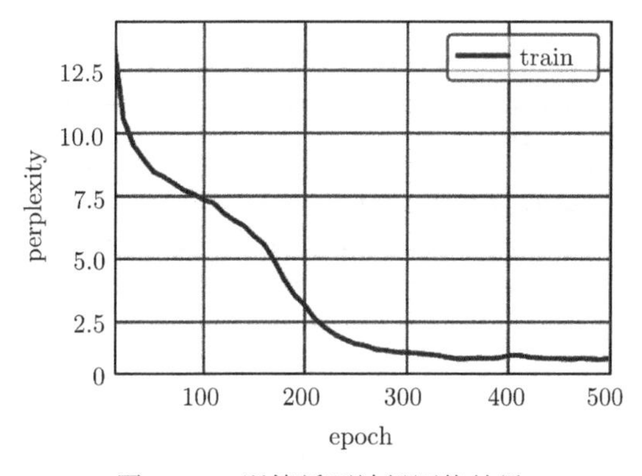

图 6-12　训练循环神经网络结果

最后，检查使用随机抽样方法的结果，如图 6-13 所示。

```
params = get_params(len(vocab_random_iter), num_hiddens)
train_ch8(net, train_random_iter, vocab_random_iter, num_hiddens, lr,
        num_epochs, strategy, use_random_iter=True)
```

```
困惑度 1.5, 16101.7 标记/秒 /GPU:0
time traveller smiled are you sure we can move freely inspace ri
traveller for so it will be convenient to speak of himwas e
```

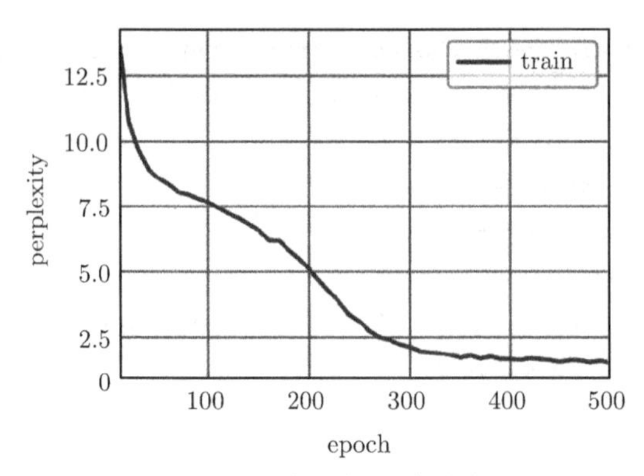

图 6-13　随机抽样方法的结果

6.6　循环神经网络的简洁实现

虽然 6.5 节对了解循环神经网络是如何实现的很有指导意义，但这并不便捷。本节将从读取时光机器数据集开始说明如何使用深度学习框架的高级 API 提供的函数更有效地实现相同的语言模型。

```
import tensorflow as tf
from d2l import tensorflow as d2l

batch_size, num_steps = 32, 35
train_iter, vocab = d2l.load_data_time_machine(batch_size, num_steps)
```

```
Downloading ../data/timemachine.txt from
    http://d2l-data.s3-accelerate.amazonaws.com/timemachine.txt...
```

6.6.1　定义模型

高级 API 提供了循环神经网络的实现，构造了一个具有 256 隐藏单元的单隐藏层的循环神经网络层 rnn_layer。事实上，还没有讨论多层的含义。现在，只要说多层仅仅相当于一层循环神经网络的输出被用作下一层循环神经网络的输入就足够了。

```
num_hiddens = 256
rnn_cell = tf.keras.layers.SimpleRNNCell(num_hiddens,
                                         kernel_initializer='glorot_uniform')
rnn_layer = tf.keras.layers.RNN(rnn_cell, time_major=True,
                                return_sequences=True, return_state=True)

state = rnn_cell.get_initial_state(batch_size=batch_size, dtype=tf.float32)
state.shape
```

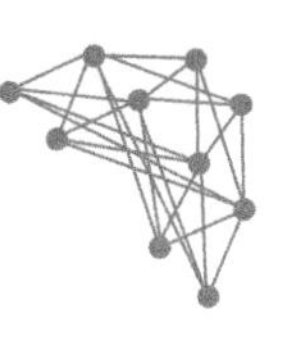

```
TensorShape([32, 256])
```

通过一个隐藏状态和一个输入，可以用更新后的隐藏状态计算输出。需要强调的是，rnn_layer 的“输出”（Y）不涉及输出层的计算：它是指每个时间步的隐藏状态，它们可以用作后续输出层的输入。

```
X = tf.random.uniform((num_steps, batch_size, len(vocab)))
Y, state_new = rnn_layer(X, state)
Y.shape, len(state_new), state_new[0].shape
```

```
(TensorShape([35, 32, 256]), 32, TensorShape([256]))
```

与 6.5 节类似，为一个完整的循环神经网络模型定义了一个 RNNModel 类。注意 rnn_layer 只包含隐藏循环层，还需要创建一个单独的输出层。

```
#@save
class RNNModel(tf.keras.layers.Layer):
    def __init__(self, rnn_layer, vocab_size, **kwargs):
        super(RNNModel, self).__init__(**kwargs)
        self.rnn = rnn_layer
        self.vocab_size = vocab_size
        self.dense = tf.keras.layers.Dense(vocab_size)

    def call(self, inputs, state):
        X = tf.one_hot(tf.transpose(inputs), self.vocab_size)
        # 然后 RNN 会返回两个数目以上的值
        Y, *state = self.rnn(X, state)
        output = self.dense(tf.reshape(Y, (-1, Y.shape[-1])))
        return output, state

    def begin_state(self, *args, **kwargs):
        return self.rnn.cell.get_initial_state(*args, **kwargs)
```

6.6.2 训练与预测

在训练模型之前，可以用一个具有随机权重的模型进行预测。

```
device_name = d2l.try_gpu()._device_name
strategy = tf.distribute.OneDeviceStrategy(device_name)
with strategy.scope():
    model = RNNModel(rnn_layer, vocab_size=len(vocab))


d2l.predict_ch8('time traveller', 10, model, vocab)
```

```
'time travellerxtigz ghvf'
```

很明显，这种模型根本不起作用。接下来，使用 6.5 节中定义的超参数调用 train_ch8，并使用高级 API 训练模型，训练结果如图 6-14 所示。

```
num_epochs, lr = 500, 1
d2l.train_ch8(model, train_iter, vocab, num_hiddens, lr, num_epochs,strategy)
```

```
perplexity 1.4, 19670.5 tokens/sec on /GPU:0
time traveller thackidifor thi kromethed in phasth s ingon it wo
traveller the three and wave avex thime abea thin theef or
```

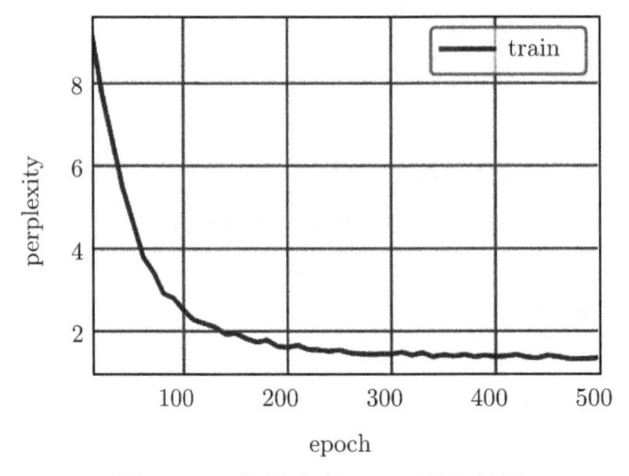

图 6-14　使用高级 API 训练结果

与 6.5 节相比，由于深度学习框架的高级 API 对代码进行了更多的优化，该模型在较短的时间内实现了类似的困惑度。

6.7　通过时间反向传播

到目前为止，已经反复提到梯度爆炸、梯度消失，以及需要对循环神经网络分离梯度。例如，在 6.5 节中，在序列上调用了 detach 函数。为了能够快速构建模型并了解其工作原理，上面所说的这些都没有得到充分的解释。在本节中，将更深入地探讨序列模型反向传播的细节，以及相关数学原理。

首次实现循环神经网络时，遇到了梯度爆炸的一些影响。特别是，如果做了练习题，可以看到梯度裁剪对于确保收敛至关重要。为了更好地理解此问题，本节回顾如何计算序列模型的梯度。请注意，它的工作原理上没有什么新概念。毕竟，只是应用链式法则来计算梯度。尽管如此，还是值得重新思考反向传播。

循环神经网络中的前向传播相对简单。通过时间反向传播（Backpropagation through Time，BPTT）实际上是在循环神经网络中应用的一个特定的反向传播技术。它要求将循环神经网络的计算图一次展开一个时间步，以获得模型变量和参数之间的依赖关系。然后，

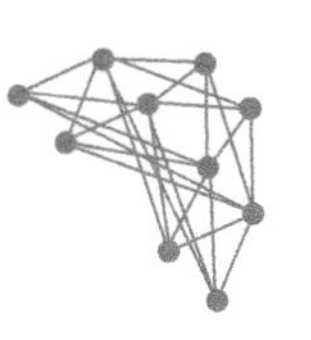

根据链式法则，应用反向传播来计算和存储梯度。由于序列可能相当长，因此依赖关系可能相当冗长。例如，对于 1000 个字符的序列，第一个标记可能会对最后位置的标记产生重大影响。这在计算上并不是真正可行的（它需要太长时间，需要太多的内存），并且它需要超过 1000 个矩阵乘积才能得到非常难以捉摸的梯度。这是一个充满计算与统计不确定性的过程。在下文中，会介绍可能发生什么情况以及如何在实践中解决这一问题。

6.7.1　循环神经网络的梯度分析

从循环神经网络工作原理的简化模型开始。此模型忽略有关隐藏状态的细节及其更新方式的细节。这里的数学表示没有像过去那样明确区分标量，向量和矩阵。因为这些细节对于分析并不重要，只会使本小节中的符号变得混乱。

在此简化模型中，将时间步 t 的隐藏状态表示为 h_t，输入表示为 x_t，输出表示为 o_t。回想在 6.4.2 节中的讨论，即输入和隐藏状态可以连结为隐藏图层中的一个权重变量。因此，分别使用 w_h 和 w_o 来表示隐藏层和输出层的权重。因此，每个时间步的隐藏状态和输出可以写为

$$\begin{cases} h_t = f(x_t, h_{t-1}, w_h) \\ o_t = g(h_t, w_o) \end{cases} \tag{6-26}$$

其中，f 和 g 分别是隐藏层和输出层的变换。$\{\cdots, (x_{t-1}, h_{t-1}, o_{t-1}), (x_t, h_t, o_t), \cdots\}$ 这是得到的链，它们通过循环计算彼此依赖。正向传播相当简单，一次一个时间步的遍历三元组 (x_t, h_t, o_t)。然后通过一个目标函数在所有 T 个时间步中评估输出 o_t 和所对应标签 y_t 之间的差异：

$$L(x_1, x_2, \cdots, x_T, y_1, y_2, \cdots, y_T, w_h, w_o) = \frac{1}{T}\sum_{t=1}^{T} l(y_t, o_t) \tag{6-27}$$

对于反向传播，问题有点棘手，特别是计算参数 w_h 关于目标函数 L 的梯度时。具体来说，按照链式法则：

$$\begin{aligned} \frac{\partial L}{\partial w_h} &= \frac{1}{T}\sum_{t=1}^{T} \frac{\partial l(y_t, o_t)}{\partial w_h} \\ &= \frac{1}{T}\sum_{t=1}^{T} \frac{\partial l(y_t, o_t)}{\partial o_t} \frac{\partial g(h_t, w_o)}{\partial h_t} \frac{\partial h_t}{\partial w_h} \end{aligned} \tag{6-28}$$

式 (6-28) 中乘积的第一项和第二项很容易计算。第三项 $\partial h_t/\partial w_h$ 是分析变得棘手的地方，因为需要重复计算参数 w_h 对 h_t 的影响。根据式 (6-26) 中的递归计算，h_t 既依赖于 h_{t-1} 又依赖于 w_h，其中 h_{t-1} 的计算也依赖于 w_h。因此，使用链式法则产生：

$$\frac{\partial h_t}{\partial w_h} = \frac{\partial f(x_t, h_{t-1}, w_h)}{\partial w_h} + \frac{\partial f(x_t, h_{t-1}, w_h)}{\partial h_{t-1}} \frac{\partial h_{t-1}}{\partial w_h} \tag{6-29}$$

为了得出上述梯度，假设有 3 个序列 $\{a_t\}, \{b_t\}, \{c_t\}$ 满足 $a_0 = 0$ 且 $a_t = b_t + c_t a_{t-1}$。然后对于 $t \geqslant 1$，很容易写出：

$$a_t = b_t + \sum_{i=1}^{t-1} \left(\prod_{j=i+1}^{t} c_j \right) b_i \tag{6-30}$$

通过将 a_t、b_t 和 c_t 替换：

$$\begin{cases} a_t = \dfrac{\partial h_t}{\partial w_h} \\ b_t = \dfrac{\partial f(x_t, h_{t-1}, w_h)}{\partial w_h} \\ c_t = \dfrac{\partial f(x_t, h_{t-1}, w_h)}{\partial h_{t-1}} \end{cases} \tag{6-31}$$

式 (6-29) 中的梯度计算满足 $a_t = b_t + c_t a_t - 1$。因此，对于每个式 (6-30)，可以使用以下式子去掉式 (6-29) 中的递归计算：

$$\frac{\partial h_t}{\partial w_h} = \frac{\partial f(x_t, h_{t-1}, w_h)}{\partial w_h} + \sum_{i=1}^{t-1} \left(\prod_{j=i+1}^{t} \frac{\partial f(x_j, h_{j-1}, w_h)}{\partial h_{j-1}} \right) \frac{\partial f(x_i, h_{i-1}, w_h)}{\partial w_h} \tag{6-32}$$

虽然可以使用链式法则递归地计算 $\partial h_t / \partial w_h$，但当 t 很大，这个链就会变得很长。接下来讨论处理这一问题的若干方法。

1. 完整计算

显然，可以计算式 (6-32) 中的全部总和。然而，这非常缓慢，梯度可能会爆炸，因为初始条件的微妙变化可能会对结果产生很大影响。也就是说，可以看到类似于蝴蝶效应的东西，初始条件的很小变化导致结果的不成比例变化。就要估计的模型而言，这实际上是相当不可取的。毕竟，正在寻找能够很好地概括出来的可靠估计数。因此，这种方法几乎从未在实践中使用过。

2. 截断时间步

或者，可以在 τ 步后截断求和。这就是到目前为止一直在讨论的内容，例如，在 6.5 节中分离梯度时。这会带来真实梯度的近似，只需将求和终止为 $\partial h_{t-\tau} / \partial w_h$。在实践中，这工作得很好。它通常被称为通过时间截断反向传播。这样做的后果之一是，该模型主要侧重于短期影响，而不是长期影响。这实际上是可取的，因为它会将估计值偏向更简单和更稳定的模型。

3. 随机截断

最后，可以用一个随机变量替换 $\partial h_t / \partial w_h$，该随机变量在预期中是正确的，但是会截断序列。这是通过使用预定义的 $0 \leqslant \pi_t \leqslant 1$ 序列 ξ_t 来实现的，其中 $P(\xi_t = 0) = 1 - \pi_t$ 且 $P(\xi_t = \pi_t^{-1}) = \pi_t$，因此 $E[\xi_t] = 1$。可以使用它来替换式 (6-29) 中的梯度 $\partial h_t / \partial w_h$ ：

$$z_t = \frac{\partial f(x_t, h_{t-1}, w_h)}{\partial w_h} + \xi_t \frac{\partial f(x_t, h_{t-1}, w_h)}{\partial h_{t-1}} \frac{\partial h_{t-1}}{\partial w_h} \tag{6-33}$$

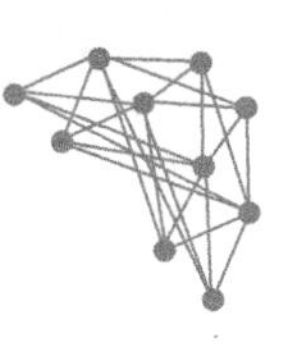

它是从 ξ_t 的定义推导出来的，那就是 $E[z_t] = \partial h_t / \partial w_h$。每当 $\xi_t = 0$ 递归计算在该时间步 t 终止时。这导致不同长度序列的加权和，其中长序列很少但适当地加大权重。这个想法是由塔莱克和奥利维尔提出的。

4. 比较策略

图 6-15 说明了使用循环神经网络的通过时间反向传播的三种策略。

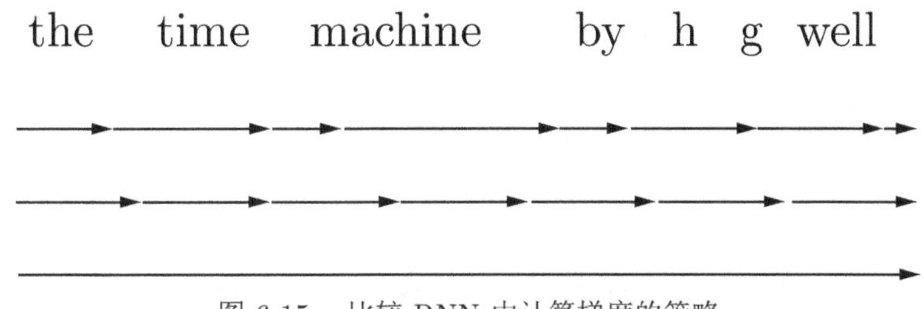

图 6-15　比较 RNN 中计算梯度的策略

（1）第一行是将文本划分为不同长度的段的随机截断。

（2）第二行是将文本分解为相同长度的子序列的常规截断，这就是在 RNN 实验中一直在做的。

（3）第三行是通过时间的完全反向传播，导致计算上不可行的表达式。

遗憾的是，虽然理论上具有吸引力，但随机截断并不比常规截断更好，很可能是由于多种因素。首先，经过一系列反向传播步后的观测结果足以捕获实际依赖关系。其次，增加的方差抵消了步长越多梯度越精确的事实。第三，实际上想要只有短范围交互的模型。因此，通过时间的规则截断的反向传播具有轻微的正则化效果。

6.7.2　通过时间反向传播细节

在讨论一般原则之后，详细讨论反向传播问题。下面将展示如何计算目标函数相对于所有分解模型参数的梯度。为了保持简单，考虑一个没有偏置参数的循环神经网络，其在隐藏层中的激活函数使用恒等映射（$\phi(x) = x$）。对于时间步 t，设单个样本输入和标签分别为 $\boldsymbol{x}_t \in \mathbb{R}^d$ 和 y_t。隐藏状态 $\boldsymbol{h}_t \in \mathbb{R}^h$ 和输出 $\boldsymbol{o}_t \in \mathbb{R}^q$ 被计算为

$$\begin{cases} \boldsymbol{h}_t = \boldsymbol{W}_{hx}\boldsymbol{x}_t + \boldsymbol{W}_{hh}\boldsymbol{h}_{t-1} \\ \boldsymbol{o}_t = \boldsymbol{W}_{qh}\boldsymbol{h}_t \end{cases} \tag{6-34}$$

其中，权重参数为 $\boldsymbol{W}_{hx} \in \mathbb{R}^{h\times d}$、$\boldsymbol{W}_{hh} \in \mathbb{R}^{h\times h}$ 和 $\boldsymbol{W}_{qh} \in \mathbb{R}^{q\times h}$。用 $l(\mathbf{o}_t, y_t)$ 表示时间步 t 处的损失。目标函数，从序列开始起的超过 T 个时间步的损失是这样的：

$$L = \frac{1}{T}\sum_{t=1}^{T} l(\boldsymbol{o}_t, y_t) \tag{6-35}$$

为了在循环神经网络计算过程中可视化模型变量和参数之间的依赖关系，可以为模型绘制一个计算图，如图 6-16 所示。例如，时间步 3 的隐藏状态 $\boldsymbol{h}_3$ 的计算取决于模型参数 $\boldsymbol{W}_{hx}$ 和 $\boldsymbol{W}_{hh}$，以及最终时间步的隐藏状态 $\boldsymbol{h}_2$ 以及当前时间步的输入 $\boldsymbol{x}_3$。

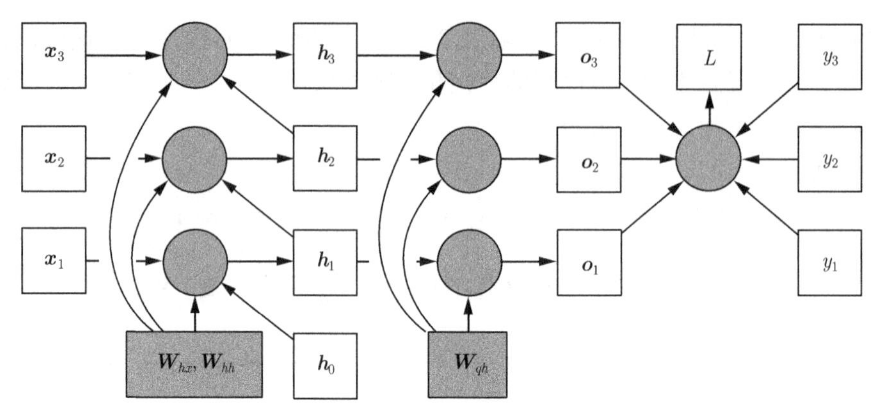

图 6-16　显示具有三个时间步的循环神经网络模型依赖关系的计算图

正如刚才提到的，图 6-15 中的模型参数是 $\boldsymbol{W}_{hx}$、$\boldsymbol{W}_{hh}$ 和 $\boldsymbol{W}_{qh}$。通常，训练该模型需要对这些参数 $\partial L/\partial \boldsymbol{W}_{hx}$ 、$\partial L/\partial \boldsymbol{W}_{hh}$ 和 $\partial L/\partial \boldsymbol{W}_{qh}$ 进行梯度计算。根据图 6-15中的依赖关系，可以沿箭头的相反方向遍历，依次计算和存储梯度。为了灵活地表示链式法则中不同形状的矩阵、向量和标量的乘法，继续使用 prod 运算符。

首先，目标函数有关任意时间步 t 的模型输出的梯度很容易计算：

$$\frac{\partial L}{\partial \boldsymbol{o}_t} = \frac{\partial l(\boldsymbol{o}_t, y_t)}{T \cdot \partial \boldsymbol{o}_t} \in \mathbb{R}^q \tag{6-36}$$

现在，可以计算目标函数有关输出层中的参数 $\boldsymbol{W}_{qh}$ 的梯度：$\partial L/\partial \boldsymbol{W}_{qh} \in \mathbb{R}^{q\times h}$。根据图 6-15，目标函数 L 通过 $\boldsymbol{o}_1, \boldsymbol{o}_2, \cdots, \boldsymbol{o}_T$ 依赖于 $\boldsymbol{W}_{qh}$。依据链式法则，

$$\frac{\partial L}{\partial \boldsymbol{W}_{qh}} = \sum_{t=1}^{T} \text{prod}\left(\frac{\partial L}{\partial \boldsymbol{o}_t}, \frac{\partial \boldsymbol{o}_t}{\partial \boldsymbol{W}_{qh}}\right) = \sum_{t=1}^{T} \frac{\partial L}{\partial \boldsymbol{o}_t} \boldsymbol{h}_t^{\mathrm{T}} \tag{6-37}$$

其中，$\partial L/\partial \boldsymbol{o}_t$ 是由式 (6-36) 给出的。

接下来，如图 6-16 所示，在最后的时间步 T，目标函数 L 仅通过 $\boldsymbol{o}_T$ 依赖隐藏状态 $\boldsymbol{h}_T$。因此，可以使用链式法则容易地得到梯度 $\partial L/\partial \boldsymbol{h}_T \in \mathbb{R}^h$：

$$\frac{\partial L}{\partial \boldsymbol{h}_T} = \text{prod}\left(\frac{\partial L}{\partial \boldsymbol{o}_T}, \frac{\partial \boldsymbol{o}_T}{\partial \boldsymbol{h}_T}\right) = \boldsymbol{W}_{qh}^{\mathrm{T}} \frac{\partial L}{\partial \boldsymbol{o}_T} \tag{6-38}$$

对于任意时间步 $t < T$ 来说都变得更加棘手，其中目标函数 L 通过 $\boldsymbol{h}_{t+1}$ 和 $\boldsymbol{o}_t$ 依赖 $\boldsymbol{h}_t$。根据链式法则，隐藏状态在任何时间步骤 $t < T$ 的梯度 $\partial L/\partial \boldsymbol{h}_t \in \mathbb{R}^h$ 可以递归地计算为

$$\frac{\partial L}{\partial \boldsymbol{h}_t} = \text{prod}\left(\frac{\partial L}{\partial \boldsymbol{h}_{t+1}}, \frac{\partial \boldsymbol{h}_{t+1}}{\partial \boldsymbol{h}_t}\right) + \text{prod}\left(\frac{\partial L}{\partial \boldsymbol{o}_t}, \frac{\partial \boldsymbol{o}_t}{\partial \boldsymbol{h}_t}\right) = \boldsymbol{W}_{hh}^{\mathrm{T}} \frac{\partial L}{\partial \boldsymbol{h}_{t+1}} + \boldsymbol{W}_{qh}^{\mathrm{T}} \frac{\partial L}{\partial \boldsymbol{o}_t} \tag{6-39}$$

为了进行分析，展开任何时间步 $1 \leqslant t \leqslant T$ 的递归计算

$$\frac{\partial L}{\partial \boldsymbol{h}_t} = \sum_{i=t}^{T} \left(\boldsymbol{W}_{hh}^{\mathrm{T}}\right)^{T-i} \boldsymbol{W}_{qh}^{\mathrm{T}} \frac{\partial L}{\partial \boldsymbol{o}_{T+t-i}} \tag{6-40}$$

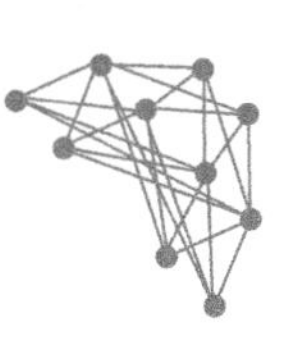

可以从式 (6-40) 中看到，这个简单的线性例子已经展现了长序列模型的一些关键问题：它涉及 $\boldsymbol{W}_{hh}^{\mathrm{T}}$ 的潜在非常大的指数。其中，小于 1 的特征值消失，大于 1 的特征值发散。这在数值上是不稳定的，表现为梯度消失或梯度爆炸。解决此问题的一种方法是按照计算方便的大小截断时间步长。实际上，这种截断是通过在给定数量的时间步长之后分离梯度来实现的。稍后，可以看到更复杂的序列模型（如长短期记忆）如何进一步缓解这一问题。

最后，图 6-16 表明目标函数 L 通过隐藏状态 $\boldsymbol{h}_1, \boldsymbol{h}_2, \cdots, \boldsymbol{h}_T$ 依赖隐藏层中的模型参数 $\boldsymbol{W}_{hx}$ 和 $\boldsymbol{W}_{hh}$。为了计算有关这些参数的梯度 $\partial L/\partial \boldsymbol{W}_{hx} \in \mathbb{R}^{h\times d}$ 和 $\partial L/\partial \boldsymbol{W}_{hh} \in \mathbb{R}^{h\times h}$，应用链式规则：

$$\begin{cases} \dfrac{\partial L}{\partial \boldsymbol{W}_{hx}} = \displaystyle\sum_{t=1}^{T} \mathrm{prod}\left(\frac{\partial L}{\partial \boldsymbol{h}_t}, \frac{\partial \boldsymbol{h}_t}{\partial \boldsymbol{W}_{hx}}\right) = \sum_{t=1}^{T} \frac{\partial L}{\partial \boldsymbol{h}_t} \boldsymbol{x}_t^{\mathrm{T}} \\ \dfrac{\partial L}{\partial \boldsymbol{W}_{hh}} = \displaystyle\sum_{t=1}^{T} \mathrm{prod}\left(\frac{\partial L}{\partial \boldsymbol{h}_t}, \frac{\partial \boldsymbol{h}_t}{\partial \boldsymbol{W}_{hh}}\right) = \sum_{t=1}^{T} \frac{\partial L}{\partial \boldsymbol{h}_t} \boldsymbol{h}_{t-1}^{\mathrm{T}} \end{cases} \tag{6-41}$$

其中 $\partial L/\partial \boldsymbol{h}_t$ 是由式 (6-38) 和式 (6-39) 递归计算的，是影响数值稳定性的关键量。

通过时间反向传播是反向传播在循环神经网络中的应用，训练循环神经网络交替使用通过时间前向传播和反向传播。通过时间的反向传播依次计算并存储上述梯度。具体而言，存储的中间值会被重复使用，以避免重复计算，例如存储 $\partial L/\partial \boldsymbol{h}_t$，以便在计算 $\partial L/\partial \boldsymbol{W}_{hx}$ 和 $\partial L/\partial \boldsymbol{W}_{hh}$ 时使用。

第 7 章　网络优化与正则化

虽然神经网络具有非常强的表达能力，但是当将神经网络模型应用于机器学习时依然存在一些难点，主要分为如下两类。

（1）优化问题。神经网络模型是一个非凸函数，再加上在深度网络中的梯度消失问题，很难进行优化；另外，深层神经网络模型一般参数比较多，训练数据也比较大，会导致训练的效率比较低。

（2）泛化问题。因为神经网络的拟合能力强，反而容易在训练集上产生过拟合。因此，在训练深层神经网络时，也需要通过一定的正则化方法来改进网络的泛化能力。

目前，研究者从大量的实践中总结了一些经验技巧，从优化和正则化两方面来提高学习效率并得到一个好的网络模型。

7.1　网络优化

深层神经网络是一个高度非线性的模型，其风险函数是一个非凸函数，因此风险最小化是一个非凸优化问题，会存在很多局部最优点。

有效地学习深层神经网络的参数是一个具有挑战性的问题，其主要原因有以下几方面。

1. 网络结构多样性

神经网络的种类非常多，如卷积网络、循环网络等，其结构也不同。有些比较深，有些比较宽。不同参数在网络中的作用也有很大的差异，如连接权重和偏置的不同，以及循环网络中循环连接上的权重和其他权重的不同。

由于网络结构的多样性，很难找到一种通用的优化方法。不同的优化方法在不同网络结构上的差异也比较大。

此外，网络的超参数一般也比较多，这给优化带来了很大的挑战。

2. 高维变量的非凸优化

低维空间的非凸优化问题主要是存在一些局部最优点。基于梯度下降的优化方法会陷入局部最优点，因此低维空间非凸优化的主要难点是如何选择初始化参数和逃离局部最优点。深层神经网络的参数非常多，其参数学习是在非常高维空间中的非凸优化问题，其挑战和在低维空间的非凸优化问题有所不同。

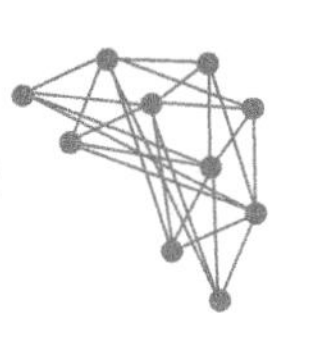

鞍点　在高维空间中，非凸优化的难点并不在于如何逃离局部最优点，而是如何逃离鞍点（saddle point）。鞍点的梯度是 0，但是在一些维度上是最高点，在另一些维度上是最低点，如图 7-1 所示。

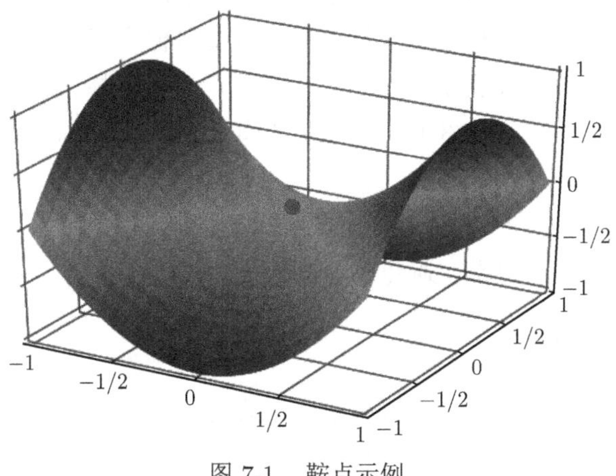

图 7-1　鞍点示例

在高维空间中，局部最优点要求在每一维度上都是最低点，这种概率非常低。假设网络有 10000 维参数，一个点在某一维上是局部最低点的概率为 p，那么在整个参数空间中，局部最优点的概率为 p^{10000}，这种可能性非常小。也就是说，高维空间中，大部分梯度为 0 的点都是鞍点。基于梯度下降的优化方法会在鞍点附近接近于停滞，同样很难从这些鞍点中逃离。

平坦底部　深层神经网络的参数非常多，并且有一定的冗余性，这导致每单个参数对最终损失的影响都比较小，这导致了损失函数在局部最优点附近是一个平坦的区域，称为平坦最小值（flat minima），并且在非常大的神经网络中，大部分的局部最小值是相等的。虽然神经网络有一定概率收敛于比较差的局部最小值，但随着网络规模的增加，网络陷入局部最小值的概率大大降低。图 7-2 给出了一种简单的平坦底部示例。

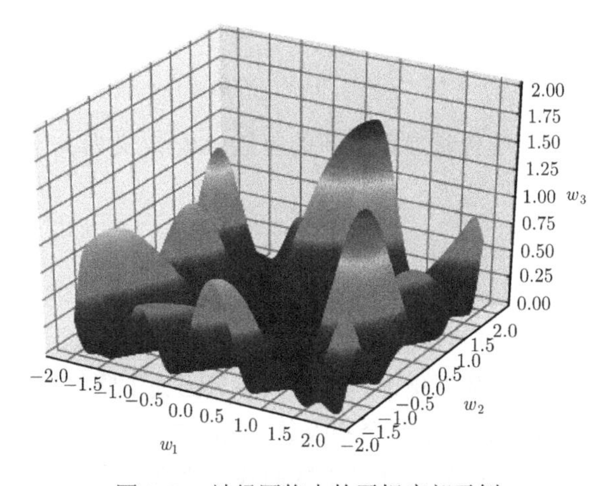

图 7-2　神经网络中的平坦底部示例

7.2 优化算法

目前，深层神经网络的参数学习主要是通过梯度下降方法来寻找一组可以最小化结构风险的参数。在具体实现中，梯度下降法可以分为批量梯度下降、随机梯度下降以及小批量梯度下降 3 种形式。根据不同的数据量和参数量，可以选择一种具体的实现形式。除了在收敛效果和效率上的差异，这 3 种方法都存在如下一些共同的问题。

（1）如何初始化参数。

（2）预处理数据。

（3）如何选择合适的学习率，避免陷入局部最优等。

7.2.1 小批量梯度下降

目前，在训练深层神经网络时，训练数据的规模比较大。如果在梯度下降时，每次迭代都要计算整个训练数据上的梯度需要比较多的计算资源。此外，大规模训练集中的数据通常也会非常冗余，也没有必要在整个训练集上计算梯度。因此，在训练深层神经网络时，经常使用小批量梯度下降算法。

令 $f(\boldsymbol{x},\theta)$ 表示一个深层神经网络，θ 为网络参数，在使用小批量梯度下降进行优化时，每次选取 K 个训练样本 $\mathcal{I}_t=\left\{\left(\boldsymbol{x}^{(k)},\boldsymbol{y}^{(k)}\right)\right\}_{k=1}^{K}$ 第 t 次迭代（iteration）时损失函数关于参数 θ 的偏导数为

$$\boldsymbol{g}_t(\theta)=\frac{1}{K}\sum_{\left(\boldsymbol{x}^{(k)},\boldsymbol{y}^{(k)}\right)\in\mathcal{I}_t}\frac{\partial\mathcal{L}\left(\boldsymbol{y}^{(k)},f\left(\boldsymbol{x}^{(k)},\theta\right)\right)}{\partial\theta} \tag{7-1}$$

其中 $\mathcal{L}(\cdot)$ 为可微分的损失函数，K 称为批量大小（batch size）。

第 t 次更新的梯度 $\boldsymbol{g}_t$ 定义为

$$\boldsymbol{g}_t \triangleq \boldsymbol{g}_t\left(\theta_{t-1}\right) \tag{7-2}$$

使用梯度下降来更新参数

$$\theta_t \leftarrow \theta_{t-1}-\alpha\boldsymbol{g}_t \tag{7-3}$$

其中 $\alpha>0$ 为学习率。每次迭代时参数更新的差值 $\Delta\theta_t$ 定义为

$$\Delta\theta_t \triangleq \theta_t-\theta_{t-1} \tag{7-4}$$

$\Delta\theta_t$ 和梯度 $\boldsymbol{g}_t$ 并不需要完全一致。$\Delta\theta_t$ 为每次迭代时参数的实际更新方向，即 $\theta_t=\theta_{t-1}+\Delta\theta_t$。在标准的小批量梯度下降中，$\Delta\theta_t=-\alpha\boldsymbol{g}_t$。

图 7-3 给出了在 MNIST 数据集上，批量大小对损失下降的影响。一般批量大小较小时，需要设置较小的学习率，否则模型会不收敛。从图 7-3（a）可以看出，每次迭代选取的批量样本数越多，下降效果越明显，并且下降曲线越平滑。当每次选取一个样本时（相当于随机梯度下降），损失整体是下降趋势，但在局部会来回震荡。从图 7-3（b）可以看出，

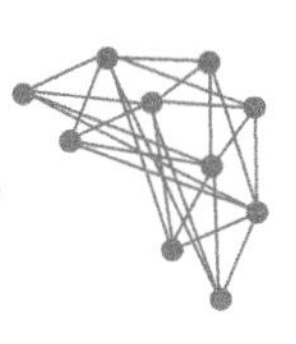

如果按整个数据集上的迭代次数（epoch）来看损失变化情况，则是批量样本数越小，下降效果越明显。

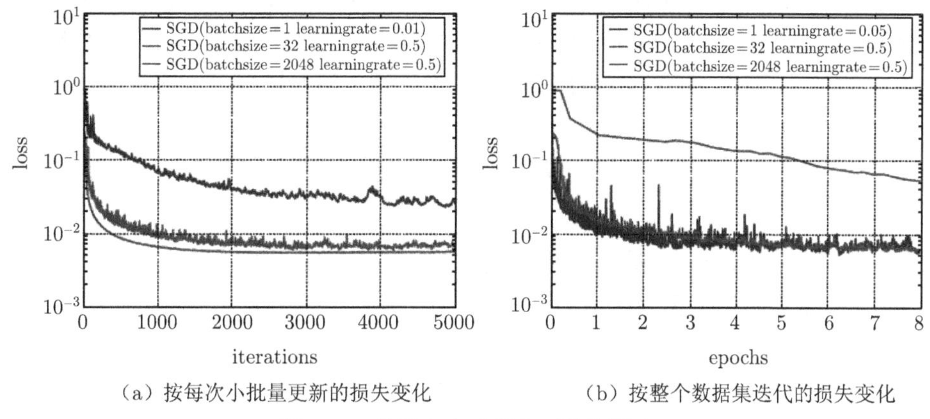

（a）按每次小批量更新的损失变化　　（b）按整个数据集迭代的损失变化

图 7-3　批量大小对损失下降的影响

为了更有效地训练深层神经网络，在标准的小批量梯度下降方法的基础上，也经常使用一些改进方法以加快优化速度。常见的改进方法主要从学习率衰减和梯度方向优化两方面进行改进。这些改进的优化方法也同样可以应用在批量或随机梯度下降方法上。

7.2.2　学习率衰减

在梯度下降中，学习率 α 的取值非常关键，如果过大就不会收敛，如果过小则收敛速度太慢。从经验上看，学习率在一开始要保持略大来保证收敛速度，在收敛到最优点附近时要略小以避免来回震荡。因此，比较简单、直接的学习率调整可以通过学习率衰减（learning rate decay）的方式来实现。

假设初始化学习率为 α_0，在第 t 次迭代时的学习率为 α_t。常用的衰减方式可以设置为按迭代次数进行衰减，如逆时衰减（inverse time decay）

$$\alpha_t = \alpha_0 \frac{1}{1+\beta \times t} \tag{7-5}$$

或指数衰减（exponential decay）

$$\alpha_t = \alpha_0 \beta^t \tag{7-6}$$

或自然指数衰减（natural exponential decay）

$$\alpha_t = \alpha_0 \exp(-\beta \times t) \tag{7-7}$$

其中 β 为衰减率，一般取值为 0.96。

除了这些固定衰减率的调整学习率方法外，还有些自适应地调整学习率的方法，如 AdaGrad、RMSprop、AdaDelta 算法等。这些方法都对每个参数设置不同的学习率。

1. AdaGrad 算法

在标准的梯度下降方法中，每个参数在每次迭代时都使用相同的学习率。由于每个参数的维度上收敛速度都不相同，因此根据不同参数的收敛情况分别设置学习率。

AdaGrad（Adaptive Gradient）算法是借鉴 L2 正则化的思想，每次迭代时自适应地调整每个参数的学习率。在第 t 次迭代时，先计算每个参数梯度平方的累计值

$$G_t = \sum_{\tau=1}^{t} \boldsymbol{g}_\tau \odot \boldsymbol{g}_\tau \tag{7-8}$$

其中 $\odot$ 为按元素乘积，$\boldsymbol{g}_\tau \in \mathbb{R}^{|\theta|}$ 是第 τ 次迭代时的梯度。

AdaGrad 算法的参数更新差值为

$$\Delta\theta_t = -\frac{\alpha}{\sqrt{G_t + \epsilon}} \odot \boldsymbol{g}_t \tag{7-9}$$

其中 α 是初始的学习率，ϵ 是为了保持数值稳定性而设置的非常小的常数，一般取值为 ϵ^{-7} 到 ϵ^{-10}。此外，这里的开平方、除、加运算都是按元素进行的操作。

在 AdaGrad 算法中，如果某个参数的偏导数累积比较大，其学习率相对较小；相反，如果其偏导数累积较小，其学习率相对较大。但整体是随着迭代次数的增加，学习率逐渐缩小。

AdaGrad 算法的缺点是在经过一定次数的迭代依然没有找到最优点时，由于这时的学习率已经非常小，很难再继续找到最优点。

2. RMSprop 算法

RMSprop 算法是 Geoff Hinton 提出的一种自适应学习率的方法，可以在有些情况下避免 AdaGrad 算法中学习率不断单调下降以致过早衰减的缺点。

RMSprop 算法首先计算每次迭代梯度 $\boldsymbol{g}_t$ 平方的指数衰减移动平均

$$\begin{aligned} G_t &= \beta G_{t-1} + (1-\beta)\boldsymbol{g}_t \odot \boldsymbol{g}_t \\ &= (1-\beta)\sum_{\tau=1}^{t} \beta^{t-\tau} \boldsymbol{g}_\tau \odot \boldsymbol{g}_\tau \end{aligned} \tag{7-10}$$

其中 β 为衰减率，一般取值为 0.9。

RMSprop 算法的参数更新差值为

$$\Delta\theta_t = -\frac{\alpha}{\sqrt{G_t + \epsilon}} \odot \boldsymbol{g}_t \tag{7-11}$$

其中 α 是初始的学习率，如 0.001。

从式 (7-11) 可以看出，RMSProp 算法和 AdaGrad 算法的区别在于 G_t 的计算由累积方式变成了指数衰减移动平均。在迭代过程中，每个参数的学习率并不是呈衰减趋势，既可以变小也可以变大。

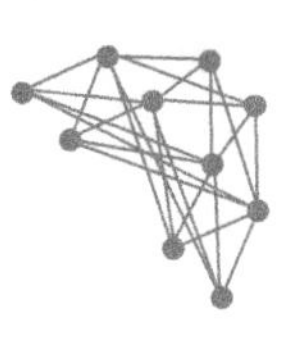

3. AdaDelta 算法

AdaDelta 算法是 AdaGrad 算法的改进。和 RMSprop 算法类似，AdaDelta 算法通过梯度平方的指数衰减移动平均来调整学习率。此外，AdaDelta 算法还引入了每次参数更新差 $\Delta\theta$ 的平方的指数衰减权移动平均。

第 t 次迭代时，每次参数更新差 $\Delta\theta_\tau, 1 \leqslant \tau \leqslant t-1$ 的指数衰减权移动平均为

$$\Delta X_{t-1}^2 = \beta_1 \Delta X_{t-2}^2 + (1-\beta_1)\,\Delta\theta_{t-1} \odot \Delta\theta_{t-1} \tag{7-12}$$

其中 β_1 为衰减率。此时 $\Delta\theta_t$ 还未知，因此只能计算到 ΔX_{t-1}。

AdaDelta 算法的参数更新差值为

$$\Delta\theta_t = -\frac{\sqrt{\Delta X_{t-1}^2 + \epsilon}}{\sqrt{G_t + \epsilon}}\boldsymbol{g}_t \tag{7-13}$$

其中 G_t 的计算方式和 RMSprop 算法一样，ΔX_{t-1}^2 为参数更新差 $\Delta\theta$ 的平方的指数衰减权移动平均。

从式 (7-13) 可以看出，AdaDelta 算法将 RMSprop 算法中的初始学习率 α 改为动态计算的 $\sqrt{\Delta X_{t-1}^2}$，在一定程度上平抑了学习率的波动。

7.2.3 梯度方向优化

除了调整学习率之外，还可以通过使用最近一段时间内的平均梯度来代替当前时刻的梯度来作为参数更新的方向。从图 7-3 可以看出，在小批量梯度下降中，如果每次选取样本数量比较小，损失会呈现震荡的方式下降。有效地缓解梯度下降中的震荡的方式是通过用梯度的移动平均来代替每次的实际梯度，并提高优化速度，这就是动量法。

1. 动量法

动量是模拟物理中的概念。一般而言，一个物体的动量指的是这个物体在它运动方向上保持运动的趋势，是物体的质量和速度的乘积。动量法（momentum method）是用之前积累的动量来替代真正的梯度。每次迭代的梯度可以看作加速度。

在第 t 次迭代时，计算负梯度的“加权移动平均”作为参数的更新方向

$$\Delta\theta_t = \rho\Delta\theta_{t-1} - \alpha\boldsymbol{g}_t \tag{7-14}$$

其中 ρ 为动量因子，通常设为 0.9，α 为学习率。

这样，每个参数的实际更新差值取决于最近一段时间内梯度的加权平均值。当某个参数在最近一段时间内的梯度方向不一致时，其真实的参数更新幅度变小；相反，当在最近一段时间内的梯度方向都一致时，其真实的参数更新幅度变大，起到加速作用。一般而言，在迭代初期，梯度方法都比较一致，动量法会起到加速作用，可以更快地到达最优点。在迭代后期，梯度方法会取决不一致，在收敛值附近震荡，动量法会起到减速作用，增加稳定性。从某种角度来说，当前梯度叠加上部分的上次梯度，一定程度上可以近似看作二阶梯度。

2. Nesterov 加速梯度

Nesterov 加速梯度（Nesterov Accelerated Gradient，NAG），也叫作 Nesterov 动量（Nesterov momentum）法是一种对动量法的改进方法。

在动量法中，实际的参数更新方向 $\Delta\theta_t$ 为上一步的参数更新方向 $\Delta\theta_{t-1}$ 和当前梯度 $-\boldsymbol{g}_t$ 的叠加。这样，$\Delta\theta_t$ 可以被拆分为两步进行，先根据 $\Delta\theta_{t-1}$ 更新一次得到参数 $\hat{\theta}$，再用 $\boldsymbol{g}_t$ 进行更新：

$$\hat{\theta} = \theta_{t-1} + \rho\Delta\theta_{t-1} \tag{7-15}$$

$$\theta_t = \hat{\theta} - \alpha\boldsymbol{g}_t \tag{7-16}$$

其中梯度 $\boldsymbol{g}_t$ 为点 θ_{t-1} 上的梯度，因此在第二步更新中有些不太合理。更合理的更新方向应该为 $\hat{\theta}$ 上的梯度。

这样，合并后的更新方向为

$$\Delta\theta_t = \rho\Delta\theta_{t-1} - \alpha\boldsymbol{g}_t\left(\theta_{t-1} + \rho\Delta\theta_{t-1}\right) \tag{7-17}$$

其中 $\boldsymbol{g}_t\left(\theta_{t-1} + \rho\Delta\theta_{t-1}\right)$ 表示损失函数在点 $\hat{\theta} = \theta_{t-1} + \rho\Delta\theta_{t-1}$ 上的偏导数。

图 7-4 给出了动量法和 Nesterov 加速梯度在参数更新时的比较。

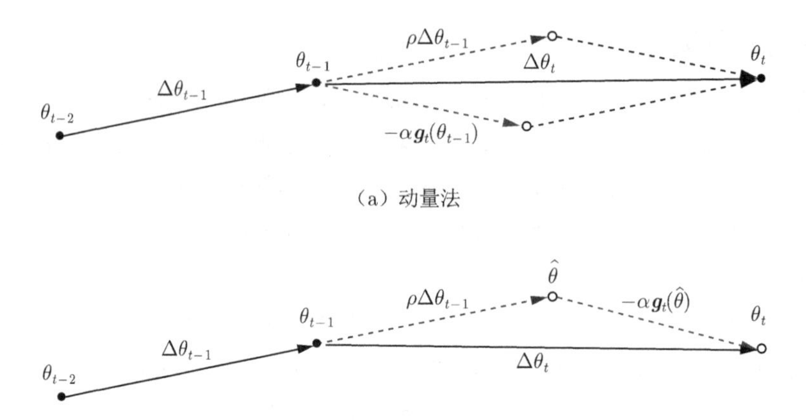

（a）动量法

（b）Nesterov 加速递度

图 7-4　动量法和 Nesterov 加速梯度的比较

3. Adam 算法

自适应动量估计（Adaptive Moment Estimation，Adam）算法可以看作动量法和 RMSprop 的结合，不但使用动量作为参数更新方向，而且可以自适应调整学习率。

Adam 算法一方面计算梯度平方 $\boldsymbol{g}_t^2$ 的指数加权平均（和 RMSprop 类似），另一方面计算梯度 $\boldsymbol{g}_t$ 的指数加权平均（和动量法类似）。

$$M_t = \beta_1 M_{t-1} + (1-\beta_1)\,\boldsymbol{g}_t \tag{7-18}$$

$$G_t = \beta_2 G_{t-1} + (1-\beta_2)\,\boldsymbol{g}_t \odot \boldsymbol{g}_t \tag{7-19}$$

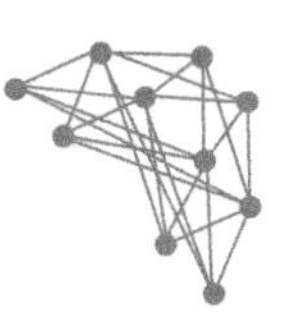

其中 β_1 和 β_2 分别为两个移动平均的衰减率，通常取值为 $\beta_1 = 0.9$，$\beta_2 = 0.99$。

M_t 可以看作梯度的均值（一阶矩），G_t 可以看作梯度的未减去均值的方差（二阶矩）。

假设 $M_0 = 0$，$G_0 = 0$，那么在迭代初期 M_t 和 G_t 的值会比真实的均值和方差要小。特别是当 β_1 和 β_2 都接近于 1 时，偏差会很大。因此，需要对偏差进行修正。

$$\hat{M}_t = \frac{M_t}{1-\beta_1^t} \tag{7-20}$$

$$\hat{G}_t = \frac{G_t}{1-\beta_2^t} \tag{7-21}$$

Adam 算法的参数更新差值为

$$\Delta\theta_t = -\frac{\alpha}{\sqrt{\hat{G}_t + \epsilon}}\hat{M}_t \tag{7-22}$$

其中学习率 α 通常设为 0.001，并且也可以进行衰减，比如 $\alpha_t = \dfrac{\alpha_0}{\sqrt{t}}$。

Adam 算法是 RMSProp 与动量法的结合，因此一种自然的 Adam 的改进方法是引入 Nesterov 加速梯度，称为 Nadam 算法。

4. 梯度截断

在深层神经网络或循环神经网络中，除了梯度消失之外，梯度爆炸是影响学习效率的主要因素。在基于梯度下降的优化过程中，如果梯度突然增大，用大的梯度进行更新参数，反而会导致其远离最优点。为了避免这种情况，当梯度的模大于一定阈值时，就对梯度进行截断，称为梯度截断（gradient clipping）。

梯度截断是一种比较简单的启发式方法，把梯度的模限定在一个区间，当梯度的模小于或大于这个区间时就进行截断。一般截断的方式有以下几种。

按值截断　在第 t 次迭代时，梯度为 $\boldsymbol{g}_t$，给定一个区间 $[a,b]$，如果一个参数的梯度小于 a 时，就将其设为 a；如果大于 b 时，就将其设为 b。

$$\boldsymbol{g}_t = \max\left(\min\left(\boldsymbol{g}_t, b\right), a\right) \tag{7-23}$$

按模截断　按模截断是将梯度的模截断到一个给定的截断阈值 b。

如果 $\|\boldsymbol{g}_t\|^2 \leqslant b$，保持 $\boldsymbol{g}_t$ 不变。如果 $\|\boldsymbol{g}_t\|^2 > b$，令

$$\boldsymbol{g}_t = \frac{b}{\|\boldsymbol{g}_t\|}\boldsymbol{g}_t \tag{7-24}$$

截断阈值 b 是一个超参数，也可以根据一段时间内的平均梯度来自动调整。实验中发现，训练过程对阈值 b 并不十分敏感，通常一个小的阈值就可以得到很好的结果。

在训练循环神经网络时，按模截断是避免梯度爆炸问题的有效方法。图 7-5 给出了一个循环神经网络的损失函数关于参数的曲面。图 7-5 中的曲面为只有一个隐藏神经元的循

环神经网络 $h_t = \sigma(wh_{t1} + b)$ 的损失函数，其中 w 和 b 为参数。假如 h_0 初始值为 0.3，损失函数为 $\mathcal{L} = (h_{100} - 0.65)^2$。

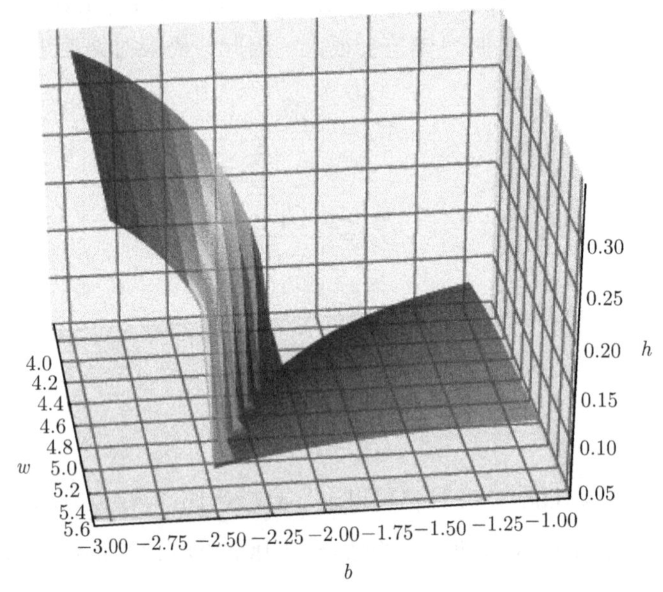

图 7-5　梯度爆炸问题示例

7.2.4　优化算法小结

本节介绍的几种优化方法大体上可以分为两类：一类是调整学习率，使得优化更稳定；另一类是调整梯度方向，优化训练速度。

图 7-6 给出了这几种优化方法在 MNIST 数据集上收敛性的比较。

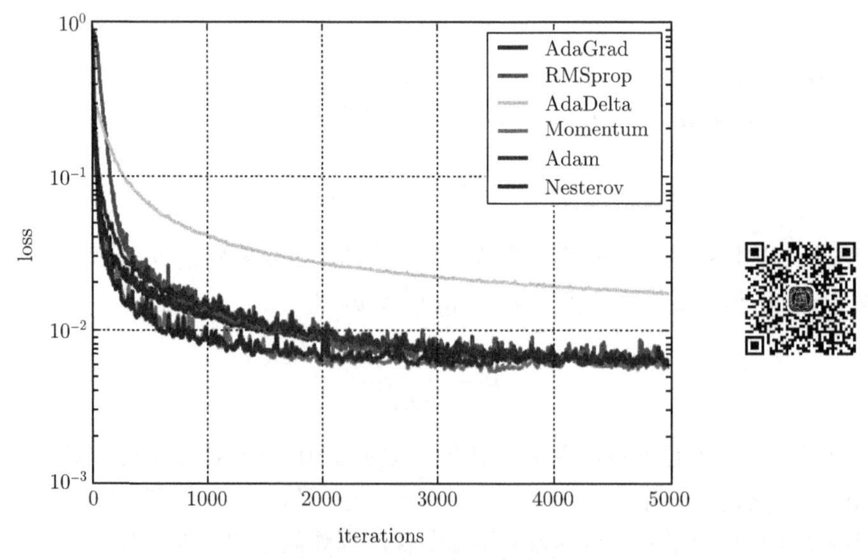

图 7-6　不同优化方法的比较

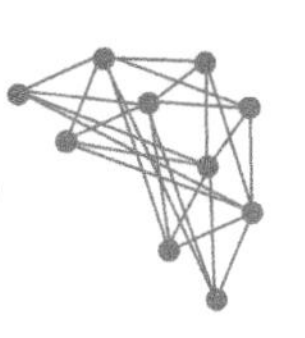

7.3　参数初始化

神经网络训练过程中的参数学习是基于梯度下降法进行优化的。梯度下降法需要在开始训练时给每一个参数赋一个初始值。这个初始值的选取十分关键。在感知器和 Logistic 回归的训练中，一般将参数全部初始化为 0。但是这在神经网络的训练中会存在一些问题。因为如果参数都为 0，在第一遍前向计算时，所有的隐层神经元的激活值都相同。这样会导致深层神经元没有区分性。这种现象也称为对称权重现象。

为了打破这个平衡，比较好的方式是对每个参数都随机初始化，这样可使不同神经元之间的区分性更好。

但是问题之一是如何选取随机初始化的区间呢？如果参数太小，会导致神经元的输入过小。经过多层之后信号就慢慢消失了。参数过小还会使 Sigmoid 型激活函数丢失非线性的能力。以 Logistic 函数为例，在 0 附近基本上是近似线性的。这样多层神经网络的优势也就不存在了。如果参数取得太大，会导致输入状态过大。对于 Sigmoid 型激活函数来说，激活值变得饱和，从而导致梯度接近于 0。

因此，如果要高质量地训练一个网络，给参数选取一个合适的初始化区间是非常重要的。一般而言，参数初始化的区间应该根据神经元的性质进行差异化设置。如果一个神经元的输入连接很多，它的每个输入连接上的权重就应该小一些，以避免神经元的输出过大（当激活函数为 ReLU 时）或过饱和（当激活函数为 Sigmoid 函数时）。

经常使用的初始化方法为均匀分布初始化。

均匀分布初始化是在一个给定的区间 $[-r, r]$ 采用均匀分布来初始化参数。超参数 r 的设置可以按神经元的连接数量进行自适应调整。

Glorot 和 Bengio 提出一个自动计算超参数 r 的 Xavier 初始化方法，参数可以在区间 $[-r, r]$ 采用均匀分布进行初始化。

如果神经元激活函数为 Logistic 函数，对于第 l−1 到 l 层的权重参数区间 r 可以设置为

$$r = \sqrt{\frac{6}{n^{l-1} + n^l}} \tag{7-25}$$

这里 n^l 是第 l 层神经元个数，n^{l-1} 是第 l−1 层神经元个数。

对于 Tanh 函数，r 可以设置为

$$r = 4\sqrt{\frac{6}{n^{l-1} + n^l}} \tag{7-26}$$

假设第 l 层的一个隐藏层神经元 z^l，其接收前一层的 n^{l-1} 个神经元的输出 $a_i^{(l-1)}$，$i \in [1, n^{(l-1)}]$，则

$$z^l = \sum_{i=1}^{n^{(l-1)}} w_i^l a_i^{(l-1)} \tag{7-27}$$

为了避免初始化参数使激活值变得饱和，需要尽量使得 z^l 处于激活函数的线性区间，也就是其绝对值比较小的值。这时该神经元的激活值为 $a^l = f\left(z^l\right) \approx z^l$。

假设 w_i^l 和 $a_i^{(l-1)}$ 都是相互独立的，并且均值都为 0，则 a^l 的均值为

$$\mathbb{E}\left[a^l\right] = \mathbb{E}\left[\sum_{i=1}^{n^{(l-1)}} w_i^l a_i^{(l-1)}\right] = \sum_{i=1}^{n^{(l-1)}} \mathbb{E}\left[w_i\right]\mathbb{E}\left[a_i^{(l-1)}\right] = 0 \tag{7-28}$$

a^l 的方差为

$$\begin{aligned}\operatorname{var}\left[a^l\right] &= \operatorname{var}\left[\sum_{i=1}^{n^{(l-1)}} w_i^l a_i^{(l-1)}\right] \\ &= \sum_{i=1}^{n^{(l-1)}} \operatorname{var}\left[w_i^l\right]\operatorname{var}\left[a_i^{(l-1)}\right] \\ &= n^{(l-1)}\operatorname{var}\left[w_i^l\right]\operatorname{var}\left[a_i^{(l-1)}\right]\end{aligned} \tag{7-29}$$

也就是说，输入信号的方差在经过该神经元后被放大了 $n^{(l-1)}\operatorname{var}\left[w_i^l\right]$ 倍，或者缩小。为了使得在经过多层网络后，信号不被过分放大或过分减弱，应尽可能保持每个神经元的输入和输出的方差一致。这样 $n^{(l-1)}\operatorname{var}\left[w_i^l\right]$ 设为 1 比较合理，即

$$\operatorname{var}\left[w_i^l\right] = \frac{1}{n^{(l-1)}} \tag{7-30}$$

同理，为了使得在反向传播中，误差信号也不被放大或缩小，需要将 w_i^l 的方差保持为

$$\operatorname{var}\left[w_i^l\right] = \frac{1}{n^{(l)}} \tag{7-31}$$

作为折中，同时考虑信号在前向和反向传播中都不被放大或缩小，可以设置

$$\operatorname{var}\left[w_i^l\right] = \frac{2}{n^{(l-1)} + n^{(l)}} \tag{7-32}$$

假设随机变量 x 在区间 $[a, b]$ 均匀分布，则其方差为

$$\operatorname{var}[x] = \frac{(b-a)^2}{12} \tag{7-33}$$

因此，若让 $w_i^l \in [-r, r]$，并且 $\operatorname{var}\left[w_i^l\right] = 1$，则 r 的取值为

$$r = \sqrt{\frac{6}{n^{l-1} + n^1}} \tag{7-34}$$

7.4 数据预处理

一般而言，原始的训练数据中，每一维特征的来源以及度量单位不同，会造成这些特征值的分布范围往往差异很大。当计算不同样本之间的欧氏距离时，取值范围大的特征会

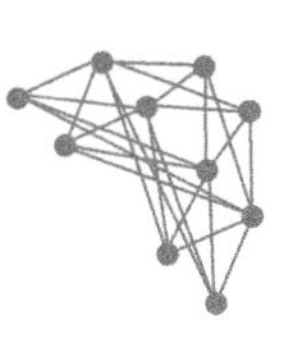

起到主导作用。这样，对于基于相似度比较的机器学习方法（如最近邻分类器），必须先对样本进行预处理，将各个维度的特征归一化到同一个取值区间，并且消除不同特征之间的相关性，才能获得比较理想的结果。虽然神经网络可以通过参数的调整来适应不同特征的取值范围，但是会导致训练效率比较低。

假设一个只有一层的网络 $y = \tanh(w_1x_1 + w_2x_2 + b)$，其中 $x_1 \in [0, 10]$，$x_2 \in [0, 1]$。之前提到 Tanh 函数的导数在区间 $[-2, 2]$ 上是敏感的，其余的导数接近于 0。因此，如果 $w_1x_1 + w_2x_2 + b$ 过大或过小，都会导致梯度过小，难以训练。为了提高训练效率，需要使 $w_1x_1 + w_2x_2 + b$ 在 $[-2, 2]$ 区间，需要将 w_1 设得小一点，如在 $[-0.1, 0.1]$ 区间。可以想象，如果数据维数很多时，很难这样精心去选择每一个参数。因此，如果每一个特征的取值范围都在相似的区间，如 $[0, 1]$ 或者 $[-1, 1]$，就不太需要区别对待每一个参数，减少人工干预。

除了参数初始化之外，不同特征取值范围差异比较大时还会影响梯度下降法的搜索效率。图 7-7 给出了数据归一化对梯度的影响。其中，图 7-7（a）为未归一化数据的等高线图。取值范围不同会造成在大多数位置上的梯度方向并不是最优的搜索方向。当使用梯度下降法寻求最优解时，会导致需要很多次迭代才能收敛。如果把数据归一化为取值范围相同，如图 7-7（b）所示，大部分位置的梯度方向近似于最优搜索方向。这样，在梯度下降求解时，每一步梯度的方向都基本指向最小值，训练效率会大大提高。

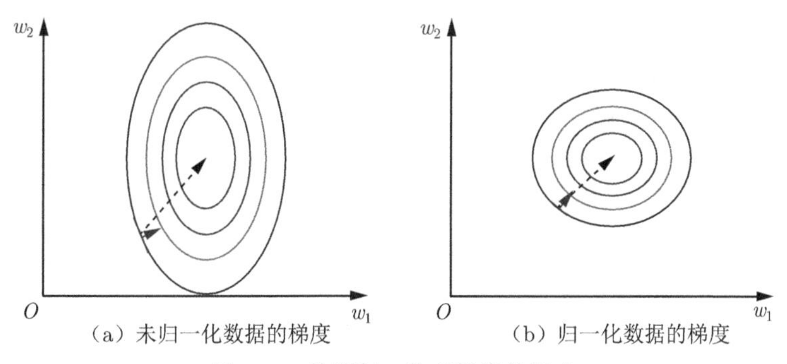

（a）未归一化数据的梯度　　（b）归一化数据的梯度

图 7-7　数据归一化对梯度的影响

归一化的方法有很多种，如之前介绍的 Sigmoid 型函数等都可以将不同取值范围的特征挤压到一个比较受限的区间。这里，介绍几种在神经网络中经常使用的归一化方法。

1. 缩放归一化

缩放归一化是一种非常简单的归一化方法，通过缩放将每一个特征的取值范围归一到 $[0, 1]$ 或 $[-1, 1]$ 区间。对于每一维特征 x，

$$\hat{x}^{(i)} = \frac{x^{(i)} - \min_i\left(x^{(i)}\right)}{\max_i\left(x^{(i)}\right) - \min_i\left(x^{(i)}\right)} \tag{7-35}$$

其中 $\min(x)$ 和 $\max(x)$ 分别是特征 x 在所有样本上的最小值和最大值。

2. 标准归一化

标准归一化也叫 z-score 归一化，来源于统计上的标准分数。将每一维特征都处理为符合标准正态分布（均值为 0，标准差为 1）。假设有 N 个样本 $\left\{x^{(i)}\right\}, i=1,2,\cdots,N$，对于每一维特征 x，先计算它的均值和标准差：

$$\mu=\frac{1}{N}\sum_{i=1}^{N}x^{(i)} \tag{7-36}$$

$$\sigma^2=\frac{1}{N}\sum_{i=1}^{N}\left(x^{(i)}-\mu\right)^2 \tag{7-37}$$

然后，将特征 $x^{(i)}$ 减去均值，并除以标准差，得到新的特征值 $\hat{x}^{(i)}$。

$$\hat{x}^{(i)}=\frac{x^{(i)}-\mu}{\sigma} \tag{7-38}$$

这里 σ 不能为 0。如果标准差为 0，说明这一维特征没有任务区分性，可以直接删掉。在标准归一化之后，每一维特征都服从标准正态分布。

3. 白化

白化（whitening）是一种重要的预处理方法，用来降低输入数据特征之间的冗余性。输入数据经过白化处理后，特征之间相关性较低，并且所有特征具有相同的方差。

白化的主要实现方式之一是使用主成分分析（Principal Component Analysis，PCA）方法去除各个成分之间的相关性。

图 7-8 给出了标准归一化和 PCA 白化的比较。

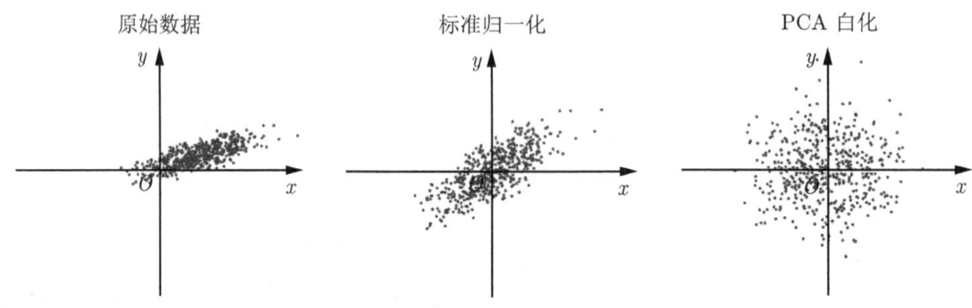

图 7-8　标准归一化和 PCA 白化

思政案例

7.5　逐层归一化

在深层神经网络中，中间某一层的输入是其之前的神经层的输出。因此，其之前的神经层的参数变化会导致其输入的分布发生较大的差异。在使用随机梯度下降来训练网络时，每次参数更新都会导致网络中间每一层的输入的分布发生改变。越深的层，其输入的分布会改变得越明显。就像一栋高楼，低楼层发生一个较小的偏移，都会导致高楼层较大的偏移。

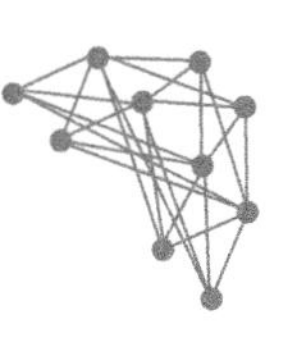

从机器学习角度来看，如果某个神经层的输入分布发生了改变，那么其参数需要重新学习，这种现象叫作内部协变量偏移（internal covariate shift）。

为了解决内部协变量偏移问题，就要使得每一个神经层的输入的分布在训练过程中保持一致。最简单直接的方法就是对每一个神经层都进行归一化操作，使其分布保存稳定。下面介绍几种比较常用的逐层归一化方法：批量归一化、层归一化和其他一些归一化方法。

7.5.1 批量归一化

批量归一化（Batch Normalization，BN）方法是一种有效的逐层归一化方法，可以对神经网络中任意的中间层进行归一化操作。

对于一个深层神经网络，令第 l 层的净输入为 $\boldsymbol{z}^{(l)}$，神经元的输出为 $\boldsymbol{a}^{(l)}$，即

$$\boldsymbol{a}^{(l)} = f\left(\boldsymbol{z}^{(l)}\right) = f\left(W\boldsymbol{a}^{(l-1)} + \boldsymbol{b}\right) \tag{7-39}$$

其中，$f(\cdot)$ 是激活函数，W 和 $\boldsymbol{b}$ 是可学习的参数。

为了减少内部协变量偏移问题，就要使得净输入 $\boldsymbol{z}^{(l)}$ 的分布一致，如都归一化到标准正态分布。可以利用数据预处理方法对 $\boldsymbol{z}^{(l)}$ 进行归一化，相当于每一层都进行一次数据预处理，从而加速收敛速度。但是逐层归一化需要在中间层进行操作，要求效率比较高，因此复杂度比较高的白化方法就不太合适。为了提高归一化效率，一般使用标准归一化，将净输入 $\boldsymbol{z}^{(l)}$ 的每一维都归一到标准正态分布。

$$\hat{\boldsymbol{z}}^{(l)} = \frac{\boldsymbol{z}^{(l)} - \mathbb{E}\left[\boldsymbol{z}^{(l)}\right]}{\sqrt{\mathrm{var}\left(\boldsymbol{z}^{(l)}\right) + \epsilon}} \tag{7-40}$$

其中，$\mathbb{E}\left[\boldsymbol{z}^{(l)}\right]$ 和 $\mathrm{var}\left(\boldsymbol{z}^{(l)}\right)$ 是指当前参数下，$\boldsymbol{z}^{(l)}$ 的每一维在整个训练集上的期望和方差。因为目前主要的训练方法是基于小批量的随机梯度下降方法，所以准确地计算 $\boldsymbol{z}^{(l)}$ 的期望和方差是不可行的。因此，$\boldsymbol{z}^{(l)}$ 的期望和方差通常用当前小批量样本集的均值和方差近似估计。

给定一个包含 K 个样本的小批量样本集合，第 l 层神经元的净输入 $\boldsymbol{z}^{(1,l)}, \boldsymbol{z}^{(2,l)}, \cdots, \boldsymbol{z}^{(K,l)}$ 的均值和方差为

$$\mu_{\boldsymbol{\beta}} = \frac{1}{K}\sum_{k=1}^{K} \boldsymbol{z}^{(k,l)} \tag{7-41}$$

$$\sigma_{\boldsymbol{\beta}}^2 = \frac{1}{K}\sum_{k=1}^{K} \left(\boldsymbol{z}^{(k,l)} - \mu_{\boldsymbol{\beta}}\right) \odot \left(\boldsymbol{z}^{(k,l)} - \mu_{\boldsymbol{\beta}}\right) \tag{7-42}$$

对净输入 $\boldsymbol{z}^{(l)}$ 的标准归一化会使得其取值集中在 0 附近，如果使用 Sigmoid 型激活函数时，这个取值区间刚好是接近线性变换的区间，减弱了神经网络的非线性性质。因此，为了使得归一化不对网络的表示能力造成负面影响，可以通过一个附加的缩放和平移变换改变取值区间。

$$\begin{aligned}\hat{\boldsymbol{z}}^{(l)} &= \frac{\boldsymbol{z}^{(l)} - \mu_{\boldsymbol{\beta}}}{\sqrt{\sigma_{\boldsymbol{\beta}}^2 + \epsilon}} \odot \boldsymbol{\gamma} + \boldsymbol{\alpha} \\ &\triangleq \mathrm{BN}_{\boldsymbol{\gamma},\boldsymbol{\alpha}}\left(\boldsymbol{z}^{(l)}\right)\end{aligned} \tag{7-43}$$

其中，γ 和 α 分别代表缩放和平移的参数向量。从最保守的角度考虑，可以通过标准归一化的逆变换来使得归一化后的变量可以被还原为原来的值。当 $\gamma=\sqrt{\sigma_{\beta}^{2}},\alpha=\mu_{\beta}$ 时，$\hat{z}^{(l)}=z^{(l)}$。批量归一化操作可以看作是一个特殊的神经层，加在每一层非线性激活函数之前，即

$$a^{(l)}=f\left(\mathrm{BN}_{\gamma,\alpha}\left(z^{(l)}\right)\right)=f\left(\mathrm{BN}_{\gamma,\alpha}\left(Wa^{(l-1)}\right)\right) \tag{7-44}$$

其中因为批量归一化本身具有平移变换，因此仿射变换 $Wa^{(l-1)}$ 不再需要偏置参数。这里要注意的是，每次小批量样本的 μ_{β} 和方差 σ_{β}^{2} 是净输入 $z^{(l)}$ 的函数，而不是常量。因此在计算参数梯度时需要考虑 μ_{β} 和 σ_{β}^{2} 的影响。当训练完成时，用整个数据集上的均值 μ 和方差 σ 来分别代替每次小批量样本的 μ_{β} 和方差 σ_{β}^{2}。在实践中，μ_{β} 和 σ_{β}^{2} 也可以用移动平均来计算。

7.5.2 层归一化

批量归一化是对一个中间层的单个神经元进行归一化操作，因此要求小批量样本的数量不能太小，否则难以计算单个神经元的统计信息。此外，如果一个神经元的净输入的分布在神经网络中是动态变化的，如循环神经网络，那么就无法应用批量归一化操作。

层归一化（layer normalization）是和批量归一化非常类似的方法。和批量归一化不同的是，层归一化是对一个中间层的所有神经元进行归一化。

对于一个深层神经网络中，令第 l 层神经的净输入为 $z^{(l)}$，其均值和方差为

$$\mu^{(l)}=\frac{1}{n^{l}}\sum_{i=1}^{n^{l}}z_{i}^{(l)} \tag{7-45}$$

$$\sigma^{(l)^{2}}=\frac{1}{n^{l}}\sum_{k=1}^{n^{l}}\left(z_{i}^{(l)}-\mu^{(l)}\right)^{2} \tag{7-46}$$

其中 n^{l} 为第 l 层神经元的数量。

层归一化定义为

$$\begin{aligned}\hat{z}^{(l)}&=\frac{z^{(l)}-\mu^{(l)}}{\sqrt{\sigma^{(l)2+\epsilon}}}\odot\gamma+\beta\\&\triangleq\mathrm{LN}_{\gamma,\beta}\left(z^{(l)}\right)\end{aligned} \tag{7-47}$$

其中 γ 和 β 分别代表缩放和平移的参数向量，和 $z^{(l)}$ 维数相同。

循环神经网络中的层归一化 层归一化可以应用在循环神经网络中，对循环神经层进行归一化操作。假设在时刻 t，循环神经网络的隐藏层为 h_t，其层归一化的更新为

$$z_t=Uh_{t-1}+Wx_t \tag{7-48}$$

$$h_t=f\left(\mathrm{LN}_{\gamma,\beta}\left(z_t\right)\right) \tag{7-49}$$

其中输入为 x_t 为第 t 时刻的输入，U,W 为网络参数。

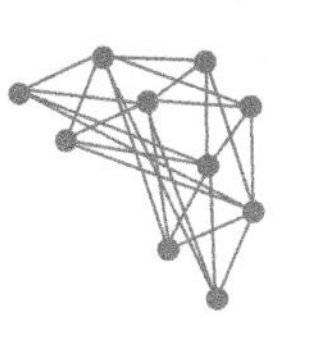

在标准循环神经网络中，循环神经层的净输入一般会随着时间慢慢变大或变小，从而导致梯度爆炸或消失。而层归一化的循环神经网络可以有效地缓解这种状况。

层归一化和批量归一化整体上是十分类似的，差别在于归一化的方法不同。对于 K 个样本的一个小批量集合 $\boldsymbol{z}^{(l)}=\left[\boldsymbol{z}^{(1,l)},\boldsymbol{z}^{(2,l)},\cdots,\boldsymbol{z}^{(K,l)}\right]$，层归一化是对矩阵 $\boldsymbol{z}^{(l)}$ 对每一列进行归一化，而批量归一化是对每一行进行归一化。一般而言，批量归一化是一种更好的选择。当小批量样本数量比较小时，可以选择层归一化。

7.5.3 其他归一化方法

除了上述两种归一化方法外，也有一些其他的归一化方法。

1. 权重归一化

权重归一化（weight normalization）是对神经网络的连接权重进行归一化，通过再参数化（reparameterization）方法，将连接权重分解为长度和方向两种参数。假设第 l 层神经元 $\boldsymbol{a}^{(l)}=f\left(W\boldsymbol{a}^{(l-1)}+\boldsymbol{b}\right)$，将 W 再参数化为

$$W_{i,:}=\frac{g_i}{\|\boldsymbol{v}_i\|}\boldsymbol{v}_i,\quad 1\leqslant i\leqslant n^l \tag{7-50}$$

其中 $W_{i,:}$ 表示权重 W 的第 i 行，n^l 为神经元数量。新引入的参数 g_i 为标量，$\boldsymbol{V}_i$ 和 $\boldsymbol{a}^{(l-1)}$ 维数相同。

由于在神经网络中权重经常是共享的，权重数量往往比神经元数量要少，因此权重归一化的开销会比较小。

2. 局部响应归一化

局部响应归一化（Local Response Normalization，LRN）是一种受生物学启发的归一化方法，通常用在基于卷积的图像处理上。

假设一个卷积层的输出特征映射 $\boldsymbol{Y}\in\mathbb{R}^{M'\times N'\times P}$ 为三维张量,其中每个切片矩阵 $\boldsymbol{Y}^p\in\mathbb{R}^{M'\times N'}$ 为一个输出特征映射，$1\leqslant p\leqslant P$。

局部响应归一化是对邻近的特征映射进行局部归一化。

$$\begin{aligned}\hat{\boldsymbol{Y}}^p&=\boldsymbol{Y}^p/\left(k+\alpha\sum_{j=\max\left(1,p-\frac{n}{2}\right)}\left(\boldsymbol{Y}^j\right)^2\right)^{\beta}\\&\triangleq\mathrm{LRN}_{n,k,\alpha,\beta}\left(\boldsymbol{Y}^p\right),\end{aligned} \tag{7-51}$$

其中除和幂运算都是按元素运算，n,k,α,β 为超参，n 为局部归一化的特征窗口大小。在 AlexNet 中，这些超参的取值为 $n=5,k=2,\alpha=10\mathrm{e}^{-4},\beta=0.75$。

局部响应归一化和层归一化都是对同层的神经元进行归一化。不同的是局部响应归一化应用在激活函数之后，只是对邻近的神经元进行局部归一化，并且不减去均值。

局部响应归一化和生物神经元中的侧抑制（lateral inhibition）现象比较类似，即活跃神经元对相邻神经元具有抑制作用。当使用 ReLU 作为激活函数时，神经元的活性值是没

有限制的，局部响应归一化可以起到平衡和约束作用。如果一个神经元的活性值非常大，那么和它邻近的神经元就近似地归一化为 0，从而起到抑制作用，增强模型的泛化能力。最大汇聚也具有侧抑制作用。但最大汇聚是对同一个特征映射中的邻近位置中的神经元进行抑制，而局部响应归一化是对同一个位置的邻近特征映射中的神经元进行抑制。

上述的归一化方法可以根据需要应用在神经网络的中间层，从而减少前面网络参数更新对后面网络输入带来的内部协变量偏移问题，提高深层神经网络的训练效率。同时，归一化方法也可以作为一种有效的正则化方法，从而提高网络的泛化能力，避免过拟合。

7.6 超参数优化

在神经网络中，除了可学习的参数之外，还存在很多超参数。这些超参数对网络性能的影响很大。不同的机器学习任务往往需要不同的超参数。常见的超参数如下。

（1）网络结构，包括神经元之间的连接关系、层数、每层的神经元数量、激活函数的类型等。

（2）优化参数，包括优化方法、学习率、小批量的样本数量等。

（3）正则化系数。

超参数优化（hyperparameter optimization）主要存在如下两方面的困难。

（1）超参数优化是一个组合优化问题，无法像一般参数那样通过梯度下降方法来优化，也没有一种通用有效的优化方法。

（2）评估一组超参数配置（configuration）的时间代价非常高，从而导致一些优化方法（如演化算法（evolution algorithm））在超参数优化中难以应用。

假设一个神经网络中总共有 K 个超参数，每个超参数配置表示为一个向量 $\boldsymbol{x} \in \mathcal{X}, \mathcal{X} \subset \mathbb{R}^K$ 是超参数配置的取值空间。超参数优化的目标函数定义为 $f(\boldsymbol{x}) : \mathcal{X} \to \mathbb{R}$，$f(\boldsymbol{x})$ 是衡量一组超参数配置 $\boldsymbol{x}$ 效果的函数，一般设置为开发集上的错误率。目标函数 $f(\boldsymbol{x})$ 可以看作一个黑盒（block-box）函数，不需要知道其具体形式。

对于超参数的设置，比较简单的方法有人工搜索、网格搜索和随机搜索。

7.6.1 网格搜索

网格搜索（grid search）是一种通过尝试所有超参数的组合来寻址一组合适超参数配置的方法。假设总共有 K 个超参数，第 k 个超参数的可以取 m_k 个值。那么总共的配置组合数量为 $m_1 \times m_2 \times \cdots \times m_K$。如果超参数是连续的，可以将超参数离散化，选择几个“经验”值。如学习率 α，可以设置

$$\alpha \in \{0.01, 0.1, 0.5, 1.0\} \tag{7-52}$$

一般而言，对于连续的超参数，不能按等间隔的方式进行离散化，需要根据超参数自身的特点进行离散化。

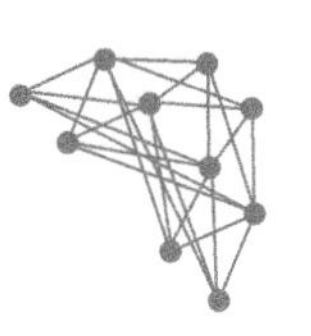

网格搜索根据这些超参数的不同组合分别训练一个模型，然后测试这些模型在开发集上的性能，选取一组性能最好的配置。

7.6.2　随机搜索

如果不同超参数对模型性能的影响有很大差异。有些超参数（如正则化系数）对模型性能的影响有限，而有些超参数（如学习率）对模型性能影响比较大。在这种情况下，采用网格搜索会在不重要的超参数上进行不必要的尝试。一种在实践中比较有效的改进方法是对超参数进行随机组合，然后选取一个性能最好的配置，这就是随机搜索（random search）。随机搜索在实践中更容易实现，一般会比网格搜索更加有效。

网格搜索和随机搜索都没有利用不同超参数组合之间的相关性，即如果模型的超参数组合比较类似，其模型性能也是比较接近的。因此这两种搜索方式一般都比较低效。下面介绍两种自适应的超参数优化方法：贝叶斯优化和动态资源分配。

7.6.3　贝叶斯优化

贝叶斯优化（Bayesian optimization）是一种自适应的超参数搜索方法，根据当前已经试验的超参数组合，来预测下一个可能带来最大收益的组合。一种比较常用的贝叶斯优化方法为时序模型优化（Sequential Model-Based Optimization，SMBO）。假设超参数优化的函数 $f(\boldsymbol{x})$ 服从高斯过程，则 $p(f(\boldsymbol{x}) \mid \boldsymbol{x})$ 为一个正态分布。贝叶斯优化过程是根据已有的 N 组试验结果 $\mathcal{H} = \{\boldsymbol{x}_n, y_n\}_{n=1}^N$（$y_n$ 为 $f(\boldsymbol{x}_n)$ 的观测值）来建模高斯过程，并计算 $f(\boldsymbol{x})$ 的后验分布 $p_{\mathcal{GP}}(f(\boldsymbol{x}) \mid \boldsymbol{x}, \mathcal{H})$。

为了使得 $p_{\mathcal{GP}}(f(\boldsymbol{x}) \mid \boldsymbol{x}, \mathcal{H})$ 接近其真实分布，就需要对样本空间进行足够多的采样。但是超参数优化中每一个样本的生成成本很高，需要用尽可能少的样本来使得 $p_\theta(f(\boldsymbol{x}) \mid \boldsymbol{x}, \mathcal{H})$ 接近于真实分布。因此，需要通过定义一个收益函数（acquisition function）$a(x, \mathcal{H})$ 来判断一个样本是否能够给建模 $p_\theta(f(\boldsymbol{x}) \mid \boldsymbol{x}, \mathcal{H})$ 提供更多的收益。收益越大，其修正的高斯过程会越接近目标函数的真实分布。收益函数的定义有很多种方式，一个常用的是期望改善（Expected Improvement，EI）函数。假设 $y^* = \min\{y_n, 1 \leqslant n \leqslant N\}$ 是当前已有样本中的最优值，期望改善函数为

$$\mathrm{EI}(\boldsymbol{x}, \mathcal{H}) = \int_{-\infty}^{\infty} \max(y^* - y, 0)\, p_{\mathcal{GP}}(y \mid \boldsymbol{x}, \mathcal{H}) dy \tag{7-53}$$

期望改善是定义一个样本 $\boldsymbol{x}$ 在当前模型 $p_{\mathcal{GP}}(f(\boldsymbol{x}) \mid \boldsymbol{x}, \mathcal{H})$ 下，$f(\boldsymbol{x})$ 超过最好结果 y^* 的期望。除了期望改善函数之外，收益函数还有其他定义形式，如改善概率（probability of improvement）、高斯过程置信上界（GP Upper Confidence Bound，GP-UCB）等。

时序模型优化的过程如图 7-9 所示。

贝叶斯优化的缺点之一是高斯过程建模需要计算协方差矩阵的逆，时间复杂度是 $O(n^3)$，因此不能很好地处理高维情况。深层神经网络的超参数一般比较多，为了使用贝叶斯优化来搜索神经网络的超参数，需要一些更高效的高斯过程建模。也有一些方法可以将时间复杂度从 $O(n^3)$ 降低到 $O(n)$。

输入：优化目标函数$f(\boldsymbol{x})$，迭代次数：T，收益函数$a(x, \mathcal{H})$

1 $\mathcal{H} \leftarrow \varnothing$;

2 随机初始化高斯过程，并计算$p_{\mathcal{GP}}(f(\boldsymbol{x})|\boldsymbol{x}, \mathcal{H})$;

3 **for** $t \leftarrow 1$ **to** T **do**

4 　$\boldsymbol{x}' \leftarrow \arg\max_x a(\boldsymbol{x}, \mathcal{H})$;

5 　评价$\boldsymbol{y}'=f(\boldsymbol{x}')$; // 代价高

6 　$\mathcal{H} \leftarrow \mathcal{H} \cup (\boldsymbol{x}', \boldsymbol{y}')$;

7 　根据$\mathcal{H}$重新建模高斯过程，并计算$p_{\mathcal{GP}}(f(\boldsymbol{x})|\boldsymbol{x}, \mathcal{H})$;

8 **end**

输出：$\mathcal{H}$

图 7-9　时序模型优化的过程

7.6.4　动态资源分配

在超参数优化中，每组超参数配置的评估代价比较高。如果在较早的阶段就可以估计出一组配置的效果会比较差，那么就可以中止这组配置的评估，将更多的资源留给其他配置。这个问题可以归结为多臂赌博机问题的泛化问题：最优臂问题（best-arm problem），即在给定有限的机会次数下，如何玩这些赌博机并找到收益最大的臂。和多臂赌博机类似，最优臂问题也是在利用和探索之间找到最佳的平衡。

由于目前神经网络的优化方法一般都采取随机梯度下降法，因此可以通过一组超参数的学习曲线来预估这组超参数配置是否有希望得到比较好的结果。如果一组超参数配置的学习曲线不收敛或者收敛比较差，可以应用早期停止（early-stopping）策略来中止当前的训练。

动态资源分配的一种有效方法是逐次减半（successive halving）方法，将超参数优化看作一种非随机的最优臂问题。假设要尝试 N 组超参数配置，总共可利用的资源预算（摇臂的次数）为 B，可以通过 $T = \lceil \log_2(N) \rceil - 1$ 轮逐次减半的方法来选取最优的配置，具体过程如图 7-10 所示。

在逐次减半方法中，尝试的超参数配置数量 N 十分关键。如果 N 越大，得到最佳配置的机会也越大，但每组配置分到的资源就越少，这样早期的评估结果可能不准确。反之如果 N 越小，每组超参数配置的评估会越准确，但有可能无法得到最优的配置。因此，如何设置 N 是平衡“利用-探索”的一个关键因素。一种改进的方法是 HyperBand 方法，通过尝试不同的 N 来选取最优参数。

上面介绍的超参数优化方法都是在固定（或变化比较小）的超参数空间 $\mathcal{X}$ 中进行最优配置搜索，而最重要的神经网络架构一般还是需要由有经验的专家来进行设计。神经架构搜索（Neural Architecture Search，NAS）是一个新的比较有前景的研究方向，通过神经网络来自动实现网络架构的设计。一个神经网络的架构可以用一个变长的字符串来描述。利用元学习的思想，神经架构搜索利用一个控制器来生成另一个子网络的架构描述。控制器可以由一个循环神经网络来实现。控制器的训练可以通过强化学习来完成，其奖励信号为

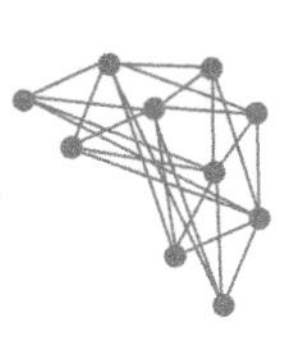

生成的子网络在开发集上的准确率。

输入：预算 B，N 个超参数配$\{x_n\}_{n=1}^{N}$
1 $T \leftarrow \lceil \log_2(N) \rceil - 1$;
2 随机初始化$\mathcal{S}_0 = \{x_n\}_{n=1}^{N}$;
3 **for** $t \leftarrow 1$ **to** T **do**
4 　$r_t \leftarrow \lfloor \frac{B}{|\mathcal{S}_t| \times T} \rfloor$;
5 　给 S_t 中的每组配置分配 r_t 的资源;
6 　运行 S_t 所有配置，评估结果为y_t;
7 　根据评估结果，选取$|\mathcal{S}_t|/2$组最优的配置
　$\mathcal{S}_t \leftarrow \arg\max(\mathcal{S}_t, \mathrm{y}_t, |\mathcal{S}_t|/2)$; // $\arg\max(\mathcal{S}, \mathrm{y}, m)$ 为从集合 $\mathcal{S}$ 中选取 m 个元素，对应最优的 m 个评估结果。
8 **end**
输出：最优配置$\mathcal{S}_K$

图 7-10　一种逐次减半的动态资源分配方法

7.7　网络正则化

机器学习模型的关键是泛化问题，即在样本真实分布上的期望风险最小化。而训练数据集上的经验风险最小化和期望风险并不一致。由于神经网络的拟合能力非常强，其在训练数据上的错误率往往都可以降到非常低，甚至可以到 0，从而导致过拟合。因此，如何提高神经网络的泛化能力反而成为影响模型能力的最关键因素。

正则化（regularization）是一类通过限制模型复杂度，从而避免过拟合，提高泛化能力的方法，包括引入一些约束规则，增加先验、提前停止等。

在传统的机器学习中，提高泛化能力的方法主要是限制模型复杂度，如采用 ℓ_1 和 ℓ_2 正则化等方式。而在训练深层神经网络时，特别是在过度参数（over-parameterized）时，ℓ_1 和 ℓ_2 正则化的效果往往不如浅层机器学习模型中显著。因此训练深度学习模型时，往往还会使用其他的正则化方法，如权重衰减、提前停止、丢弃法、数据增强、标签平滑等。

7.7.1　ℓ_1 和 ℓ_2 正则化

ℓ_1 和 ℓ_2 正则化是机器学习中最常用的正则化方法，通过约束参数的 ℓ_1 和 ℓ_2 范数来减小模型在训练数据集上的过拟合现象。

通过加入 ℓ_1 和 ℓ_2 正则化，优化问题可以写为

$$\theta^* = \arg\min_{\theta} \frac{1}{N} \sum_{n=1}^{N} \mathcal{L}\left(y^{(n)}, f\left(\boldsymbol{x}^{(n)}, \theta\right)\right) + \lambda \ell_p(\theta) \tag{7-54}$$

其中 $\mathcal{L}(\cdot)$ 为损失函数，N 为训练样本数量，$f(\cdot)$ 为待学习的神经网络，θ 为其参数，ℓ_p 为范数函数，p 的取值通常为 1，2，代表 ℓ_1 和 ℓ_2 范数，λ 为正则化系数。带正则化的优化

问题等价于式 (7-55) 带约束条件的优化问题。

$$\theta^* = \arg\min_{\theta} \frac{1}{N} \sum_{n=1}^{N} \mathcal{L}\left(y^{(n)}, f\left(\boldsymbol{x}^{(n)}, \theta\right)\right) \tag{7-55}$$
$$\text{subject to } \ell_p(\theta) \leqslant 1$$

图 7-11 给出了不同范数约束条件下的最优化问题示例。

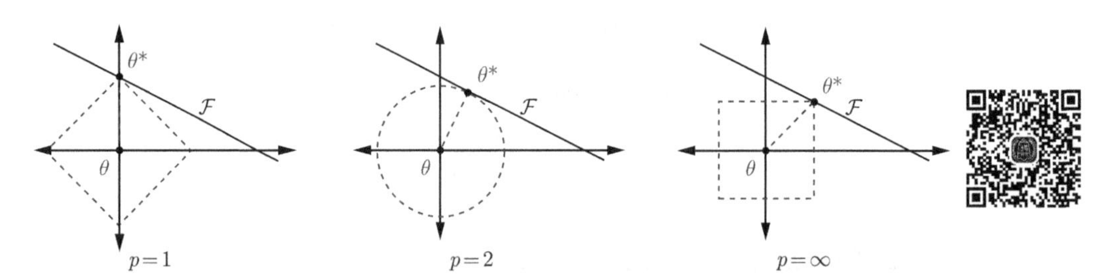

图 7-11　不同范数约束条件下的最优化问题示例

图 7-11 中，红线（见彩图）表示函数 $\ell_p = 1$，$\mathcal{F}$ 为函数 $f(\theta)$ 的等高线（简单起见，这里用直线表示）。

从图 7-11可以看出，ℓ_1 范数的约束通常会使得最优解位于坐标轴上，从而使最终的参数为稀疏性向量。此外，ℓ_1 范数在零点不可导，因此经常用式 (7-56) 来近似：

$$\ell_1(\theta) = \sum_i \sqrt{\theta_i^2 + \epsilon} \tag{7-56}$$

其中 ϵ 为一个非常小的常数。

一种折中的正则化方法是弹性网络正则化（elastic net regularization），同时加入 ℓ_1 和 ℓ_2 正则化。

$$\theta^* = \arg\min_{\theta} \frac{1}{N} \sum_{n=1}^{N} \mathcal{L}\left(y^{(n)}, f\left(\boldsymbol{x}^{(n)}, \theta\right)\right) + \lambda_1 \ell_1(\theta) + \lambda_2 \ell_2(\theta) \tag{7-57}$$

其中 λ_1 和 λ_2 分别为两个正则化项的系数。

7.7.2　权重衰减

权重衰减（weight decay）是一种有效的正则化手段，在每次参数更新时，引入一个衰减系数。

$$\theta_t \leftarrow (1-w)\theta_{t-1} - \alpha \boldsymbol{g}_t \tag{7-58}$$

其中 $\boldsymbol{g}_t$ 为第 t 次更新的梯度，α 为学习率，w 为权重衰减系数，一般取值比较小，如 0.0005。在标准的随机梯度下降中，权重衰减正则化和 ℓ_2 正则化的效果相同。因此，权重衰减在一些深度学习框架中通过 ℓ_2 正则化来实现。但是，在较为复杂的优化方法（如 Adam 算法）中，权重衰减和 ℓ_2 正则化并不等价。

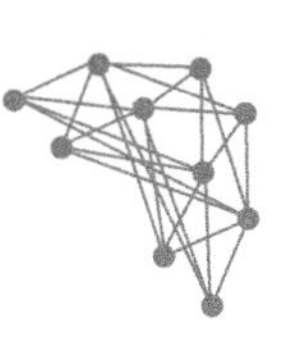

7.7.3　提前停止

提前停止（early stop）对于深层神经网络来说是一种简单有效的正则化方法。由于深层神经网络的拟合能力非常强，因此比较容易在训练集上过拟合。在使用梯度下降法进行优化时，可以使用一个和训练集独立的样本集合，称为验证集（validation set），并用验证集上的错误来代替期望错误。当验证集上的错误率不再下降，就停止迭代。

然而在实际操作中，验证集上的错误率变化曲线并不一定是图 2-4 中所示的平衡曲线，很可能是先升高再降低。因此，提前停止的具体停止标准需要根据实际任务进行优化。

7.7.4　丢弃法

当训练一个深层神经网络时，可以随机丢弃一部分神经元（同时丢弃其对应的连接边）来避免过拟合，这种方法称为丢弃法（dropout method）。每次选择丢弃的神经元是随机的。最简单的方法是设置一个固定的概率 p。对每一个神经元都有一个概率 p 来判定要不要保留。对于一个神经层 $\boldsymbol{y}=f(W\boldsymbol{x}+\boldsymbol{b})$，可以引入一个丢弃函数 $d(\cdot)$ 使得 $\boldsymbol{y}=f(Wd(\boldsymbol{x})+\boldsymbol{b})$。丢弃函数 $d(\cdot)$ 的定义为

$$d(\boldsymbol{x})=\begin{cases}\boldsymbol{m}\odot\boldsymbol{x} & \text{当在训练阶段时}\\ p\boldsymbol{x} & \text{当在测试阶段时}\end{cases} \tag{7-59}$$

其中 $\boldsymbol{m}\in\{0,1\}^d$ 是丢弃掩码（dropout mask），通过以概率为 p 的贝努力分布随机生成。p 可以通过验证集来选取一个最优的值。或者 p 可以设为 0.5，这对大部分的网络和任务比较有效。在训练时，激活神经元的平均数量为原来的 p 倍。而在测试时，所有的神经元都是可以激活的，这会造成训练和测试时网络的输出不一致。为了缓解这个问题，在测试时需要将每一个神经元的输出乘以 p，也相当于把不同的神经网络做了平均。

图 7-12 给出了一个网络应用丢弃法后的示例。

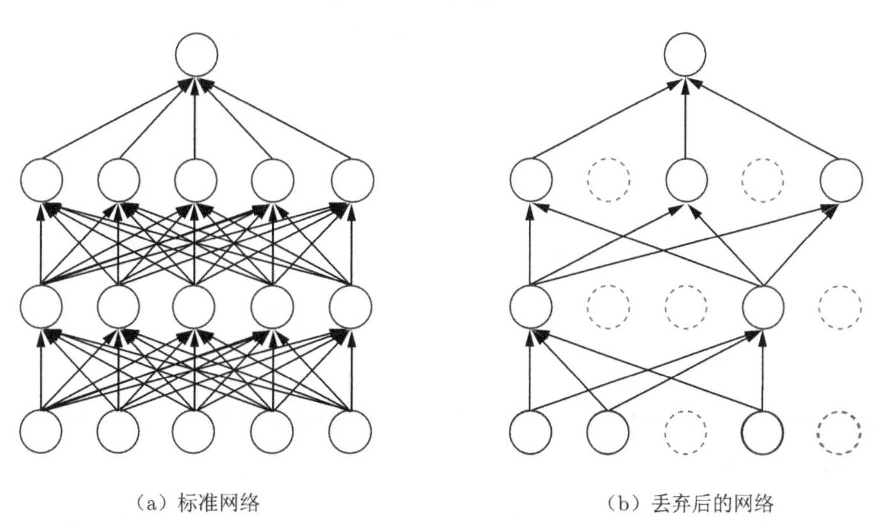

图 7-12　丢弃法示例

一般来讲，对于隐藏层的神经元，其丢弃率 $p=0.5$ 时效果最好。当 $p=0.5$ 时，在训练时有一半的神经元被丢弃，只剩余一半的神经元是可以激活的，随机生成的网络结构最具多样性。对于输入层的神经元，其丢弃率通常设为更接近 1 的数，使得输入变化不会太大。对输入层神经元进行丢弃时，相当于给数据增加噪声，以此来提高网络的鲁棒性。

丢弃法一般是针对神经元进行随机丢弃，但是也可以扩展到对神经元之间的连接进行随机丢弃，或每一层进行随机丢弃。

1. 集成学习的解释

每做一次丢弃，相当于从原始的网络中采样得到一个子网络。如果一个神经网络有 n 个神经元，那么总共可以采样出 2^n 个子网络。每次迭代都相当于训练一个不同的子网络，这些子网络都共享原始网络的参数。那么，最终的网络可以近似看作集成了指数级个不同网络的组合模型。

2. 贝叶斯学习的解释

丢弃法也可以解释为一种贝叶斯学习的近似。用 $y=f(\boldsymbol{x},\boldsymbol{\theta})$ 来表示要学习的神经网络，贝叶斯学习是假设参数 $\boldsymbol{\theta}$ 为随机向量，并且先验分布为 $q(\boldsymbol{\theta})$，贝叶斯方法的预测为

$$\begin{aligned}\mathbb{E}_{q(\boldsymbol{\theta})}[y] &= \int_q f(\boldsymbol{x},\boldsymbol{\theta})q(\boldsymbol{\theta})d\boldsymbol{\theta} \\ &\approx \frac{1}{M}\sum_{m=1}^{M} f(\boldsymbol{x},\boldsymbol{\theta}_m)\end{aligned} \tag{7-60}$$

其中 $f(\boldsymbol{x},\boldsymbol{\theta}_m)$ 为第 m 次应用丢弃方法后的网络，其参数 $\boldsymbol{\theta}_m$ 为对全部参数 $\boldsymbol{\theta}$ 的一次采样。

3. 循环神经网络上的丢弃法

当在循环神经网络上应用丢弃法，不能直接对每个时刻的隐状态进行随机丢弃，这样会损害循环网络在时间维度上的记忆能力。一种简单的方法是对非时间维度的连接（即非循环连接）进行随机丢弃。如图 7-13 所示，虚线边表示进行随机丢弃，不同的颜色表示不同的丢弃掩码。

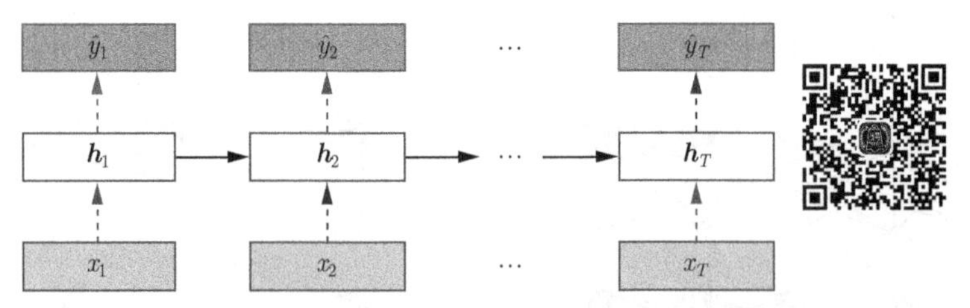

图 7-13　针对非循环连接的丢弃法

然而根据贝叶斯学习的解释，丢弃法是一种对参数 $\boldsymbol{\theta}$ 的采样。每次采样的参数需要在每个时刻保持不变。因此，在循环神经网络上使用丢弃法时，需要对参数矩阵的每个元素进行随机丢弃，并在所有时刻都使用相同的丢弃掩码。这种方法称为变分丢弃法（variational dropout）。

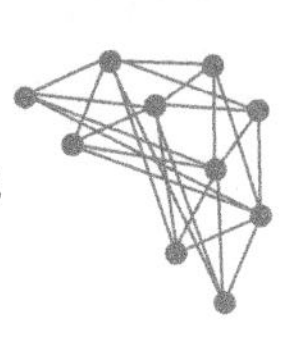

图 7-14 给出了变分丢弃法的示例，相同颜色表示使用相同的丢弃掩码。

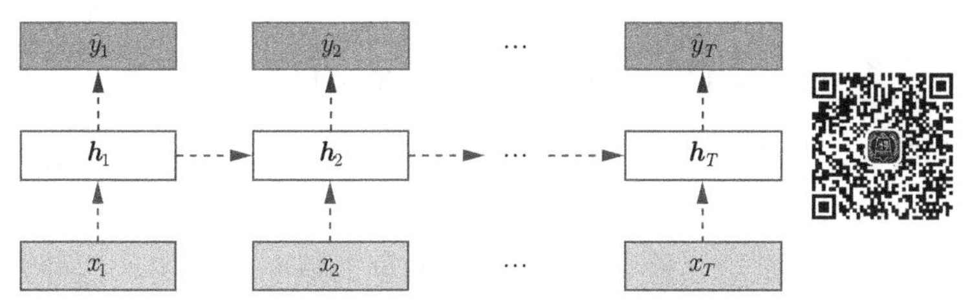

图 7-14　变分丢弃法示例

7.7.5　数据增强

深层神经网络一般都需要大量的训练数据才能获得比较理想的效果。在数据量有限的情况下，可以通过数据增强（data augmentation）来增加数据量，提高模型鲁棒性，避免过拟合。目前，数据增强还主要应用在图像数据上，在文本等其他类型的数据还没有太好的方法。

图像数据的增强主要是通过算法对图像进行转变，引入噪声等方法来增加数据的多样性。增强的方法主要有如下几种。

（1）旋转（rotation）：将图像按顺时针或逆时针方向随机旋转一定角度。

（2）翻转（flip）：将图像沿水平或垂直方向随机翻转一定角度。

（3）缩放（zoom in/out）：将图像放大或缩小一定比例。

（4）平移（shift）：将图像沿水平或垂直方向平移一定步长。

（5）加噪声（noise）：加入随机噪声。

7.7.6　标签平滑

在数据增强中，可以给样本特征加入随机噪声来避免过拟合。同样，也可以给样本的标签引入一定的噪声。假设训练数据集中，有一些样本的标签是被错误标注的，那么最小化这些样本上的损失函数会导致过拟合。一种改善的正则化方法是标签平滑（label smoothing），即在输出标签中添加噪声来避免模型过拟合。

一个样本 x 的标签一般用 onehot 向量表示：

$$\boldsymbol{y} = [0, \cdots, 0, 1, 0, \cdots, 0]^{\mathrm{T}} \tag{7-61}$$

这种标签可以看作硬目标（hard targets）。如果使用 Softmax 分类器并使用交叉熵损失函数，最小化损失函数会使得正确类和其他类的权重差异变得很大。根据 Softmax 函数的性质可知，如果要使得某一类的输出概率接近于 1，其未归一化的得分需要远大于其他类的得分，可能会导致其权重越来越大，并导致过拟合。此外，如果样本标签是错误的，会导致更严重的过拟合现象。为了改善这种情况，可以引入一个噪声对标签进行平滑，即假

设样本以 ϵ 的概率为其他类。平滑后的标签为

$$\tilde{\boldsymbol{y}}=\left[\frac{\epsilon}{K-1},\cdots,\frac{\epsilon}{K-1},1-\epsilon,\frac{\epsilon}{K-1},\cdots,\frac{\epsilon}{K-1}\right]^{\mathrm{T}} \tag{7-62}$$

其中，K 为标签数量，这种标签可以看作软目标（soft targets）。标签平滑可以避免模型的输出过拟合到硬目标上，并且通常不会损害其分类能力。

上面的标签平滑方法是给其他 $K-1$ 个标签相同的概率 $\frac{\epsilon}{K-1}$，这种方法没有考虑标签之间的相关性。一种更好的做法是按照类别相关性来赋予其他标签不同的概率。如先训练另外一个更复杂（一般为多个网络的集成）的教师网络（teacher network），并使用网络的输出作为软目标进行训练学生网络（student network）。这种方法称为知识精炼（knowledge distillation）。

7.8 总　　结

深层神经网络的优化和正则化是既对立又统一的关系。一方面，希望优化算法能找到一个全局最优解（或较好的局部最优解），另一方面又不希望模型优化到最优解，这可能陷入过拟合。优化和正则化的统一目标是期望风险最小化。

在传统的机器学习中，有一些很好的理论可以让模型的表示能力、复杂度和泛化能力之间找到比较好的平衡，如 Vapnik-Chervonenkis（VC）维和 Rademacher 复杂度。但是这些理论无法解释深层神经网络在实际应用中的泛化能力表现。目前，深层神经网络的泛化能力还没有很好的理论支持。在传统机器学习模型上比较有效的 ℓ_1 或 ℓ_2 正则化在深层神经网络中作用也比较有限，而一些经验的做法，如使用随机梯度下降和提前停止，会更有效。

根据通用近似定理，神经网络的表示能力十分强大。从直觉上，深层神经网络很容易产生过拟合现象，因为增加的抽象层使得模型能够对训练数据中较为罕见的依赖关系进行建模。

近几年来，深度学习的快速发展在一定程度上归因于一些深层神经网络的优化和正则化方法的出现。虽然这些方法往往是经验性的，但在实践中取得了很好的效果，这样可以高效地、端到端地训练神经网络模型，不再依赖早期训练神经网络时的预训练和逐层训练等比较低效的方法。

第8章 实战演练

8.1 TensorFlow 的 MNIST 手写数字分类的实现

MNIST 数据集是一个有名的手写数字数据集，在深度学习领域，手写数字识别是一个很经典的例子。MNIST 数据集来自美国国家标准与技术研究所（National Institute of Standards and Technology，NIST）。数据集由 250 个不同人手写的数字构成，其中 50% 是高中学生，50% 来自人口普查局（the Census Bureau）的工作人员。本节初步介绍 MNIST 数据集。MNIST 数据集由 4 部分组成，其中训练集图片 60000 张，训练集标签 60000 个，测试集图片 10000 张，测试集标签 10000 个。

数据库里的图像都是 28×28 大小的灰度图像，图像像素值为 0~255。收集该数据集的目的是希望通过算法，实现对手写数字的识别。MNIST 数据集可在以下网站获取：http://yann.lecun.com/exdb/mnist/。

8.1.1 数据预处理

```
# 导入依赖包
import tensorflow as tf
import numpy as np
import matplotlib.pyplot as plt
# 在 Jupyter 中，使用 matplotlib 显示图像需要设置为 inline 模式，否则不会在网页里显示
# 图像
%matplotlib inline
print("Tensorflow 版本:",tf.__version__) # 显示当前 Tensorflow 版本
```

```
Tensorflow 版本是:2.0.0
```

MNIST 数据集文件在读取时，如果指定目录下不存在，则会去自动下载，需等待一定的时间；如果已经存在，则直接读取。

```
mnist = tf.keras.datasets.mnist
(train_images,train_labels),(test_images,test_labels)=mnist.load_data()
```

```
# 对图像（images）进行数字标准化
train_images = train_images/255.0
test_images = test_images/255.0
# 对标签（labels）进行 One-Hot Encoding
train_labels_ohe = tf.one_hot(train_labels, depth=10).numpy()
test_labels_ohe = tf.one_hot(test_labels, depth=10).numpy()
```

8.1.2 构建及训练模型

Keras 是 TensorFlow 高级集成 API，采用 Keras 序列模型进行建模与训练过程一般分为如下 6 个步骤。

（1）创建一个 Sequential 模型。

（2）根据需要，通过 add() 方法在模型中添加所需要的神经网络层，完成模型构建。

（3）编译模型，通过 compile() 定义模型的训练模式。

（4）训练模型，通过 fit() 方法进行训练模型。

（5）评估模型，通过 evaluate() 进行模型评估。

（6）应用模型，通过 predict() 进行模型预测。

构建的目标模型包括输入层、隐藏层 1、隐藏层 2 和输出层，具体的结构图 8-1 所示。

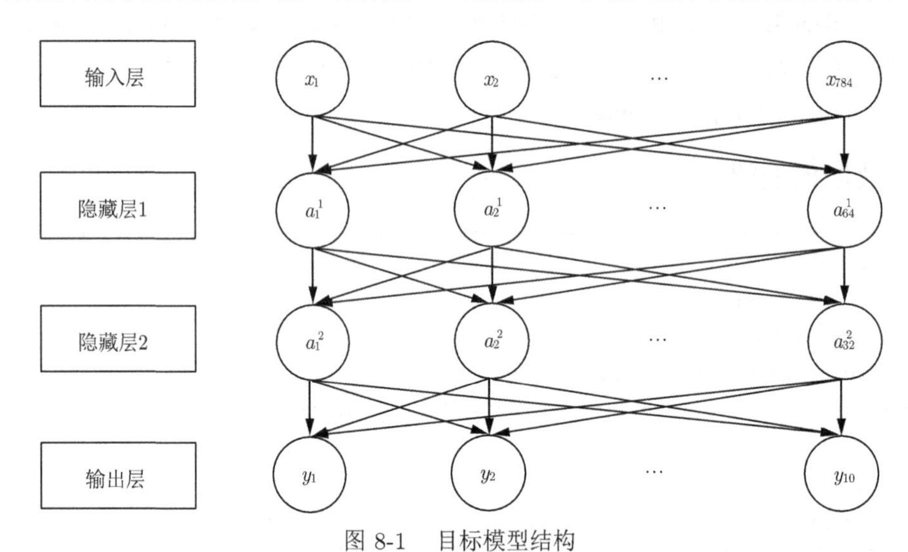

图 8-1　目标模型结构

单个神经元的网络模型如图 8-2 所示。其计算公式为

$$\text{output} = f(z) = f\left(\sum_{i=1}^{n}(x_i * w_i + b)\right) \tag{8-1}$$

式 (8-1) 中，output 为输出的结果；x_i 为输入；w_i 为权重；b 为偏置值。w_i 和 b 可以理解为两个变量。模型每次的学习都是为了调整 w_i 和 b，从而得到一个合适的值，最终由这

个值配合运算公式所形成的逻辑就是神经网络的模型。

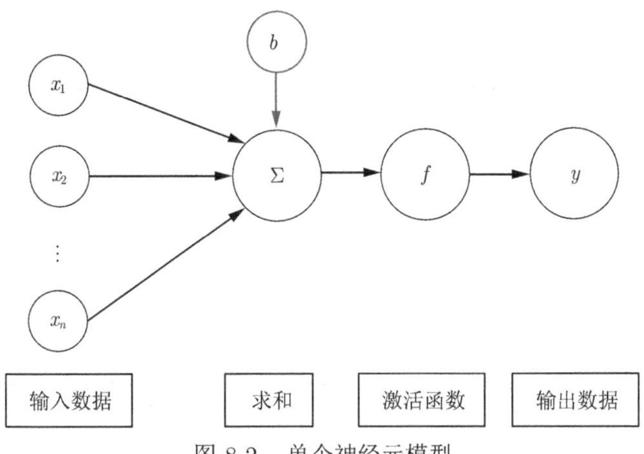

图 8-2　单个神经元模型

激活函数（activation functions）对于人工神经网络模型去学习、理解非常复杂和非线性的函数来说具有十分重要的作用。常见的激活函数有 Sigmoid（S 型函数）、Tanh（双曲正切函数）、ReLU（修正线性单元函数）。

```
# 建立 Sequential 线性堆叠模型
model = tf.keras.models.Sequential([
        tf.keras.layers.Flatten(input_shape=(28, 28)),
        tf.keras.layers.Dense(64, activation=tf.nn.relu),
        tf.keras.layers.Dense(32, activation=tf.nn.relu),
        tf.keras.layers.Dense(10, activation=tf.nn.softmax)
])
```

调用 model.summary() 打印模型结构，模型摘要如图 8-3 所示可以发现和目标一样，总共参与训练的参数是 52650 个。

```
# 输出模型摘要
model.summary()
```

定义优化器，常用的优化器有 SGD、AdaGrad、AdaDelta、RMSprop、Adam。

tf.keras.Model.compile 接受如下 3 个重要的参数。

optimizer：优化器，可以从 tf.keras.optimizer 中选择。

loss：损失函数，可以从 tf.keras.loss 中选择。

metrics：评估指标，可以从 tf.keras.metrics 中选择。

```
# 定义训练模式
model.compile(optimizer = 'adam',
              loss = 'categorical_crossentropy', metrics = ['accuracy'])
```

Model: "sequential"

Layer (type)	Output Shape	Param #
flatten (Flatten)	(None, 784)	0
dense (Dense)	(None, 64)	50240
dense_1 (Dense)	(None, 32)	2080
dense_2 (Dense)	(None, 10)	330

Total params: 52, 650

Trainable params: 52, 650

Non-trainable params : 0

图 8-3　模型摘要

Tf.keras.Model.fit() 常见参数如下。

x：训练数据。

y：目标数据（标签数据）。

epochs：将训练数据迭代多少遍。

batch_size：批次的大小。

validation_data：验证数据，可用于训练过程中监控模型的性能。

verbose：训练过程的日志信息显示，0 为不在标准输出流输出日志信息，1 为输出进度条记录，2 为每个 epoch 输出一行记录。

设置训练的超参数，一共迭代 10 轮，单次训练的样本数是 30。

```
# 设置训练参数
train_epochs = 10
batch_size = 30
# 训练模型
train_history = model.fit(train_images,
                train_labels_ohe,
                validation_split = 0.2,
                epochs = train_epochs,
```

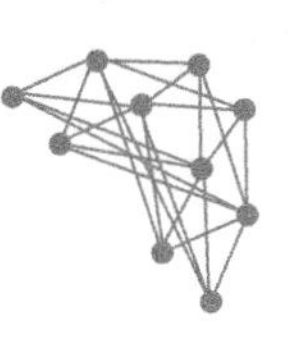

```
                batch_size = batch_size,
                verbose = 2)
```

```
Train on 48000 samples, validate on 12000 samples
Epoch 1/10
48000/48000 - 3s - loss: 0.3292 - accuracy: 0.9043 - val_loss: 0.1795 - val_accuracy:
    0.9497
Epoch 2/10
48000/48000 - 3s - loss: 0.1460 - accuracy: 0.9558 - val_loss: 0.1336 - val_accuracy:
    0.9618
Epoch 3/10
48000/48000 - 3s - loss: 0.1053 - accuracy: 0.9684 - val_loss: 0.1146 - val_accuracy:
    0.9657
Epoch 4/10
48000/48000 - 3s - loss: 0.0819 - accuracy: 0.9744 - val_loss: 0.1172 - val_accuracy:
    0.9669
Epoch 5/10
48000/48000 - 3s - loss: 0.0665 - accuracy: 0.9797 - val_loss: 0.1127 - val_accuracy:
    0.9681
Epoch 6/10
48000/48000 - 3s - loss: 0.0549 - accuracy: 0.9828 - val_loss: 0.1185 - val_accuracy:
    0.9648
Epoch 7/10
48000/48000 - 4s - loss: 0.0469 - accuracy: 0.9854 - val_loss: 0.1084 - val_accuracy:
    0.9718
Epoch 8/10
48000/48000 - 3s - loss: 0.0408 - accuracy: 0.9866 - val_loss: 0.1132 - val_accuracy:
    0.9702
Epoch 9/10
48000/48000 - 3s - loss: 0.0336 - accuracy: 0.9895 - val_loss: 0.1102 - val_accuracy:
    0.9713
Epoch 10/10
48000/48000 - 4s - loss: 0.0296 - accuracy: 0.9911 - val_loss: 0.1103 - val_accuracy:
    0.9732
```

history 是一个字典类型数据，包含了 4 个 Key：loss、accuracy、val_loss 和 val_accuracy，分别表示训练集上的损失和准确率及验证集上的损失和准确率。它们的值都是一个列表，记录了每个周期该指标的具体数值。

```
train_history.history
```

```
{'loss': [0.3291581958369352,
        0.14598061037599108,
        0.10527563819050556,
        0.0819021566966694,
        0.06647750973952497,
        0.05488962467603414,
        0.04688317701955384,
        0.040828753918940495,
        0.03362971321956138,
        0.02959352765935364],
        'accuracy': [0.9043125,
        0.9558333,
        0.9684375,
        0.9744167,
        0.9796875,
        0.98277086,
        0.98541665,
        0.9865625,
        0.9895,
        0.9910625],
        'val_loss': [0.17948849440319464,
        ......
```

```
import matplotlib.pyplot as plt
def show_train_history(train_history,train_metric,val_metric):
        plt.plot(train_history.history[train_metric])
        plt.plot(train_history.history[val_metric])
        plt.title('Train History')
        plt.ylabel(train_metric)
        plt.xlabel('Epoch')
        plt.legend(['train','validation'],loc='upper left')
        plt.show()
```

```
show_train_history(train_history,'loss','val_loss')
show_train_history(train_history,'accuracy','val_accuracy')
```

从显示训练的数据可以看到程序一共运行了 10 个 epoch，损失值逐渐减小，正确率逐渐增大。以下是训练过程的可视化，图 8-4 为训练集和验证集的准确率的变化情况，可以看出随着训练的代数增多，准确率逐渐上升。图 8-5 为训练集和验证集的 loss 值的变化情况，可以看出随着训练的代数增多，loss 值逐渐下降。

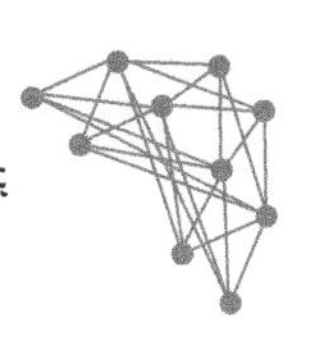

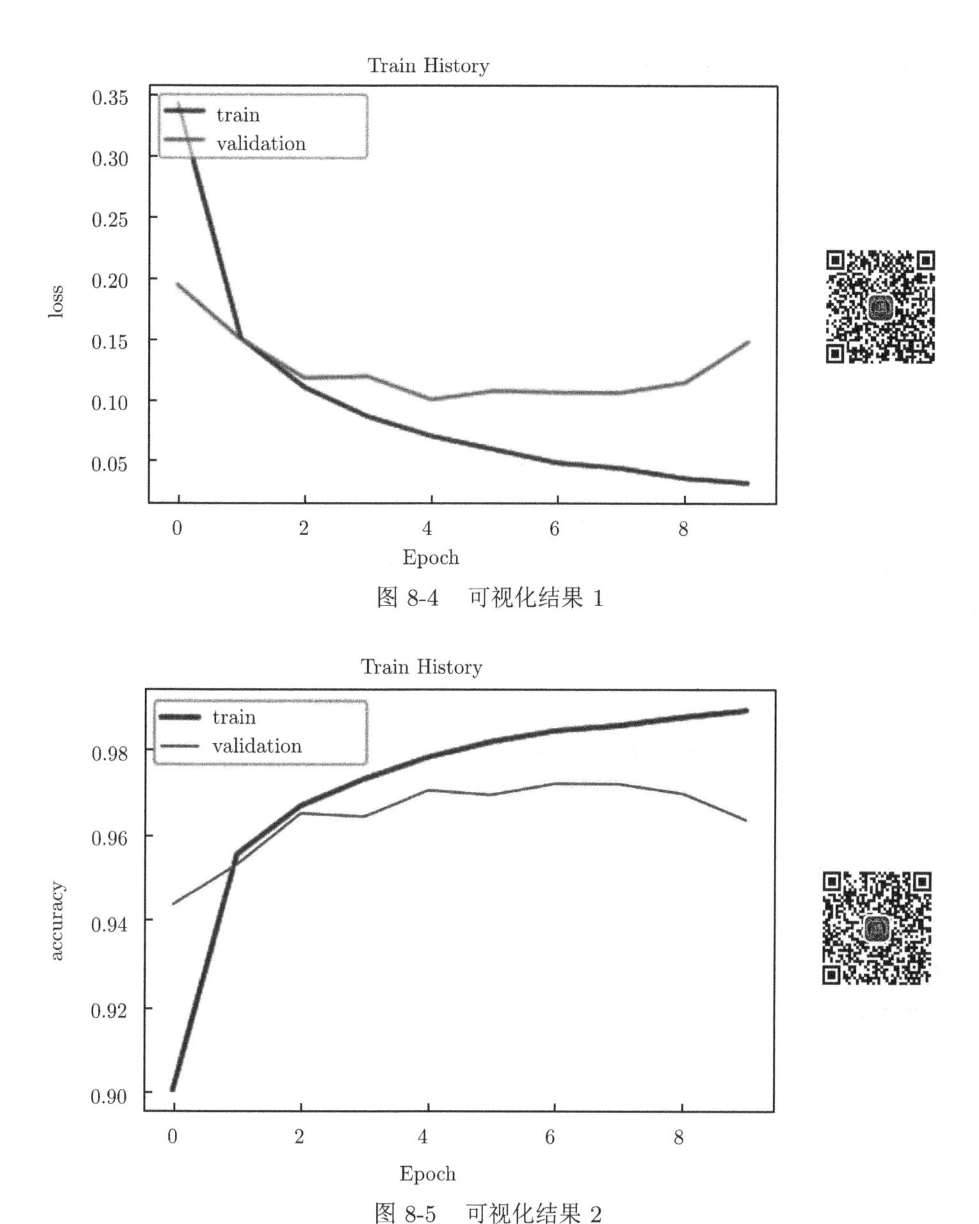

图 8-4 可视化结果 1

图 8-5 可视化结果 2

8.1.3 评估准确率

完成训练后，在测试集上评估模型的准确率。模型评估 evaluate() 的返回值是一个损失值的标量（如果没有指定其他度量指标），或者是一个列表（如果指定了其他度量指标）。最后，可以看到打印出来的 loss 值是 0.1423，accuracy 值是 0.9640。

```
test_loss,test_acc = model.evaluate(test_images,test_labels_ohe, verbose = 2)
```

```
10000/10000 - 0s - loss: 0.1423 - accuracy: 0.9640
```

8.1.4 模型的应用与可视化

在建立模型并训练后，若认为准确率可以接受，则可以使用此模型进行预测。

```
test_pred = model.predict_classes(test_images)
test_pred[0]
```

```
7
```

```
test_labels[0]
```

```
7
```

可见预测结果（test_pred[0]）和标签（test_labels[0]）是一致的，可以证明训练出来的模型预测正确。运行结果如图 8-6 所示。

```
import matplotlib.pyplot as plt
import numpy as np
def plot_images_labels_prediction(images,
                                  labels,
                                  preds,
                                  index=0,
                                  num=10):
    fig = plt.gcf()
    fig.set_size_inches(10, 4)
    if num>10:
        num = 10
    for i in range(0,num):
        ax = plt.subplot(2, 5,i+1)

        ax.imshow(np.reshape(images[index],(28,28)), cmap='binary')

        title = "label=" + str(labels[index])
        if len(preds)>0:
            title += ",predit=" + str(preds[index])

        ax.set_title(title, fontsize=10)
        ax.set_xticks([]);
        ax.set_yticks([])
        index = index+1
plt.show()
plot_images_labels_prediction(test_images, test_labels, test_ pred, 2, 10)
```

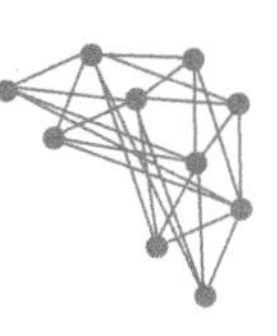

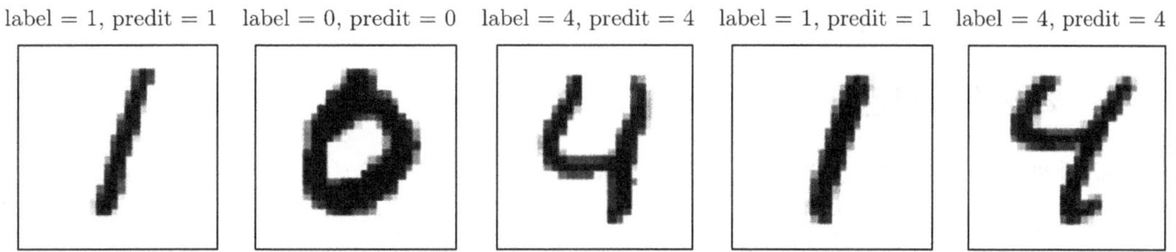

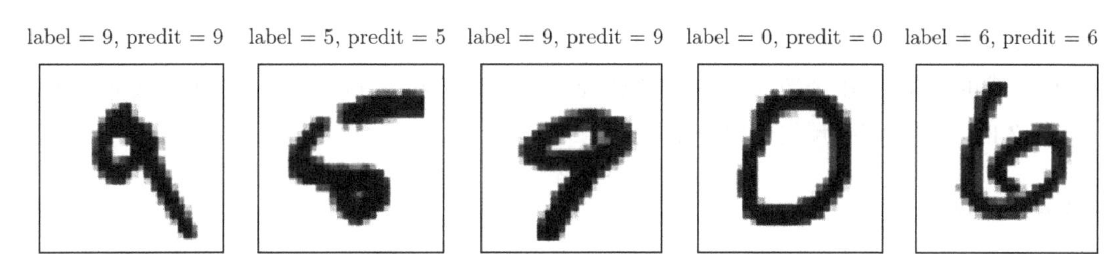

图 8-6 运行结果

8.2 车辆识别

本节介绍使用 YOLO 算法进行对象识别。先导入包：

```
import argparse
import os
import matplotlib.pyplot as plt
from matplotlib.pyplot import imshow
import scipy.io
import scipy.misc
import numpy as np
import pandas as pd
import PIL
import tensorflow as tf
from keras import backend as K
from keras.layers import Input, Lambda, Conv2D
from keras.models import load_model, Model

from yad2k.models.keras_yolo import yolo_head, yolo_boxes_to_corners, preprocess
    _true_boxes, yolo_loss, yolo_body

import yolo_utils

% matplotlib inline
```

注意，这里导入了 Keras 的后台，命名为 K，这意味着将使用 Keras 框架。

8.2.1 要解决的问题

假设要生产一辆自动驾驶汽车，首先应该做一个汽车检测系统，为了收集数据，已经在汽车前引擎盖上安装了一个照相机，在开车的时候它会每隔几秒拍摄一次前方的道路。

假如想让 YOLO 识别 80 个分类，可以把分类标签 c 从 1 到 80 进行标记，或者把它变为 80 维的向量（80 个数字），在对应位置填写上 0 或 1。因为 YOLO 的模型训练时间是比较久的，可以使用预先训练好的权重。

8.2.2 YOLO

因为 YOLO（You Only Look Once）算法的高实时性和高准确率，使它成为目前比较流行的算法之一。在算法中"只看一次"（only looks once）的机制使得它在预测时只需要进行一次前向传播，在使用非最大值抑制后，它与边界框一起输出识别对象。

1. 模型细节

第一个需要知道的事情是：

（1）输入的批量图片的维度为（m,608,608,3）；

（2）输出是一个识别分类与边界框的列表，每个边界框由 6 个数字组成：（$p_x, b_x, b_y, b_h, b_w, c$）。

可以使用 5 个锚框（anchor boxes），所以算法大致流程是：图像输入（m,608,608,3）⇒ DEEP CNN ⇒ 编码（m,19,19,5,85）。

编码的情况如图 8-7 所示。

如果对象的中心/中点在单元格内，那么该单元格就负责识别该对象。

这里也使用了 5 个锚框，19×19 的单元格，所以每个单元格内有 5 个锚框的编码信息，锚框的组成是 $p_c + p_x + p_y + p_h + p_w$。

为了方便，可以把最后的两个维度的数据进行展开，所以最后一步的编码由（m,19,19,5,85）变为了（m,19,19,425）。

对于每个单元格的每个锚框而言，可以计算下列元素的乘积，并提取该框包含某一类的概率。

YOLO 预测图的可视化预测如下。

（1）对于每个 19×19 的单元格，找寻最大的可能性值，在 5 个锚框和不同的类之间取最大值。

（2）根据单元格预测的最可能的对象使用添加颜色的方式来标记单元格。

需要注意的就是，该可视化不是 YOLO 算法本身进行预测的核心部分，这只是一种可视化算法中间结果的比较好的方法。另一种可视化 YOLO 输出的方法是绘制它输出的边界框，这样做导致可视化的过程如图 8-8～图 8-11 所示。

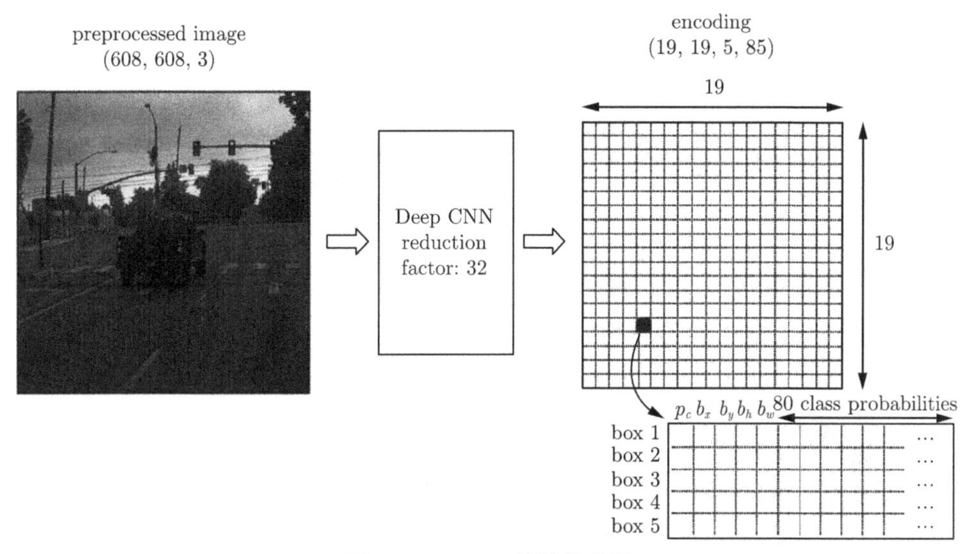

图 8-7 YOLO 算法的编码

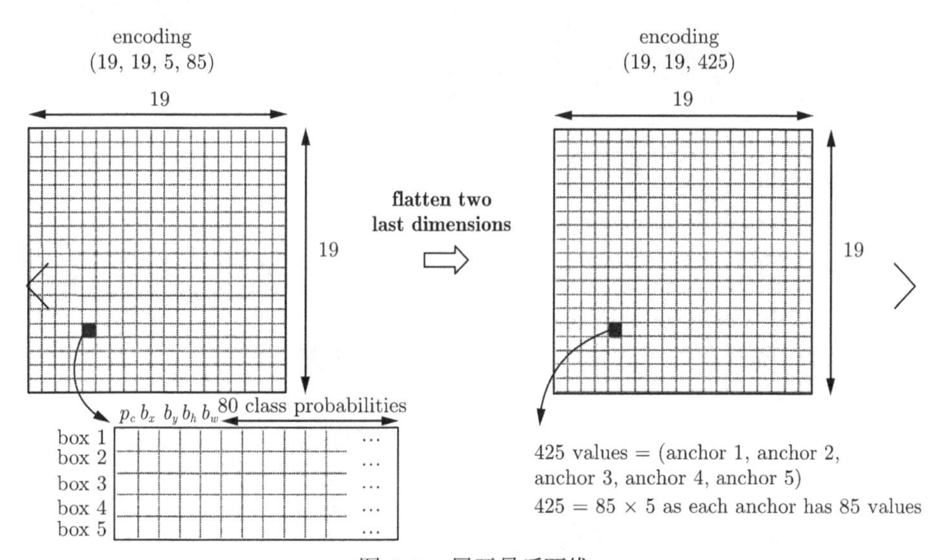

图 8-8 展开最后两维

总的来说，观察一次图像（一次前向传播），该模型需要预测：$19 \times 19 \times 5 = 1805$ 个锚框，不同的颜色代表不同的分类。

在图 8-11 中只绘制了模型所猜测的高概率的锚框，但锚框依旧太多。我们希望将算法的输出过滤为检测到的对象数量更少，要做到这一点，我们将使用非最大抑制。具体来说，我们将执行以下步骤。

（1）舍弃掉低概率的锚框（意思是格子算出来的概率比较低我们就不要）。

（2）当几个锚框相互重叠并检测同一个物体时，只选择一个锚框。

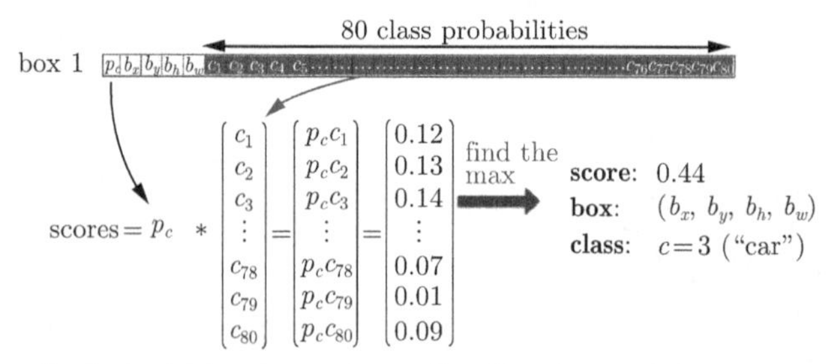

图 8-9 找寻每个锚框的概率

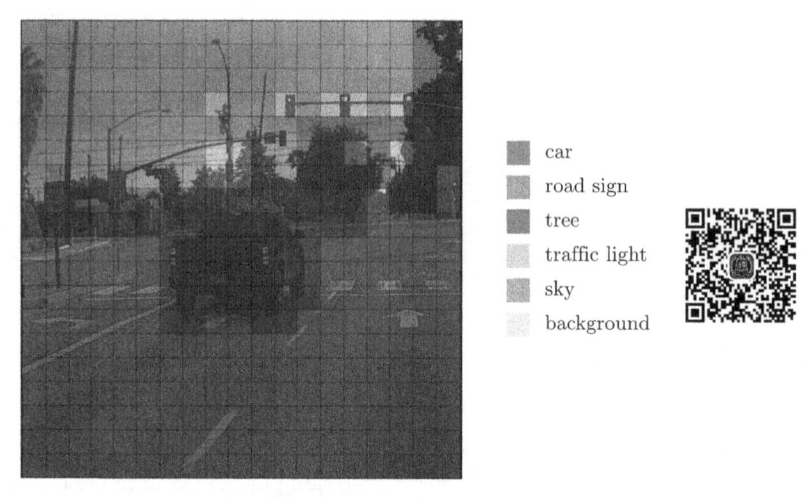

图 8-10 在 19×19 的格子中根据哪个类在该单元中具有最大的预测概率来进行着色

图 8-11 每个单元格会输出 5 个锚框

2. 分类阈值过滤

现在进行预测框的过滤，要去掉一些预测值低于预设值的锚框。模型共计有 $19 \times 19 \times 5 \times 85$ 个数字，每一个锚框由 85 个数字组成 (80 个分类 $+p_c + p_x + p_y + p_h + p_w$) 将维度（19, 19, 5, 85）或者（19, 19, 425）转换为下面的维度将会有利于下一步操作。

（1）box_confidence：tensor 类型，维度为（19×19, 5, 1)，包含 19×19 单元格中每个单元格预测的 5 个锚框中的所有的锚框的 p_c（一些对象的置信概率）。

（2）boxes：tensor 类型，维度为 (19×19, 5, 4)，包含了所有的锚框的 (p_x, p_y, p_h, p_w)。

（3）box_class_probs：tensor 类型，维度为 (19×19, 5, 80)，包含了所有单元格中所有锚框的所有对象 $(c_1, c_2, c_3, \cdots, c_{80})$ 检测的概率。

实现函数 yolo_filter_boxes() 的步骤如下。

（1）根据图 8-9 来计算对象的可能性。

```
a = np.random.randn(19x19,5,1) #p_c
b = np.random.randn(19x19,5,80) #c_1 ~ c_80
c = a * b # 计算后的维度将会是 (19×19,5,80)
```

（2）对于每个锚框，需要找到：

① 对分类的预测的概率拥有最大值的锚框的索引，需要注意的是需要选择的轴，可以试着使用 axis $= -1$。

② 对应的最大值的锚框，需要注意的是需要选择的轴，可以试着使用 axis $= -1$。

（3）根据阈值来创建掩码，如执行下列操作：[0.9, 0.3, 0.4, 0.5, 0.1] < 0.4，返回的是 [False, True, False, False, True]，对于要保留的锚框，对应的掩码应该为 True 或者 1。

（4）使用 TensorFlow 来对 box_class_scores、boxes、box_classes 进行掩码操作以过滤出想要的锚框。

```
def yolo_filter_boxes(box_confidence , boxes, box_class_probs, threshold = 0.6):
    """
    通过阈值来过滤对象和分类的置信度

    参数：
        box_confidence  - tensor 类型，维度为（19,19,5,1），包含 19×19 单元格中每个单元
        格预测的 5 个锚框中的所有的锚框的 pc （一些对象的置信概率）
        boxes - tensor 类型，维度为 (19,19,5,4)，包含了所有的锚框的（px,py,ph,pw）
        box_class_probs - tensor 类型，维度为 (19,19,5,80)，包含了所有单元格中所有锚框
        的所有对象 (c1,c2,c3,…,c80) 检测的概率
        threshold - 实数，阈值，如果分类预测的概率高于它，那么这个分类预测的概率就会被
        保留

    返回：
        scores - tensor 类型，维度为 (None,)，包含了保留了的锚框的分类概率
```

```
    boxes - tensor 类型，维度为 (None,4)，包含了保留了的锚框的 (b_x, b_y, b_h, b_w)
    classess - tensor 类型，维度为 (None,)，包含了保留了的锚框的索引

注意："None" 是因为不知道所选框的确切数量，因为它取决于阈值。
      例如：如果有 10 个锚框，scores 的实际输出大小将是（10,）
"""

# 第一步：计算锚框的得分
box_scores  = box_confidence * box_class_probs

# 第二步：找到最大值的锚框的索引以及对应的最大值的锚框的分数
box_classes = K.argmax(box_scores, axis=-1)
box_class_scores = K.max(box_scores, axis=-1)

# 第三步：根据阈值创建掩码
filtering_mask = (box_class_scores >= threshold)

# 对 scores，boxes 以及 classes 使用掩码
scores = tf.boolean_mask(box_class_scores,filtering_mask)
boxes = tf.boolean_mask(boxes,filtering_mask)
classes = tf.boolean_mask(box_classes,filtering_mask)

return scores , boxes , classes
```

测试如下：

```
with tf.Session() as test_a:
    box_confidence = tf.random_normal([19,19,5,1], mean=1, stddev=4, seed=1)
    boxes = tf.random_normal([19,19,5,4],  mean=1, stddev=4, seed=1)
    box_class_probs = tf.random_normal([19, 19, 5, 80], mean=1, stddev=4, seed = 1)
    scores, boxes, classes = yolo_filter_boxes(box_confidence, boxes,
        box_class_probs, threshold = 0.5)

    print("scores[2] = " + str(scores[2].eval()))
    print("boxes[2] = " + str(boxes[2].eval()))
    print("classes[2] = " + str(classes[2].eval()))
    print("scores.shape = " + str(scores.shape))
    print("boxes.shape = " + str(boxes.shape))
    print("classes.shape = " + str(classes.shape))

    test_a.close()
```

测试结果：

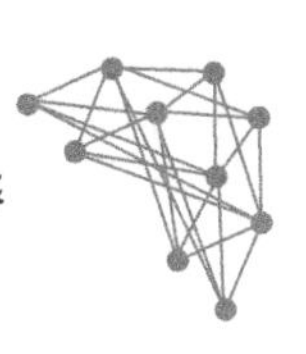

```
scores[2] = 10.7506
boxes[2] = [ 8.42653275  3.27136683 -0.53134358 -4.94137335]
classes[2] = 7
scores.shape = (?,)
boxes.shape = (?, 4)
classes.shape = (?,)
```

3. 非最大值抑制

即使通过阈值来过滤了一些得分较低的分类，依旧会有很多的锚框被保留，第二个过滤器就是让图 8-12 的左边变为右边，叫作非最大值抑制（Non-Maximum Suppression，NMS）。

图 8-12　非最大值抑制效果

在本例中，这个模型预测了 3 辆车，但实际上它预测的是同一辆车。运行非最大抑制（NMS）将只选择 3 个锚框中最准确（最高概率）的一个锚框。

非最大值抑制使用了一个非常重要的概念，叫作交并比（Intersection over Union，IoU），如图 8-13 所示。

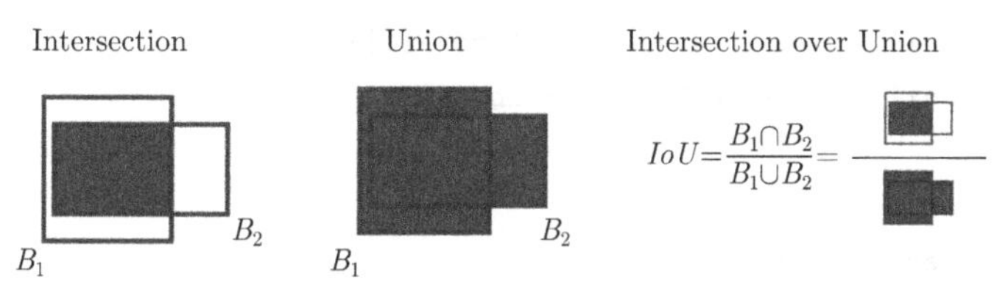

图 8-13　交并比的定义

实现交并比函数 iou() 的步骤如下。

（1）在这里要使用左上角和右下角来定义方框 (x_1, y_1, x_2, y_2) 而不是使用中点 + 宽高的方式定义。

（2）要计算矩形的面积需要用高度 $(y_2 - y_1)$ 乘以 $(x_2 - x_1)$。

（3）还需要找到两个锚框的交点的坐标 $(x_1^i, y_1^i, x_2^i, y_2^i)$。

① x_1^i = 两个锚框的 x_1 坐标的最大值；

② y_1^i = 两个锚框的 y_1 坐标的最大值；

③ x_2^i = 两个锚框的 x_2 坐标的最小值；

④ y_2^i = 两个锚框的 y_2 坐标的最小值。

（4）为了计算相交的区域，需要确定相交的区域的宽、高均为正数，否则就为 0，可以使用 max（height, 0）与 max（width, 0）来完成。

在代码中，为了方便，把图片的左上角定为 (0, 0)，右上角定为 (1, 0)，左下角定为 (0, 1)，右下角定为 (1, 1)。

```
def iou(box1, box2):
    """
    实现两个锚框的交并比的计算

    参数：
        box1 - 第一个锚框，元组类型，(x1, y1, x2, y2)
        box2 - 第二个锚框，元组类型，(x1, y1, x2, y2)

    返回：
        iou - 实数，交并比。
    """
    # 计算相交的区域的面积
    xi1 = np.maximum(box1[0], box2[0])
    yi1 = np.maximum(box1[1], box2[1])
    xi2 = np.minimum(box1[2], box2[2])
    yi2 = np.minimum(box1[3], box2[3])
    inter_area = (xi1-xi2)*(yi1-yi2)

    # 计算并集，公式为 Union(A,B) = A + B - Inter(A,B)
    box1_area = (box1[2]-box1[0])*(box1[3]-box1[1])
    box2_area = (box2[2]-box2[0])*(box2[3]-box2[1])
    union_area = box1_area + box2_area - inter_area

    # 计算交并比
    iou = inter_area / union_area

    return iou
```

测试如下：

```
box1 = (2,1,4,3)
box2 = (1,2,3,4)


print("iou = " + str(iou(box1, box2)))
```

测试结果：

```
iou = 0.142857142857
```

要实现非最大值抑制函数的关键步骤如下。

（1）选择分值高的锚框。

（2）计算与其他框的重叠部分，并删除与 iou_threshold 相比重叠的框。

（3）返回第（1）步，直到不再有比当前选中的框得分更低的框。

这将删除与选定框有较大重叠的其他所有锚框，只有得分最高的锚框仍然存在。

要实现的函数名为 yolo_non_max_suppression()，使用 TensorFlow 实现，TensorFlow 有两个内置函数用于实现非最大抑制（所以实际上不需要定义 iou() 实现）。

```
def yolo_non_max_suppression(scores, boxes, classes, max_boxes=10,
    iou_threshold=0.5):
    """
    为锚框实现非最大值抑制

    参数:
        scores - tensor 类型，维度为 (None,)，yolo_filter_boxes() 的输出
        boxes - tensor 类型，维度为 (None,4)，yolo_filter_boxes() 的输出，已缩放到图像
            大小
        classes - tensor 类型，维度为 (None,)，yolo_filter_boxes() 的输出
        max_boxes - 整数，预测的锚框数量的最大值
        iou_threshold - 实数，交并比阈值。

    返回:
        scores - tensor 类型，维度为 (,None)，每个锚框的预测的可能值
        boxes - tensor 类型，维度为 (4,None)，预测的锚框的坐标
        classes - tensor 类型，维度为 (,None)，每个锚框的预测的分类

    注意: "None" 是明显小于 max_boxes 的，这个函数也会改变 scores、boxes、classes 的维
        度，这会为下一步操作提供方便。

    """
    max_boxes_tensor = K.variable(max_boxes,dtype="int32") # 用于
        # tf.image.non_max_suppression()
    K.get_session().run(tf.variables_initializer([max_boxes_tensor])) # 初始化变量
        # max_boxes_tensor

    # 使用 tf.image.non_max_suppression() 来获取与保留的框相对应的索引列表
    nms_indices = tf.image.non_max_suppression(boxes,scores,max_boxes,iou_threshold)

    # 使用 K.gather() 来选择保留的锚框
```

```
    scores = K.gather(scores, nms_indices)
    boxes = K.gather(boxes, nms_indices)
    classes = K.gather(classes, nms_indices)

    return scores, boxes, classes
```

测试如下：

```
with tf.Session() as test_b:
    scores = tf.random_normal([54,], mean=1, stddev=4, seed = 1)
    boxes = tf.random_normal([54, 4], mean=1, stddev=4, seed = 1)
    classes = tf.random_normal([54,], mean=1, stddev=4, seed = 1)
    scores, boxes, classes = yolo_non_max_suppression(scores, boxes, classes)

    print("scores[2] = " + str(scores[2].eval()))
    print("boxes[2] = " + str(boxes[2].eval()))
    print("classes[2] = " + str(classes[2].eval()))
    print("scores.shape = " + str(scores.eval().shape))
    print("boxes.shape = " + str(boxes.eval().shape))
    print("classes.shape = " + str(classes.eval().shape))

    test_b.close()
```

测试结果：

```
scores[2] = 6.9384
boxes[2] = [-5.299932    3.13798141  4.45036697  0.95942086]
classes[2] = -2.24527
scores.shape = (10,)
boxes.shape = (10, 4)
classes.shape = (10,)
```

4. 对所有框进行过滤

现在要实现一个 CNN（19×19×5×85）输出的函数，并使用刚刚实现的函数对所有框进行过滤。

要实现的函数名为 yolo_eval()，它采用 YOLO 编码的输出，并使用分数阈值和 NMS 来过滤这些框。有几种表示锚框的方式，例如通过它们的角或它们的中点和高度/宽度。YOLO 使用以下代码可以在几种不同的格式之间进行转换：

```
boxes = yolo_boxes_to_corners(box_xy, box_wh)
```

它将 yolo 锚框坐标（x,y,w,h）转换为角的坐标（x_1, y_1, x_2, y_2）以适应 yolo_filter_boxes() 的输入。

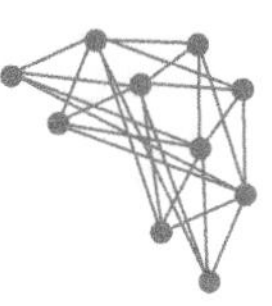

```
boxes = yolo_utils.scale_boxes(boxes, image_shape)
```

YOLO 的网络经过训练可以在 608×608 图像上运行。如果要在不同大小的图像上测试此数据（例如，汽车检测数据集具有 720×1280 图像），则此步骤会重新缩放这些框，以便在原始的 720×1280 图像上绘制它们。

```
def yolo_eval(yolo_outputs, image_shape=(720.,1280.),
              max_boxes=10, score_threshold=0.6,iou_threshold=0.5):
    """
    将 YOLO 编码的输出（很多锚框）转换为预测框以及它们的分数，框坐标和类

    参数:
        yolo_outputs - 编码模型的输出（对于维度为（608,608,3）的图片），包含 4 个
            tensors 类型的变量:
                        box_confidence :  tensor 类型，维度为 (None, 19, 19, 5, 1)
                        box_xy         :  tensor 类型，维度为 (None, 19, 19, 5, 2)
                        box_wh         :  tensor 类型，维度为 (None, 19, 19, 5, 2)
                        box_class_probs:  tensor 类型，维度为 (None, 19, 19, 5, 80)
        image_shape - tensor 类型，维度为（2,），包含了输入的图像的维度，这里是
            (608.,608.)
        max_boxes - 整数，预测的锚框数量的最大值
        score_threshold - 实数，可能性阈值
        iou_threshold - 实数，交并比阈值

    返回:
        scores - tensor 类型，维度为 (,None)，每个锚框的预测的可能值
        boxes - tensor 类型，维度为 (4,None)，预测的锚框的坐标
        classes - tensor 类型，维度为 (,None)，每个锚框的预测的分类
    """

    # 获取 YOLO 模型的输出
    box_confidence, box_xy, box_wh, box_class_probs = yolo_outputs

    # 中心点转换为边角
    boxes = yolo_boxes_to_corners(box_xy,box_wh)

    # 可信度分值过滤
    scores, boxes, classes = yolo_filter_boxes(box_confidence, boxes,
        box_class_probs, score_threshold)

    # 缩放锚框，以适应原始图像
    boxes = yolo_utils.scale_boxes(boxes, image_shape)
```

```
    # 使用非最大值抑制
    scores, boxes, classes = yolo_non_max_suppression(scores, boxes, classes,
        max_boxes, iou_threshold)

    return scores, boxes, classes
```

测试如下：

```
with tf.Session() as test_c:
    yolo_outputs = (tf.random_normal([19, 19, 5, 1], mean=1, stddev=4, seed = 1),
                    tf.random_normal([19, 19, 5, 2], mean=1, stddev=4, seed = 1),
                    tf.random_normal([19, 19, 5, 2], mean=1, stddev=4, seed = 1),
                    tf.random_normal([19, 19, 5, 80], mean=1, stddev=4, seed = 1))
    scores, boxes, classes = yolo_eval(yolo_outputs)

    print("scores[2] = " + str(scores[2].eval()))
    print("boxes[2] = " + str(boxes[2].eval()))
    print("classes[2] = " + str(classes[2].eval()))
    print("scores.shape = " + str(scores.eval().shape))
    print("boxes.shape = " + str(boxes.eval().shape))
    print("classes.shape = " + str(classes.eval().shape))

    test_c.close()
```

```
scores[2] = 138.791
boxes[2] = [ 1292.32971191  -278.52166748  3876.98925781  -835.56494141]
classes[2] = 54
scores.shape = (10,)
boxes.shape = (10, 4)
classes.shape = (10,)
```

8.2.3 测试已经训练好的 YOLO 模型

在这部分，将使用一个预先训练好的模型并在汽车检测数据集上进行测试。像往常一样，首先创建一个会话来启动计算图：

```
sess = K.get_session()
```

1. 定义分类、锚框与图像维度

假设已经收集了两个文件“coco_classes.txt”和“yolo_anchors.txt”中关于 80 个类和 5 个锚框的信息，将这些数据加载到模型中，尝试利用 5 个锚框对 80 个类别进行分类。

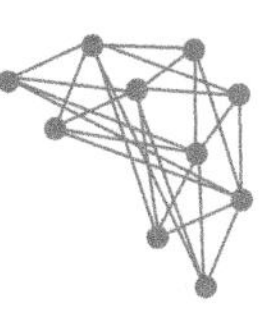

```
class_names = yolo_utils.read_classes("model_data/coco_classes.txt")
anchors = yolo_utils.read_anchors("model_data/yolo_anchors.txt")
image_shape = (720.,1280.)
```

2. 加载已经训练好的模型

训练 YOLO 模型需要很长时间，并且需要一个相当大的标签边界框数据集，用于大范围的目标类。加载存储在 yolov2.h5 中的现有预训练 Keras YOLO 模型。这些权值来自官方 YOLO 网站，并使用 Allan Zelener 编写的函数进行转换，从技术上讲，这些参数来自 YOLOv2 模型。

```
yolo_model = load_model("model_data/yolov2.h5")
```

这会加载训练的 YOLO 模型的权重, 以下是模型包含的图层摘要:

```
yolo_model.summary()
```

3. 将模型的输出转换为边界框

yolo_model 的输出是一个（m,19,19,5,85）的 tensor 变量，它需要进行处理和转换。

```
yolo_outputs = yolo_head(yolo_model.output, anchors, len(class_names))
```

现在已经把 yolo_outputs 添加进了计算图中,这 4 个 tensor 变量已准备好用作 yolo_eval 函数的输入。

4. 过滤锚框

yolo_outputs 已经用正确的格式提供了 yolo_model 的所有预测框,现在已准备好执行过滤并仅选择最佳的锚框，此时调用之前实现的 yolo_eval() 函数。

```
scores, boxes, classes = yolo_eval(yolo_outputs, image_shape)
```

5. 在实际图像中运行计算图

之前已经创建了一个用于会话的 sess，这里再作几点说明。

（1）yolo_model.input 是 yolo_model 的输入，yolo_model.output 是 yolo_model 的输出。

（2）yolo_model.output 会让 yolo_head 进行处理, 这个函数最后输出 yolo_outputs。

（3）yolo_outputs 会让一个过滤函数 yolo_eval 进行处理,然后输出预测:scores、boxes、classes。

现在要实现 predict() 函数,使用它来对图像进行预测,需要运行 TensorFlow 的 Session 会话，然后在计算图上计算 scores、boxes、classes，下面的代码可以预处理图像:

```
image, image_data = yolo_utils.preprocess_image("images/" + image_file,
    model_image_size = (608, 608))
```

image：用于绘制框的图像的 Python（PIL）表示，这里不需要使用它。

image_data：图像的 numpy 数组，这将是 CNN 的输入。

```
def predict(sess, image_file, is_show_info=True, is_plot=True):
    """
    运行存储在 sess 的计算图以预测 image_file 的边界框，打印出预测的图与信息

    参数：
        sess - 包含了 YOLO 计算图的 TensorFlow/Keras 的会话
        image_file - 存储在 images 文件夹下的图片名称
    返回：
        out_scores - tensor 类型，维度为 (None,)，锚框的预测的可能值
        out_boxes - tensor 类型，维度为 (None,4)，包含了锚框位置信息
        out_classes - tensor 类型，维度为 (None,)，锚框的预测的分类索引
    """
    # 图像预处理
    image, image_data = yolo_utils.preprocess_image("images/" + image_file,
        model_image_size = (608, 608))

    # 运行会话并在 feed_dict 中选择正确的占位符
    out_scores, out_boxes, out_classes = sess.run([scores, boxes, classes], feed_dict
        ={yolo_model.input:image_data, K.learning_phase(): 0})

    # 打印预测信息
    if is_show_info:
        print(" 在" + str(image_file) + " 中找到了" + str(len(out_boxes))+" 个锚框。")

    # 指定要绘制的边界框的颜色
    colors = yolo_utils.generate_colors(class_names)

    # 在图中绘制边界框
    yolo_utils.draw_boxes(image, out_scores, out_boxes, out_classes, class_names,
        colors)

    # 保存已经绘制了边界框的图
    image.save(os.path.join("out", image_file), quality=100)

    # 打印出已经绘制了边界框的图
    if is_plot:
        output_image = scipy.misc.imread(os.path.join("out", image_file))
        plt.imshow(output_image)
```

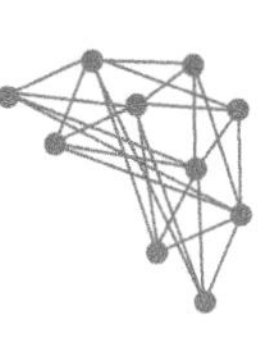

```
    return out_scores, out_boxes, out_classes
```

实际预测如下：

```
out_scores, out_boxes, out_classes = predict(sess, "test.jpg")
```

执行结果：

```
在 test.jpg 中找到了 7 个锚框
car 0.60 (925, 285) (1045, 374)
car 0.66 (706, 279) (786, 350)
bus 0.67 (5, 266) (220, 407)
car 0.70 (947, 324) (1280, 705)
car 0.74 (159, 303) (346, 440)
car 0.80 (761, 282) (942, 412)
car 0.89 (367, 300) (745, 648)
```

6. 批量绘制图

在 images 文件夹中有从 0001.jpg 到 0120.jpg 的图，现在就可以把它们全部绘制出来，使用下面的代码将 images 文件夹中的图像批量绘制出来。

```
for i in range(1,121):

    # 计算需要在前面填充几个 0
    num_fill = int(len("0000") - len(str(1))) + 1
    # 对索引进行填充
    filename = str(i).zfill(num_fill) + ".jpg"
    print(" 当前文件: " + str(filename))

    # 开始绘制，不打印信息，不绘制图
    out_scores, out_boxes, out_classes = predict(sess, filename, is_show_info=False,
        is_plot=False)


print(" 绘制完成！ ")
```

8.3 人 脸 识 别

思政案例

本次实战案例将构建一个人脸识别系统。

人脸识别系统通常被分为两类。

（1）人脸验证：“这是不是本人呢？”例如，在某些机场能够通过系统扫描面部并验证是否为本人，从而使乘客免人工检票通过关口，又或者某些手机具有人脸解锁功能。这些都是 1:1 匹配问题。

（2）人脸识别：“这个人是谁？”例如，某视频中的百度员工进入办公室时的脸部识别视频的介绍，无须使用另外的 ID 卡。这个是 1:K 的匹配问题。

FaceNet 可以将人脸图像编码为一个 128 位数字的向量，然后进行学习，通过比较两个向量，就可以确定这两张图片是不是属于同一个人。

在本次实战中，将学到：

① 实现三元组损失函数；

② 使用一个已经训练好了的模型来将人脸图像映射到一个 128 位数字的向量；

③ 使用这些编码来执行人脸验证和人脸识别。

在此次练习中，可以使用一个训练好了的模型，该模型使用了“通道优先”的约定来代表卷积网络的激活，而不是在视频中和以前的编程作业中使用的“通道最后”的约定。换句话说，数据的维度是 (m, n_c, n_h, n_w) 而不是 (m, n_h, n_w, n_c)，这两种约定在开源实现中都有一定的吸引力，但是在深度学习的社区中还没有统一的标准。

导入需要的包：

```
from keras.models import Sequential
from keras.layers import Conv2D, ZeroPadding2D, Activation, Input, concatenate
from keras.models import Model
from keras.layers.normalization import BatchNormalization
from keras.layers.pooling import MaxPooling2D, AveragePooling2D
from keras.layers.merge import Concatenate
from keras.layers.core import Lambda, Flatten, Dense
from keras.initializers import glorot_uniform
from keras.engine.topology import Layer
from keras import backend as K

#------------用于绘制模型细节，可选--------------#
from IPython.display import SVG
from keras.utils.vis_utils import model_to_dot
from keras.utils import plot_model
#-----------------------------------------------#


K.set_image_data_format('channels_first')


import time
import cv2
import os
import numpy as np
```

```
from numpy import genfromtxt
import pandas as pd
import tensorflow as tf
import fr_utils
from inception_blocks_v2 import *

%matplotlib inline
%load_ext autoreload
%autoreload 2

np.set_printoptions(threshold=np.nan)
```

8.3.1 简单的人脸验证

在人脸验证中，需要知道给出的两张照片是不是同一个人，最简单的方法是逐像素地比较这两幅图像，如果图片之间的误差小于选择的阈值，那么可能是同一个人。

但是如果真的这么做的话效果一定会很差，因为像素值的变化在很大程度上取决于光照、人脸的朝向、甚至头部的位置的微小变化等。与使用原始图像不同的是，可以让系统学习构建一个编码，对该编码的元素进行比较，可以更准确地判断两幅图像是否是同一个人。

8.3.2 将人脸图像编码为 128 位的向量

1. 使用卷积网络来进行编码

FaceNet 模型需要大量的数据和长时间的训练，因为，遵循在应用深度学习设置中常见的实践，要加载其他人已经训练过的权值。在网络的架构上遵循 Szegedy et al. 等人的初始模型。这里提供了初始模型的实现方法，可以打开 inception_blocks.py 文件来查看是如何实现的。

关键信息如下。

（1）该网络使用了 96×96 的 RGB 图像作为输入数据，图像数量为 m，输入的数据维度为 $(m, n_c, n_h, n_w) = (m, 3, 96, 96)$。

（2）输出为 (m，128) 的已经编码的 m 个 128 位的向量。

运行下面的代码来创建一个人脸识别的模型。

```
# 获取模型
FRmodel = faceRecoModel(input_shape=(3,96,96))

# 打印模型的总参数数量
print(" 参数数量: " + str(FRmodel.count_params()))
```

执行结果：

```
参数数量:3743280
```

通过使用 128 位神经元全连接层作为最后一层，该模型确保输出是大小为 128 位的编码向量，比较两个人脸图像的编码如图 8-14 所示。

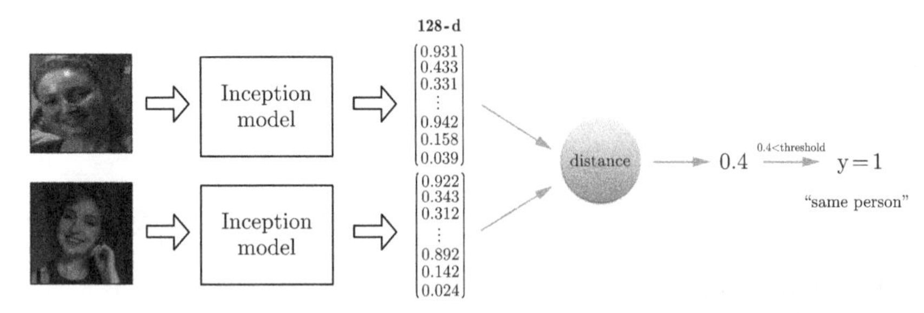

图 8-14　通过计算两个编码和阈值之间的误差，可以确定这两幅图是否代表同一个人

因此，如果满足下面两个条件的话，编码是一个比较好的方法。

（1）同一个人的两个图像的编码非常相似。

（2）两个不同人物的图像的编码非常不同。

三元组损失函数将上面的形式实现，它会试图将同一个人的两幅图像（对于给定的图和正例）的编码“拉近”，同时将两个不同的人的图像（对于给定的图和负例）进一步“分离”，如图 8-15 所示。

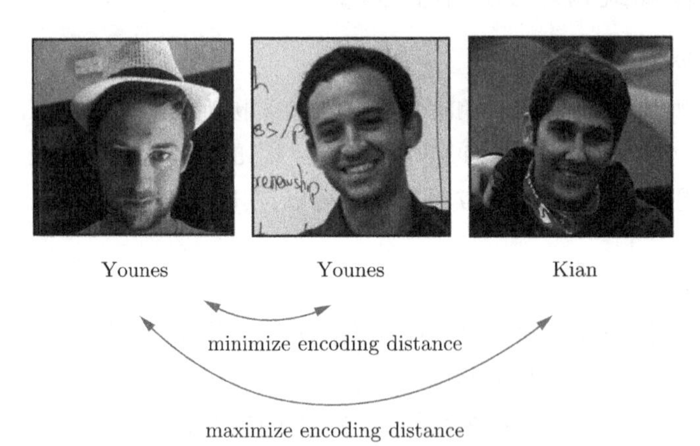

图 8-15　从左到右调用图片：Anchor (A)，Positive (P)，Negative (N)

2. 三元组损失函数

对于给定的图像 x，其编码为 $f(x)$，其中 f 为神经网络的计算函数。算法示例如图 8-16 所示。

接下来使用三元组图像 (A,P,N) 进行训练。

① A 是 Anchor，是一个人的图像。

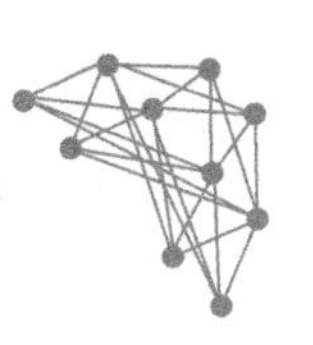

② P 是 Positive，是相对于 Anchor 的同一个人的另外一张图像。

③ N 是 Negative，是相对于 Anchor 的不同的人的另外一张图像。

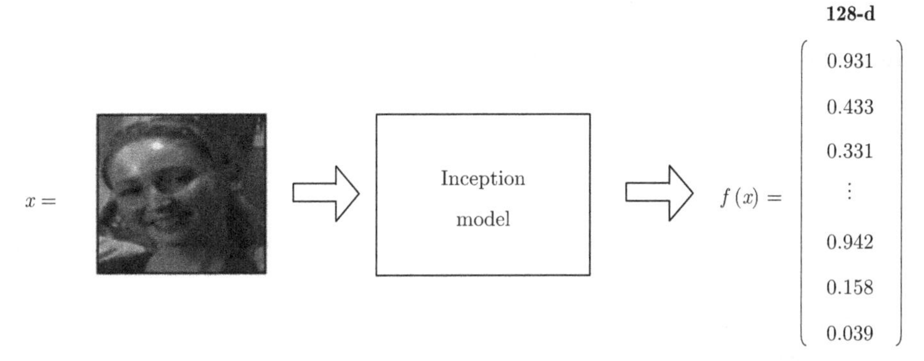

图 8-16　算法示例

这些三元组来自训练集，可以使用 $(A^{(i)}, P^{(i)}, N^{(i)})$ 来表示第 i 个训练样本。要保证图像 $A^{(i)}$ 与图像 $P^{(i)}$ 的差值至少比与图像 $N^{(i)}$ 的差值相差 α：

$$\left\|f\left(A^{(i)}\right)-f\left(P^{(i)}\right)\right\|_2^2+\alpha \quad <\left\|f\left(A^{(i)}\right)-f\left(N^{(i)}\right)\right\|_2^2 \tag{8-2}$$

让三元组损失变为最小：

$$\mathcal{J}=\sum_{i=1}^{m}\left[\underbrace{\left\|f\left(A^{(i)}\right)-f\left(P^{(i)}\right)\right\|_2^2}_{(1)}-\underbrace{\left\|f\left(A^{(i)}\right)-f\left(N^{(i)}\right)\right\|_2^2}_{(2)}+\alpha\right]_+ \tag{8-3}$$

在这里，使用 $[\cdots]_+$ 来表示函数 max(z, 0)。

需要注意如下几点。

（1）式 (8-3) 第 (1) 部分是给定三元组 A 与正例 P 之间的距离的平方，要让它变小。

（2）式 (8-3) 第 (2) 部分是给定三元组 A 与负例 N 之间的距离的平方，要让它变大，经式 (8-2) 变换后前面加一个负号。

（3）α 是间距，需要手动选择，这里使用 α= 0.2。

大多数实现将编码归一化为范数等于 1 的向量，即 ($\|f(\text{img})\|_2=1$)。现在要实现式 (8-3)，由以下 4 步构成。

① 计算 anchor 与 positive 之间编码的距离：$\left\|f\left(A^{(i)}\right)-f\left(P^{(i)}\right)\right\|_2^2$。

② 计算 anchor 与 negative 之间编码的距离：$\left\|f\left(A^{(i)}\right)-f\left(N^{(i)}\right)\right\|_2^2$。

③ 根据公式计算每个样本的值：$\| f(A^{(i)})-f(P^{(i)}) | - \| f(A^{(i)})-f(N^{(i)}) \|_2^2 +\alpha$。

④ 将第③步得到的值和零比较并取最大值，然后对训练样本的求和来计算整个公式：

$$\mathcal{J}=\sum_{i=1}^{m}\left[\left\|f\left(A^{(i)}\right)-f\left(P^{(i)}\right)\right\|_2^2-\left\|f\left(A^{(i)}\right)-f\left(N^{(i)}\right)\right\|_2^2+\alpha\right]_+ \tag{8-4}$$

式 (8-4) 会用到的一些函数：tf.reduce_sum()，tf.square()，tf.subtract()，tf.add(), tf.maximum()，对于步骤①与步骤②，需要对 $\left\|f\left(A^{(i)}\right)-f\left(P^{(i)}\right)\right\|_2^2,\left\|f\left(A^{(i)}\right)-f\left(N^{(i)}\right)\right\|_2^2$ 其中的项进行求和，对于步骤④，需要对整个训练集进行求和。

```
def triplet_loss(y_true, y_pred, alpha = 0.2):
    """
    根据式（8-4）实现三元组损失函数

    参数:
        y_true -- true 标签，当在 Keras 里定义了一个损失函数的时候需要使用，但是这里不
            需要
        y_pred -- 列表类型，包含了如下参数:
            anchor -- 给定的 anchor 图像的编码，维度为 (None,128)
            positive -- positive 图像的编码，维度为 (None,128)
            negative -- negative 图像的编码，维度为 (None,128)
        alpha -- 超参数，阈值

    返回:
        loss -- 实数，损失的值
    """
    # 获取 anchor, positive, negative 的图像编码
    anchor, positive, negative = y_pred[0], y_pred[1], y_pred[2]

    # 第一步: 计算"anchor" 与 "positive" 之间编码的距离，这里需要使用 axis=-1
    pos_dist = tf.reduce_sum(tf.square(tf.subtract(anchor,positive)),axis=-1)

    # 第二步: 计算"anchor" 与 "negative" 之间编码的距离，这里需要使用 axis=-1
    neg_dist = tf.reduce_sum(tf.square(tf.subtract(anchor,negative)),axis=-1)

    # 第三步: 减去之前的两个距离，然后加上 alpha
    basic_loss = tf.add(tf.subtract(pos_dist,neg_dist),alpha)

    # 通过取带零的最大值和对训练样本的求和来计算整个公式
    loss = tf.reduce_sum(tf.maximum(basic_loss,0))

    return loss
```

测试如下：

```
with tf.Session() as test:
    tf.set_random_seed(1)
    y_true = (None, None, None)
```

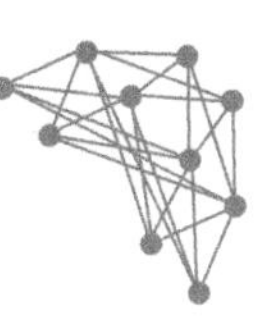

```
    y_pred = (tf.random_normal([3, 128], mean=6, stddev=0.1, seed = 1),
              tf.random_normal([3, 128], mean=1, stddev=1, seed = 1),
              tf.random_normal([3, 128], mean=3, stddev=4, seed = 1))
    loss = triplet_loss(y_true, y_pred)

    print("loss = " + str(loss.eval()))
```

测试结果：

```
loss = 528.143
```

8.3.3　加载训练好的模型

FaceNet 是通过最小化三元组损失来训练的，但是由于训练需要大量的数据和时间，所以不会从头训练。相反，可以加载一个已经训练好的模型，运行下列代码来加载模型，可能会需要几分钟的时间。

```
# 开始时间
start_time = time.clock()

# 编译模型
FRmodel.compile(optimizer = 'adam', loss = triplet_loss, metrics = ['accuracy'])

# 加载权值
fr_utils.load_weights_from_FaceNet(FRmodel)

# 结束时间
end_time = time.clock()

# 计算时差
minium = end_time - start_time

print(" 执行了: " + str(int(minium / 60)) + " 分" + str(int(minium%60)) + " 秒")
```

执行结果：

```
执行了:1 分 48 秒
```

3 个人编码之间的距离的输出示例如图 8-17 所示。

接下来使用这个模型进行人脸验证和人脸识别。

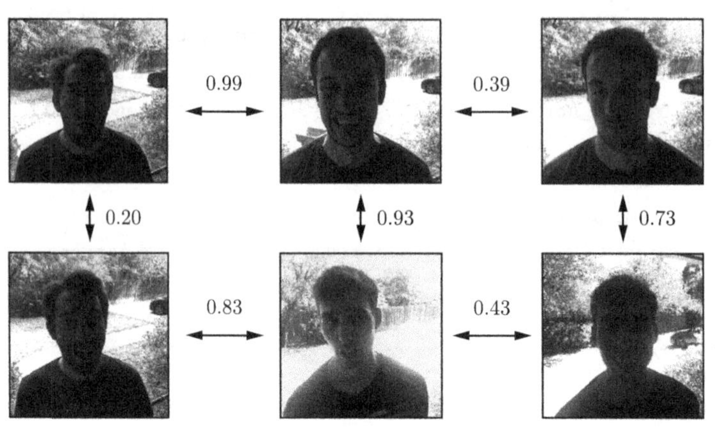

图 8-17　3 个人编码之间的距离的输出示例

8.3.4 模型的应用

现在构建一个面部验证系统，以便只允许来自指定列表的人员进入。为了通过门禁，每个人都必须在门口刷身份证以表明自己的身份，然后人脸识别系统将检查他们是否与身份证的名字匹配。

1. 人脸验证

构建一个数据库，里面包含了允许进入的人员的编码向量，使用以下函数来生成编码:

```
fr_uitls.img_to_encoding(image_path, model)
```

它会根据图像来进行模型的前向传播。

这里的数据库使用的是一个字典来表示，这个字典将每个人的名字映射到他们面部的 128 维编码上。

```
database = {}
database["danielle"] = fr_utils.img_to_encoding("images/danielle.png", FRmodel)
database["younes"] = fr_utils.img_to_encoding("images/younes.jpg", FRmodel)
database["tian"] = fr_utils.img_to_encoding("images/tian.jpg", FRmodel)
database["andrew"] = fr_utils.img_to_encoding("images/andrew.jpg", FRmodel)
database["kian"] = fr_utils.img_to_encoding("images/kian.jpg", FRmodel)
database["dan"] = fr_utils.img_to_encoding("images/dan.jpg", FRmodel)
database["sebastiano"] = fr_utils.img_to_encoding("images/sebastiano.jpg", FRmodel)
database["bertrand"] = fr_utils.img_to_encoding("images/bertrand.jpg", FRmodel)
database["kevin"] = fr_utils.img_to_encoding("images/kevin.jpg", FRmodel)
database["felix"] = fr_utils.img_to_encoding("images/felix.jpg", FRmodel)
database["benoit"] = fr_utils.img_to_encoding("images/benoit.jpg", FRmodel)
database["arnaud"] = fr_utils.img_to_encoding("images/arnaud.jpg", FRmodel)
```

现在，当有人出现在门前刷身份证的时候，可以在数据库中查找他们的编码，用它来检查站在门前的人是否与身份证上的名字匹配。

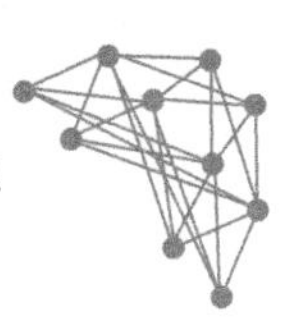

现在实现用 verify() 函数来验证摄像头的照片 (image_path) 是否与身份证上的名称匹配，这部分可由以下步骤构成。

（1）根据 image_path 来计算编码。

（2）计算与存储在数据库中的身份图像的编码的差距。

（3）如果差距小于 0.7，那么就打开门，否则就不开门。

如上所述，使用 L2（np.linalg.norm）来计算差距，L2 为 MSE，即均方误差。

注意：在本实现中，将 L2 的误差（而不是 L2 误差的平方）与阈值 0.7 进行比较。

```
def verify(image_path, identity, database, model):
    """
    对 identity 与 image_path 的编码进行验证

    参数:
        image_path -- 摄像头的图片
        identity -- 字符类型，想要验证的人的名字
        database -- 字典类型，包含了成员的名字信息与对应的编码
        model -- 在 Keras 的模型的实例

    返回:
        dist -- 摄像头的图片与数据库中的图片的编码的差距
        is_open_door -- boolean，是否该开门
    """
    # 第一步：计算图像的编码，使用 fr_utils.img_to_encoding() 来计算
    encoding = fr_utils.img_to_encoding(image_path, model)

    # 第二步：计算与数据库中保存的编码的差距
    dist = np.linalg.norm(encoding - database[identity])

    # 第三步：判断是否打开门
    if dist < 0.7:
        print(" 欢迎 " + str(identity) + " 回家！")
        is_door_open = True
    else:
        print(" 经验证，您与" + str(identity) + " 不符！")
        is_door_open = False

    return dist, is_door_open
```

假设现在 Younes 在门外，相机已经拍下了照片（见图 8-18）并存放在了 images/camera_0.jpg，现在来验证。

```
verify("images/camera_0.jpg","Younes",database,FRmodel)
```

图 8-18　Younes

执行结果：

```
欢迎 Younes 回家
(0.65939206, True)
```

假设 Benoit（见图 8-19）已经被禁止进入，数据库中也删除了他的信息，他偷了 Kian 的身份证并试图通过门禁，现在测试他是否能进入。

图 8-19　Benoit

```
verify("images/camera_2.jpg", "Kian", database, FRmodel)
```

```
经验证，您与 Kian 不符
(0.86224037, False)
```

2. 人脸识别

面部验证系统基本运行良好，但是自从 Kian 的身份证被偷后，那天晚上回家就未通过验证。为了减少这种恶作剧，可以把面部验证系统升级成面部识别系统，这样就不用再带身份证了，一个被授权的人只要走到识别系统面前，门就会自动为他打开。

为了实现一个人脸识别系统，需要将图像输入该系统，并确定图像中的人是否是授权人员之一（如果是，是谁），与之前的人脸验证系统不同，不再将一个人的名字作为输入的一部分。

现在要实现 who_is_it() 函数，实现它需要有以下步骤：

（1）根据 image_path 计算图像的编码；

（2）从数据库中找出与目标编码具有最小差距的编码。

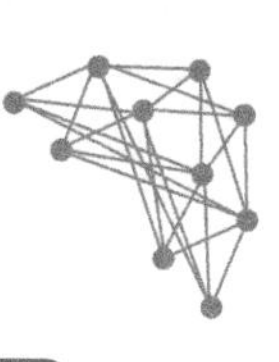

```
def who_is_it(image_path, database,model):
    """
    根据指定的图片来进行人脸识别

    参数:
        images_path -- 图像地址
        database -- 包含了名字与编码的字典
        model -- 在 Keras 中的模型的实例

    返回:
        min_dist -- 在数据库中与指定图像最相近的编码
        identity -- 字符串类型, 与 min_dist 编码相对应的名字
    """
    # 步骤 1: 计算指定图像的编码, 使用 fr_utils.img_to_encoding() 来计算
    encoding = fr_utils.img_to_encoding(image_path, model)

    # 步骤 2 : 找到最相近的编码
    ## 初始化 min_dist 变量为足够大的数字, 这里设置为 100
    min_dist = 100

    ## 遍历数据库找到最相近的编码
    for (name,db_enc) in database.items():
        ### 计算目标编码与当前数据库编码之间的 L2 差距
        dist = np.linalg.norm(encoding - db_enc)

        ### 如果差距小于 min_dist, 那么就更新名字与编码到 identity 与 min_dist 中
        if dist < min_dist:
            min_dist = dist
            identity = name

    # 判断是否在数据库中
    if min_dist > 0.7:
        print(" 抱歉, 您的信息不在数据库中。")

    else:
        print(" 姓名" + str(identity) + "  差距: " + str(min_dist))

    return min_dist, identity
```

Younes 站在门前，相机给他拍了张照片（images/camera_0.jpg），测试 who_it_is() 算法是否能识别 Younes。

```
who_is_it("images/camera_0.jpg", database, FRmodel)
```

执行结果:

```
姓名 Younes  差距:0.659392
(0.65939206,'Younes')
```

记住：

（1）人脸验证解决了更容易的 1:1 匹配问题，人脸识别解决了更难的 1:k 匹配问题；

（2）三重损失是训练神经网络学习人脸图像编码的一种有效的损失函数；

（3）相同的编码可用于验证和识别。测量两个图像编码之间的距离可以确定它们是不是同一个人的图片。

图书资源支持

感谢您一直以来对清华版图书的支持和爱护。为了配合本书的使用，本书提供配套的资源，有需求的读者请扫描下方的"书圈"微信公众号二维码，在图书专区下载，也可以拨打电话或发送电子邮件咨询。

如果您在使用本书的过程中遇到了什么问题，或者有相关图书出版计划，也请您发邮件告诉我们，以便我们更好地为您服务。

我们的联系方式：

地　　址：北京市海淀区双清路学研大厦 A 座 714

邮　　编：100084

电　　话：010-83470236　010-83470237

客服邮箱：2301891038@qq.com

QQ：2301891038（请写明您的单位和姓名）

资源下载：关注公众号"书圈"下载配套资源。

资源下载、样书申请

书圈

获取最新书目

观看课程直播